湖羊健康养殖与疾病防治技术

刘健鹏　郭子记　主　编

西北农林科技大学出版社

图书在版编目(CIP)数据

湖羊健康养殖与疾病防治技术 / 刘健鹏，郭子记主编.—杨凌：西北农林科技大学出版社，2021.3
ISBN 978-7-5683-0941-7

Ⅰ．①湖… Ⅱ．①刘… ②郭… Ⅲ．①绵羊－饲养管理②绵羊－羊病－防治 Ⅳ．①S826②S858.26

中国版本图书馆 CIP 数据核字(2021)第 046409 号

湖羊健康养殖与疾病防治技术

刘健鹏　郭子记　主编

出版发行	西北农林科技大学出版社
地　　址	陕西杨凌杨武路 3 号　　邮　编 712100
电　　话	总编室:029-87093195　　发行部:029-87093302
电子邮箱	press0809@163.com
印　　刷	陕西森奥印务有限公司
版　　次	2021 年 3 月第 1 版
印　　次	2021 年 4 月第 1 次印刷
开　　本	787 mm×1092 mm　1/16
印　　张	13.5
字　　数	248 千字

ISBN 978-7-5683-0941-7

定价:35.00 元

本书如有印装质量问题,请与本社联系

《湖羊健康养殖与疾病防治技术》编委会

陕西肉羊产业技术体系专家组

罗建强　张恩平　童建军　刘健鹏　陈生会　周占琴

主　编: 刘健鹏　郭子记

副主编: 米耀云　张红梅　贺玉胜　刘宇飞

编　委:（以姓氏笔画为序）

马　飞　马　杰　王　冲　王军卫　王利云
石　祯　边益庆　乔文军　朱　宝　刘　浩
李建华　李和林　陈敏艳　吴振平　张虹虹
张　利　苏翠英　赵永攀　赵　宝　周占琴
郝婷婷　徐有军　曹　婧　崔　珊　韩　斌
敬小奇　温志医　谢应乾　翟军军　薛海龙
薛琳珏

目 录

第一章　湖羊品种特征及有效利用

一、湖羊品种特征

湖羊是一个具有八百多年培育历史的多胎绵羊品种,也是目前世界上唯一生产白色羔皮的绵羊品种,是一个能适应我国南北气候、肉用性能良好、受国家保护的绵羊良种。早在南宋时期,来自北方的移民将一部分蒙古羊带到江南,饲养在苏浙沪交界的太湖流域一带,因此这种羊被称为湖羊。

家畜品种的形成和发展受当地的自然、经济、社会条件等诸多因素的影响。由于太湖流域地区土地面积狭窄,没有宽阔的天然放牧地,草料来源相对缺乏,湖羊主要以蚕沙(蚕粪)、蚕食后叶梗、枯叶为食,所以只能饲养在阴暗、狭小的棚圈里。即使这样,人们也希望所选留的母羊多产羔、产好羔、易管理。因此,通常从同胎双羔或多羔中选留种羊。在这样特定的自然环境条件下,经过人们的长期定向选择,湖羊就形成了我们今天所看到温顺、安静、秀美、胆小、耐高温、耐潮湿、产羔多、抗病力强、易管理、骨骼纤细、上膘快、净肉率高、羔皮品质好的品种。

(一)体型外貌

湖羊体格中等,公、母均无角,头狭长,鼻梁隆起,耳大下垂,颈、躯干和四肢均细长,前胸欠发达,体躯呈扁长型,背腰平直,腹微下垂。尾扁圆,尾尖上翘,属于短小脂尾。腹毛粗、稀而短,体质结实。全身白色,被毛由无髓毛、两型毛和有髓毛组成,属于异质毛。夏初剪取的被毛是较理想的地毯毛。

(二)性状表现

湖羊具有八大优势性状,非常适合西北地区饲养。

1. 消耗少,体质恢复快

湖羊体格中等,本身的维持营养消耗量较少,在一般饲养管理条件下,可保证胎儿正常发育,羔羊成活率远远高于相同饲养管理条件下的小尾寒羊。因此,湖羊在饲养条件较严酷的西北地区更受欢迎。由于湖羊繁殖力高,适繁母羊通常带 2～3 只羔羊。哺乳期湖羊体能消耗量较大,但在羔羊断奶后,可很快恢复体质。在一般饲养管理条件下,羔羊断奶 20～30 天后,母羊基本上都能发情配种,进入下一繁殖周期。膘情较好的母羊在哺乳期就可发情、受孕。

2.食谱广,适应性强

很多青草、干草、农作物秸秆、农副加工产品都可作为湖羊的饲料。湖羊不仅能适应江南37~39℃的湿热、狭小的舍饲环境,又能适应寒冷西北地区的舍饲以及放牧或半放牧条件。据报道,湖羊引入新疆准噶尔盆地库尔班通特沙漠边缘的莫索湾之后表现良好,羔羊初生重、生长速度和成年体重都高于原产地的湖羊。引入西北地区的湖羊经过40~50个小时的长途运输,不但没有出现运输应激死亡现象,而且能很快适应引入地的舍饲条件。6月龄母羔到引入地一个月左右就可发情配种。在正常情况下,湖羊羔羊50~55日龄体重可达到15千克以上,此时即可断奶,而且一般不会出现明显的断奶应激现象。由于湖羊适应性好,抗逆性强,目前已被引入新疆、甘肃、宁夏、内蒙古、湖北、安徽、河北、山东、河南、陕西等省区。

3.性格温顺,易管理

湖羊无角,胆小,怕声响,尤其在狭小的舍饲条件下,相互之间很少发生打斗现象。性格十分温顺,安静,容易管理,维持营养需要量较低,非常适合舍饲养殖。

一般来说,无角湖羊比较温顺,饲料消耗量较小,容易上膘。因此,江南人选择了湖羊,就选择了温顺,选择了经济和效益。

4.繁殖性能好,产羔多

繁殖力是现代肉羊生产最重视的性状之一。尤其是规模舍饲羊场,只有养殖高繁殖力的品种,才有可能获得养殖效益。湖羊属早熟品种,母羔5~6月龄性成熟,7~8月龄便可配种。湖羊发情不受季节的影响,一年四季都可以发情、排卵、交配、受孕和产羔。发情周期为16~18天。在正常饲养条件下,湖羊可年产2胎或两年3胎,每胎产2~3只羔羊,产羔率为229%。在良好的饲养管理条件下,经产母羊产羔率可达到300%以上。因此,湖羊被看作是理想的肉羊杂交母本品种。

5.泌乳性能好,母性强

在以青贮、多汁饲料为主,稍加精料的条件下,湖羊一个泌乳期(4个月)可产奶100升以上,能够满足3只羔羊的营养需要。在蛋白质和多汁饲料丰富的条件下,其产奶量还会提高。因此,有人认为,湖羊的饲养成本要比奶牛低得多,湖羊奶极具商品开发价值和潜力。

6.生长速度快

在一般农户饲养条件下,湖羊成年公羊体重为65千克左右,成年母羊体重40千克左右。但湖羊前期生长速度快。据浙江农科院测定,湖羊1月龄平均日增重可达到236.5克,3~4月龄平均日增重213.3克。断奶后肥育的双羔日增重可达 240 克,屠宰率达 50% 以上,料肉比达 2∶1。在一般饲料条件和精心管理下,湖羊 6 月龄体重可达成年体重的 80% 以上,周岁时即可达成年羊体重 90% 以上。随着饲养管理条件的改善,湖羊的生长潜力会得到更大发挥。如金昌元生公司饲养的湖羊羔羊,45 日龄体重可达到 20 千克,最大体重达到 25 千克。此时断奶组群,未出现断奶应激现象,4 月龄前一直处于快速生长阶段。因此,湖羊是目前国内最优秀的适合舍饲和直线育肥的肥羔生产品种。

7. 骨骼细小,肉品品质高

湖羊不仅骨骼细小,净肉率高,而且膻味小,肉品品质高。据测定,金昌湖羊 6 月龄公羔体重达到 36 千克,屠宰率达到 52%,明显高于国内其他绵羊品种。

8. 被毛白色,羔皮有特色

羔羊出生后 1～2 天内宰杀剥制、加工的羔皮(小湖羊皮)毛纤维束弯曲呈水波纹花案,洁白美观,轻柔而富有弹性,是制作女翻毛大衣的优质原料,在市场上享有"软宝石"之称。远销欧洲、北美洲、日本、澳大利亚和港澳等地。

二、湖羊的有效利用

湖羊属于地方品种,是我国最有发展前景和利用价值的绵羊品种。

(一)用于肥羔生产

湖羊产羔多,奶量高。羔羊早期生长速度快,饲料报酬高,屠宰率高,骨骼纤细,胴体净肉率高,肉质优,肌肉蛋白质含量明显高于其他绵羊品种。而且湖羊适应性好,抗应激能力强,既能适应南方密集、湿热的舍饲条件,又能在北方干旱、寒冷的环境里繁衍生息。在良好的饲养管理条件下,湖羊羔羊 50 日龄左右、体重达到 15 千克以上时即可断奶。在较好的饲养管理条件下,一般不会出现明显的断奶应激现象。4～6 月龄羔羊日增重可达到 220～260 克。因此,湖羊羔羊非常适合直线育肥,用于肥羔生产。

(二)用作肉羊杂交母本

由于湖羊具有高繁殖力和较高的产奶量,可以与专用肉用品种公羊杂交,不仅可以生产较多的羔羊,而且羔羊的生长速度快、抗病力强。因此,在肉羊生产中,为了保证母羊的产羔率和羔羊生长速度,湖羊被看作理想的肉羊杂交母本品种,而且通常用于肉羊二元杂交。湖羊与引进肉羊的杂种后代不仅兼备产肉性能好、抗病力强等特点,而且能保持较高的繁殖力。

（三）用于改造地方低产（低繁殖力）绵羊品种

湖羊不仅适应性强，可在全国广大地区正常生活与繁殖，而且其多羔性状是受主效基因控制。当湖羊与单羔品种杂交时，多羔性状呈现高度显性遗传。因此，湖羊可用来改良其他低繁殖力品种。

（四）用于羔皮生产

湖羊羔羊出生后 1～2 天内屠宰剥取的羔皮称为"小湖羊皮"，为我国传统的出口商品。湖羊羔皮毛色洁白光亮，有丝一般的光泽，皮张轻柔，手感柔和，花纹呈波浪式，皮毛紧贴皮板，扑而不散，是目前世界上稀有的白色羔皮，在国际市场上久享盛誉。湖羊羔皮经鞣制后可以染成各种颜色，加工成妇女的翻毛大衣、披肩、帽子、围巾以及外衣镶边、春秋时装和童装等。

（五）用于绵羊奶生产

湖羊繁殖力高，产奶量多，经产母羊日产奶量可达到 1.5～2 千克。在正常饲养管理条件下，湖羊可哺育 3 只羔羊。如果能增加产奶量、适当导入外血、提高日粮蛋白质水平、多喂青绿饲料和多汁饲料，湖羊的产奶量会更高。

（六）用作绵羊胚胎移植受体羊

用作胚胎移植的受体羊不仅应当具备良好的繁殖性能，排卵多，产奶量高，母性好，哺乳能力强。而且要求体格较大，体质健壮，抗逆性强。只有这样，才能保证胚胎在受体羊体内正常发育，羔羊出生后也能健康生长。因此，高产肉绵羊胚胎移植可选择湖羊作受体羊。

第二章 湖羊的购进与选择

湖羊作为一种生命有机体,其体内各种活动非常复杂而且处于动态平衡状态。而这一复杂活动的有序进行则依赖于运动系统、神经系统、内分泌系统、循环系统、呼吸系统、消化系统、泌尿系统、生殖系统的调控。只有在这八大系统的有效调控下,体内所有"部件",大到各类器官,小到细胞,才能各负其责。动物体与环境之间也同样存在着一种动态平衡,任何一种环境因素的变化,都会影响或打乱体内活动的平衡,打乱身体与环境之间的平衡。因此,湖羊引种工作绝不是将羊从甲地运到乙地的一个简单过程,更不像搬运一台机器那么简单。如果忽视了生物体的复杂性,忽略了生命的脆弱性,盲目运送,就会导致引种失败。

一、购进前的准备工作

(一)明确用途

不论肉羊养殖场,还是养殖户,引种前必须考虑清楚:第一,自己所引进的羊是用于纯种繁育还是杂交改良?第二,用于什么品种的杂交改良?目的明确了,再根据需要确定引进品种和数量。

(二)调查了解

1.了解适应性

首先要了解湖羊的培育历史、生态环境和生理特点及其适应性能,考虑湖羊是否可以适应引入地的生态环境条件。如甘肃金昌地区某养殖场2011年就计划引进湖羊。通过考察了解,养殖场发现引入新疆准噶尔盆地库尔班通特沙漠边缘的莫索湾的湖羊表现良好,羔羊初生重、生长速度和成年体重都高于原产地的湖羊。而金昌地区的气候条件比莫索湾好得多。因此,就可以决定引进湖羊。事实证明,湖羊在金昌地区表现良好。

2.了解生产性能

父本品种,尤其终端父本品种应具备生长速度较快、早熟、屠宰率高、肉品质好等特点。对于母本羊来说,必须具备适应性强、繁殖力高、母性强、泌乳性能好等特点。湖羊具备了一个母本品种所有的条件。

3.了解杂交改良效果

如果没有可借鉴的例证,可少量引进,进行杂交试验,并在杂交试验的基础上作出决定。

4.了解疫病流行和疫苗接种情况

通过调查,查看欲购进羊只疫苗接种档案,确认购进羊只饲养区无一、二类传染病(如口蹄疫、小反刍兽疫、羊痘、羊口疮、羊传染性胸膜肺炎、布病等),并对口蹄疫、小反刍兽疫、羊痘、羊传染性胸膜肺炎等病进行免疫后方可选购。对所挑选的羊只在实验室进行严格的病原学检测和抗体检测,确认病原学阴性、抗体合格、羊只健康无病后再调运羊,以避免造成不必要的损失。

(三)贮备好饲料

俗话说:"兵马未动,粮草先行"。引种前,必须贮备足够的优质青干草、青贮饲料或者建有一定规模的饲料基地,可保证引进羊只的营养需要。

(四)对圈舍进行彻底消毒

引进羊只经过长途运输,体质较差,很容易遭受环境病菌的侵袭。因此,必须提供干燥、清洁的圈舍条件。

(五)隔离饲养

新引进的羊只一定要在隔离舍饲养 42 天以上,观察无病,进行抗体检测合格后再进入饲养舍。没有隔离饲养的湖羊绝对不能进入饲养舍或混入大群。

二、种羊购进

(一)种羊选择

选购湖羊种羊时,首先看是否具备下列条件:健康无病,精力旺盛,肢体端正,眼大有神,毛色符合品种标准。体型结构良好,体躯长,四肢端正,公羊睾丸大且紧凑;第二,查看鉴定记录,如初生重、断奶重、6 月龄重、周岁重等;第三,查看系谱,要对其上几代羊的生产性能如体增重、繁殖力等进行认真考察。因为只有好的祖先,才能有好的后代。同时查明该个体与欲购进的其他羊是否属于近亲关系。经过后裔测验的公羊,还要看后代的主要经济指标。后代好,就说明该种羊遗传性能稳定。否则,体型再好也不能购进。

（二）购进时注意事项

1. 注意原产地与引入地的季节差异

由温暖地区引至寒冷地区宜在春末、夏初调运，由寒冷地区引至温暖地区则宜于秋末、冬初抵达，以使羊只逐渐适应气候冷暖的变化。

2. 注意购进羊只的年龄

购进羊只最好选择5～6月龄育成羊。育成羊不仅生命力旺盛，使用年限长，而且能很快进入繁育年龄，创造财富，缩短投资周期。

3. 注意引入地的地势条件

湖羊适合舍饲或者在较平缓的草地上放牧。如果引入地为灌木丛生的山区，而且以放牧为主，最好选择饲养肉羊，而不是湖羊。

4. 注意海拔差异

湖羊长期饲养在海拔只有几米至几十米的江南地区。如果直接引到3 000米以上的高原，容易患呼吸道疾病，甚至死亡。因此，最好从海拔1 000～2 000米的西北地区引进湖羊。

（三）湖羊年龄判断方法

湖羊的年龄主要根据门齿的生长发育、脱换、磨损和松动等情况作出判断。羊共有32枚牙齿，上颌无门齿，仅有12枚臼齿，每边各有6枚；下颌有8枚门齿，另有12枚臼齿，每边各有6枚。下颌8枚门齿中，最中间的2枚叫切齿，也叫钳齿，紧靠切齿的1对为内中间齿，再外面的1对为外中间齿，最外面的1对叫隅齿。幼年羊的牙齿叫乳齿，洁白而细小。羊出生时就有6枚乳齿，3～4周龄时，8枚乳齿长齐。1岁时第1对乳齿更换成宽大的永久门齿（钳齿）；2岁时内中齿脱换；3岁时外中齿脱换；4岁隅齿脱换；5岁时个别门齿有明显的齿星；6岁时磨损更多，门齿间出现明显的缝隙，齿龈凹陷，齿冠变小；7～9岁牙根活动并陆续脱落。但饲养管理条件也影响牙齿的脱换和磨损。如饲料中钙磷比例失调，牙齿脱换时间会提前，质地变松，过早脱落。但在石灰质地貌条件下放牧的羊只牙齿磨损较早。因此，根据牙齿判断羊的年龄还要参考饲养管理条件。

（四）运输过程应注意事项

1. 注意通风

装车不能太拥挤，以防通风不良导致羊只死亡。

2. 防止急刹车

在运输过程中，急刹车往往可能造成羊只拥挤和互相践踏，导致损伤或死亡。

3. 注意饮水

长途运输过程中缺乏饲料、饮水，动物惊恐，强迫站立，均要消耗大量体力，会导致身体消瘦、脱水、甚至衰竭死亡。因此，在长途运输过程中，尽可能做到每天补水1~2次。

（五）引进后应注意事项

1. 饲料和饮水供应

对运输途中未进食和未饮水的羊只，待休息1~2小时后，先喂青干草，再饮水，首次饮水量不宜太大。饮水中加入电解多维和黄芪多糖（至少维持一周），禁止饮用冰冷水。当天不宜喂精料，此后逐渐增加精料喂量。

2. 防止传染性胸膜肺炎

长途运输后，羊只体质较差，加上北方风沙较大，气温变化剧烈，很容易诱发传染性胸膜肺炎。因此，应连续注射3~5天长效土霉素（长效米先）或氟苯尼考，以防传染性胸膜肺炎病的暴发。

3. 及时进行相关疫病免疫抗体检测

对于免疫情况不明的羊群要及时进行免疫抗体检测，并根据检测结果及时补免（接种疫苗）。

（六）不宜购进的羊只

1. 未断奶和刚断奶的羔羊

这类羊体质比较脆弱，长途运输后容易出现应激死亡。因此，不宜引进这类羊。

2. 经产母羊

一般情况下，羊场和农户不愿意出售青壮年经产母羊，所出售的多为有严重缺点的淘汰羊或者老龄母羊。湖羊在2~3岁时就达到繁殖高峰期，4岁以后繁殖力逐渐下降。繁殖频率较高（一年产两胎或者三年产五胎）的母羊一般衰老较早，5岁以后就可以考虑退出繁育群。因此，不宜购进这类羊只。

3. 动作迟缓的公羊

不同的个体存在着性格差异，这种差异不仅影响公羊的性成熟年龄和使用年限，而且影响其采精量和精液品质。一般来说，行动迟缓的公羊性成熟较晚，配种能力较差，不宜购进。

4. 老龄公羊

老龄公羊不仅使用年限短，而且性欲下降，精液品质差，所产羔羊体质较差，影响母羊的繁殖效果。

5.患病羊

不论羊只患有何种疾病,都不宜购进。即使患有普通病的羊,也因其体质较差,难以适应长途运输的折磨。

三、个体选择

历史上,原产地湖羊是以家庭小规模饲养为主。虽然大家的选育方向基本一致,但选育方法和选育标准不同,所选择的个体差异很大。如果任凭不良个体发展,群体生产水平就会下降,一些优势性状可能丧失,甚至出现退化现象。因此,湖羊仍需要再选育,再提高。

湖羊种羊选择应从以下三个方面入手:

(一)看系谱

查看父母代及祖代性能指标是否理想,是否为同胎双羔或多羔羊,母亲是否为第二胎以上的经产母羊。

(二)看本身表现(表型选择)

1.体型外貌

看体型外貌是否符合品种标准且属于理想型个体,有无明显的遗传缺陷。体型外貌不理想或有某种遗传缺陷的个体都不能留作种羊。湖羊的外貌特征是:全身被毛纯白色,少数个体眼睑或四肢下端有黑色或黄、褐色斑点。头颈狭长,鼻梁隆起,耳朵下垂。公羊少数有痕迹角,母羊无角。体躯较长,四肢较短,尾巴呈扁圆形,尾尖上翘。上述任何一个特征不明显或缺乏,就可能不是纯种湖羊。如果表现出头粗短、头上有角、尾型呈上大下小的棒槌状、尾下端有纵沟、尾尖下垂等性状,即可界定为杂种羊。

2.体格大小

对于同期出生的羔羊而言,一般体格较大的个体发育较好。但仅靠体格指标进行选择是不够的,还要考虑其他因素。如环境条件,比较和选择的羊是否处于相同的饲养管理环境。因为生活在较为优越的营养条件下的羔羊(如单羔由奶量充足的母羊哺乳)总要比生长在逆境中的羔羊(一胎多羔,营养不足或患过疾病)长得快。因此,处在这样两种环境下的羔羊体格大小就没有可比性。

体重是指羊在早晨放牧或饲喂前空腹称取的活体重量。由于羊属于小型动物,其体尺测量结果通常受站立姿势、膘情、精神状态等因素的影响。因此,在个体评定工作中,测量值仅作为参考值。一般来说,羊的体尺主要测量体高、体长、胸围和管围 4 项。

(1)体高　是鬐甲顶点至地面的垂直高度,也称鬐甲高。

(2)体长　从肩端到臀端的距离,也称体斜长。

(3)胸围　沿肩胛后缘量取的胸部周径。

(4)管围　在左前肢管部上 1/3 最细处量取的水平周径。

3.产羔数

湖羊属于高繁品种,产羔率在很大程度上取决于饲养管理条件。初产羔羊数对终生产羔数的影响不大。

(三)看同胞和半同胞表现

看来自同胎羔羊和同父亲羔羊是否都发育良好。如果有发育不良的个体,就要查找原因,及时作出选留判断。

(四)看后代表现

看后备种羊所产后代的生产性能,是不是将父母代的优良性能传给了后代,凡是优良性状遗传力差的个体都不能选留。后备母羊的数量,一般要达到需要数的 3～5 倍,后备公羊的数量也要多于需要量。

四、个体选配

(一)同质选配

对于特一级母羊或具有某种突出优点的母羊,可选择具有相同优良性状和特点的公羊进行交配,以便它们的优势性状和特点在后代身上得到巩固和提高。如用体长公羊配体长母羊,生产体长羔羊。

(二)异质选配

对于低产或有某一缺陷的母羊,可选择特一级优秀公羊进行交配,以期达到改进母羊缺点、提高生产水平的目的。

(三)年龄选配

由于公羊的年龄对后代影响很大,所以选配时要适当考虑交配双方的年龄。一般来说,幼龄羊所生后代具有晚熟、生活力弱、生产性能低及遗传不稳定等特点;壮年羊后代具有机体机能活动旺盛,遗传性比较保守和相对稳定,生活力强,生产性能高和长寿等特点;老龄羊后代衰老早,生活力差,遗传性不稳定。因此,为了获得好的后代,可选择成年公羊配青年母羊和老龄母羊。青年公羊配成年母羊。尽量避免幼龄公母羊之间、老年公母羊之间的交配。

(四)近亲交配

近亲交配是在品种培育初期或品系繁育过程中需要谨慎采用的一种方法。不适当的近亲交配不仅会导致后代生活力、繁殖力、生长发育、生产性能下降,而且会导致畸形胎儿和死胎率上升,群体退化。因此,一般羊群尽量避免采用近亲交配。

第三章　标准化规模湖羊场建设原则

随着湖羊规模化养殖的迅速发展,养殖场盲目建设的问题越来越突出。甚至有的养殖场刚建好,就收到了土地管理部门的拆迁通知书。有些养殖场羊舍及设备结构不符合生产工艺流程,造成了生产过程中疫病难以控制,生产性能低下的问题。笔者结合在实际工作中遇到的问题,提出如下建议。

一、规模湖羊场选址的法定原则

(一)合法用地

《中华人民共和国畜牧法》规定:建设用地、一般用地可用以养殖场建设,基本农田不能用于养殖场建设。因此在建设养殖场之前,一定到所在乡镇土管所查清土地性质。

(二)远离禁养区

《畜牧法》第四十条规定了禁止在一些区域内建设畜禽养殖场、养殖小区。县规划局有法定的规划,因此在建设养殖场之前,一定到县规划局查看县域整体规划。

(三)符合动物防疫条件

《中华人民共和国动物防疫法》第十九条规定了动物饲养场和隔离场所、动物屠宰加工场所,以及动物和动物产品无害化处理场所,应当符合动物防疫条件。第二十条规定:养殖场经申请,通过县级以上畜牧兽医主管部门审核合格后,发给动物防疫条件合格证,申请人凭动物防疫条件合格证向工商行政管理部门申请办理登记注册手续。

(四)具备相应的养殖条件

《畜牧法》第三十九条规定了畜禽养殖场、养殖小区应具备的养殖条件,及要向养殖场、养殖小区所在地县级人民政府畜牧兽医行政主管部门备案,取得畜禽养殖代码。省级人民政府根据本行政区域畜牧业发展状况制定畜禽养殖场、养殖小区的规模标准和备案程序。

(五)科学选址

一是地势较高(地下水位2米以下)、背风向阳、排水良好(坡度1‰～3‰)、通风干燥,切忌在低洼易涝的地方建场。二是距其他养殖场区、居民区、铁路和主要公路和厂矿企业500米以上,距离种畜禽场1 000米以上,距离动物隔离场所、无害化处理场所3 000米以上,切忌在发生过羊传染病(特别是历史上发生过炭疽病)的地方建场。三是水源充足、水质良好,切忌在水源污染、寄生虫横行的地方建场。四是交通方便,供电良好,网络通畅,切忌建在无路、无电、无讯号的地方。五是为引进新品种建场,充分考虑生态条件尽可能满足引入品种的要求,羊场建在主要发展品种的中心产区,以便就近推广,避免大运大调。

二、规模湖羊场规划布局

羊舍结构符合湖羊群生产结构,羊场四周用围墙与外界隔离,前后设置进出口大门。场内总体布局要求三区分开,即生活管理区、生产区、粪污处理区要分开。同时要净道、污道分开。生产区羊舍布局符合生产工艺流程,即种公羊舍、待配母羊舍、妊娠母羊舍、分娩产羔舍、羔羊断奶保育舍、育成舍、育肥舍分开,种公羊舍、妊娠母羊舍要有运动场。生产区要设有兽医室、药浴池。以上羊舍要依次由上风向下风导向排列。另外要在下风向处设置隔离舍。湖羊场一般合适规模为220～500只基础母羊,年出栏700～1500只,占地20～50亩左右。

(一)羊场分区规划

通常将羊场分为三个功能区,即生活管理区、生产区、粪污处理区。分区规划时,首先从湖羊保健角度出发,以建立最佳的生产联系和卫生防疫条件。安排各区位置,一般按主风向和坡度的走向依次排列顺序为:生活区、办公管理区、饲草饲料加工贮藏区、消毒间(过往行人、车消毒,饲养用具消毒,羊春秋药浴、夏季冲凉降温,治疗皮肤病等作用)、羊舍、病羊管理区、隔离室、治疗室、无害化处理设施、沼气池、晒草场、贮草棚等。各区之间应有一定的安全距离,最好间隔300米,同时,应防生活区和管理区的污水流入生产区。

(二)羊场建筑布局

羊的生产过程包括种羊的饲养管理与繁殖、羔羊培育、育成羊的饲养管理与肥育、饲草饲料的运送与贮存、疫病防治等,这些过程均在不同的建筑物中进行,彼此间发生功能联系。建筑布局必须将彼此间的功能联系统筹安排,尽量做到配置紧凑、占地少,又能达到卫生、防火安全要求,保证最短的运输、供电、供水线路,便于组成流水作业线,实现生产过程的专业化有序生产。

(三)羊用运动场与场内道路设置

运动场应选在背风向阳、稍有坡度的地方,以便排水和保持干燥。一般设在羊舍南面,低于羊舍地面 20 厘米以下,向南缓缓倾斜,以砖扎或沙质壤土为好,便于排水和保持干燥。四周设置 1.2～1.5 米高的围栏或围墙,围栏外侧应设排水沟,运动场两侧(南、西)应设遮阳棚或种植树木,以减少夏季烈日暴晒,面积为每只成年羊 4 平方米;羊场内道路根据实际定宽窄,即方便运输,又符合防疫条件。要求:运送草料、畜产品的路不与运送羊粪的路通用或交叉,兽医室有单独道路,不与其他道路通用或交叉。

(四)各类羊舍

1.公羊舍、待配母羊舍(配种羊舍)也叫成年羊舍

种公羊、后备羊、在此舍分群饲养,一般采用双列式饲养。种公羊单圈,青年羊、成年母羊一列,同一运动场,配种后到确认怀孕前期母羊一列、一个运动场。敞开、半敞开、封闭都可,尽量采用封闭式。

2.妊娠母羊舍

配种后 18～21 天,经 B 超检查确认怀孕后的母羊转入妊娠母羊舍,一般采用双列式饲养,要有运动场。

3.分娩产羔舍

怀孕后期进入分娩舍单栏饲养,每栏 2 平方米左右,运动场每栏 4 平方米。每百只成年羊舍,准备 15 个羊床,厚垫褥草,并设有羔羊补饲栏。一般采用双列式饲养,怀孕后期母羊一列、同一运动场,分娩羊一列、一个运动场,敞开、半敞开、封闭式都可,尽量采用封闭式。

4.羔羊断奶保育舍

羔羊断奶后进入羔羊保育舍,合格的羔羊 45 日龄进入羔羊保育舍。这期间关键在于保暖,采取封闭式,双列、单列都可。

5.育成舍、育肥舍(后备羊舍)

合格的母羊、公羔,应根据年龄段、强弱大小进行分群饲养管理。符合种羊要求的单独饲养,不符合要求的母羊、公羊去势后育肥。这一阶段采取封闭式,双列、单列都可。

因湖羊采用全价颗粒饲料或全混合日粮,所以各类羊舍只设料槽。根据羊的大小设计料槽的高低,饮水设备准备充足,用水槽、水桶、自动饮水器都行。

羊舍分类不是绝对的,也可分:羔羊舍、育肥羊舍、配种舍(种公羊、后备羊、

空怀母羊）、怀孕前期羊舍、怀孕后期羊舍,设计时可单列或双列饲养,羊舍尽量避免复杂,管理方便即可。

三、羊舍设计参数

(一)羊舍及运动场面积

羊舍面积应根据羊的数量和饲养方式而定。面积过大,则浪费土地和建筑材料,单位面积养羊的成本会升高;面积过小,致使羊拥挤、环境质量差,不利于饲养管理和羊的健康。总体上按照 1:1.53 计算。

(二)羊舍温度和湿度

冬季产羔舍最低温度应保持在 15～20℃以上,一般羊舍 0℃以上,夏季舍温不应超过 30℃。羊舍应保持干燥,地面不能太潮湿,空气相对湿度应低于 70%。

(三)通风与换气

对于封闭式羊舍,必须具备良好的通风换气性能,能及时排出舍内污浊空气,保持空气新鲜。

(四)采光

采光面积通常是由羊舍的高度、跨度和窗户的大小决定的。实际设计时,应按照既利于保温,又便于通风的原则灵活掌握。

(五)长度、跨度和高度

羊舍的长度、跨度和高度应根据所选择的建筑类型和面积确定。长度根据地形,一般为 69～100 米。单坡式羊舍跨度一般为 5～7 米,双坡单列式羊舍为 6～8 米,双列式为 10～12 米;羊舍檐口高度一般为 2.4～3.0 米。

四、羊舍的基本结构

(一)地面

地面是羊躺卧休息、排泄和生产的地方,有实地面和漏缝地面两种。实地面又因建筑材料不同有:夯实黏土、三合土(石灰、碎石、黏土为 1:2:4)水泥地、砖地。夯实黏土地面造价低,易潮湿和不便消毒;三合土地面较黏土地面好;水泥地面,不保暖、太硬,便于清扫和消毒;砖扎地面,保暖,也便于消毒,但成本高。

漏缝地面(羊床)可以给湖羊提供干燥的卧床,用软木条、竹片、塑料、镀锌钢丝网材料做成或水泥漏粪板。镀锌钢丝网眼要略小于羊蹄面积,以免羊蹄漏下伤羊。

(二)墙

榆林市多数县采用砖墙,有 12 墙 24 墙和 37 墙,墙越厚保暖性越强。也有采用金属铝板、胶合板、玻璃纤维材料建成保温隔热墙,效果很好。

(三)门、窗

一般门宽 2.5～3 米,高 1.8～2 米,可设双扇门或推拉门,便于车辆进出运送草料和清扫羊粪,一般 200 只羊设一个大门。窗:一般宽 1.2～2.7 米,高 0.7～1.5 米,窗台距地面高 1.3～1.5 米。窗口越大室内越亮,羊舍采光越好。

(四)房顶

房顶具有防雨水和保暖隔热作用。其材料有大瓦、石棉瓦、油毡、塑料薄膜、金属彩钢板、新型保温材料等,形状有平顶、单坡、双坡、拱形等,羊舍越高羊舍内空气越好。

(五)羊床的基本建设设计

对羊进行高床舍饲的羊床,包括床体和饲槽。床体的基架高 50～80 厘米,宽 150～170 厘米。基架之上前方是栅栏状前栏,高 100～120 厘米,栏间形成的颈夹宽 8～10 厘米,中间有供羊头颈伸出的孔洞,基架上平铺漏粪板,板间有2～3 厘米的间距。饲槽安装于前,一般高于漏粪板 35～40 厘米(根据不同年龄段高度不同)。羊床材料选择:根据当地实际情况选择,也可到专业生产厂家定制生产。

五、羊舍类型

(一)长方形羊舍

长方形羊舍比较实惠、实用,建筑方便。舍前的运动场可根据分群饲养需要再分割成若干小圈,羊舍面积根据羊群大小、每只羊应占面积及饲养方式决定。

(二)棚、舍结合羊舍

羊舍有封闭式、半敞开式。羊群平时在羊圈或在三面有墙、前面敞开的羊棚内过夜,冬季产羔时再进入羊舍。

六、典型羊舍

(一)封闭型单列式

房顶可用楼板建成平顶或者用彩钢板建成单坡(或双坡)。羊舍东西长一般在30~50米,南北宽6~7米,平房高度3.5~4.0米,单坡房南面顶高4米、北面墙高2.5~3.0米,较为合适;两头留门,门口宽1.2~1.5米,高2~2.5米;南墙1.5米高处安窗,窗高1.5~1.7米,宽2.5~2.7米,并留一个1.2米高,0.8米宽的小门,羊从此门进入运动场;依南墙建一个宽8~10米的运动场,距前排羊舍2米,留门,运动场内可设水槽和料槽;北墙相应留窗;羊舍内,北面留1.2米的人行道,南面建羊床,羊舍内隔成小栏,东西长每栏3.3米,南北宽4.5~5米,饲养10只羊,每只羊占羊床面积1.5平方米以上,羊床高出地面50厘米,用砖砌成底部"凹"形,上部留台阶,台阶宽深各10厘米,以便放产床。羊床采用厚竹板、木结构或者复合塑料都可以,要求有一定的结实度、耐腐蚀;羊栏钢管结构或者木结构,决不能用砖垒,影响通风,靠路栏内设有水槽、料槽、小门。

(二)封闭型双列式

平房和彩钢板结构的双坡顶,双列式饲养。羊舍东西长30~50米,南北宽10米,高3.5~4.0米,两头中间留1.2~1.5米的门,中间留1.2米的人行道,羊床双列,建设同单列式,只是两排羊舍之间的距离有所改变,达到17~18米,各依本羊舍南北墙设有6~8米宽的运动场,两运动场之间留有1.2~2.0米的人行道,运动场要用钢管或者小水泥板(柱)做,通风性高,观察羊方便。

羊在怀孕后期、分娩后10天,需要单栏饲养,需要建怀孕舍和分娩舍。由于湖羊怀孕期5个月,一般分娩后一个月发情配种,正好是6个月,加上7~9月受胎率又低,羊都是集中繁殖,进怀孕舍、分娩舍后,原来的羊舍大部分闲置,所以说给羊建分娩舍(怀孕后期转入)只占羊场基础母羊的25%,只有采用活动栏,才能进行隔离。绝对的隔离是不存在的,因为羊要运动,只有在吃食时隔离就行了。因此,在建羊场时,要考虑单栏饲养,多建一些羊舍,多做一些活动栏,进行隔离,减少不必要的损失。一般每只基础母羊占羊床2平方米,就能满足单栏隔离饲养的需要。

(三)敞开式羊舍

除南面无墙外,其他三面都有墙。运动场直接与羊舍相连,只有单列式饲养。房顶采用单坡或双坡,南面高3.5~4.0米,北面高2.5~3.0米。

封闭型双列式羊舍示意图

(四)半敞开式单列

羊舍顶部多采用单坡,也有平顶和双坡的。羊舍高度 3.5～4 米,宽 6～8 米,南面墙高 1.2～1.5 米,每 3.3 米留一个门,直接与运动场相连,其他 3 面完好,北面留窗。有的羊舍两头留门,靠羊舍北面留 1.2 米人行道,南面建羊床,每间房用羊栏隔开,也可不建羊床;有的羊舍两头不留门,直接从运动场进入羊舍,靠北面建羊栏或者建羊床;有的 1～2 间用砖墙隔开,羊栏、羊床都不要,羊舍之间距离 10～12 米。

(五)半敞开双列式

双坡、平顶都有,羊舍高 3.5～4 米,羊舍宽 10 米,东西两头留 1.2～1.5 米的门,中间是人行道,南北两墙都是 1.2～1.5 米高,每 3.3～10.0 米留一个 1.2 米的门,直接与运动场相连。运动场 6～8 米,于前排运动场中间留 1.2～1.5 米的人行道,羊舍内用羊栏隔开,每个栏面积为东西长 3.3 米、南北宽 4.5～5.0 米。也有使用羊床的。

第四章　营养需要与饲料利用

一、湖羊消化的生理特点

(一)采食特点

湖羊没有上门齿和犬齿,采食时利用上唇、舌头和稍向外弓的锐利下门齿共同作用,切断牧草,吞入瘤胃。湖羊采食具有以下特点:

1.具有天生性饲料喜好

湖羊喜欢采食灌木枝叶、鲜嫩牧草,这些特性是由遗传及身体生理结构决定。

2.可根据口感调整采食取向

湖羊在放牧条件下,可根据口感调整采食取向。如当牧草中单宁含量超过2%时(按干物质计算),湖羊会拒绝采食。因此放牧条件下,湖羊群出现单宁中毒的可能性很小。但湖羊通常贪食精饲料,如果不限制它们的采食量,就会发生消化不良或酸中毒,甚至死亡。

3.可根据采食后果判断饲料的可食性

湖羊可将饲料的适口性或风味与某些不适(如胃肠道不适)或愉快的感觉联系在一起,产生"厌恶"或"喜好"。有过某种毒草中毒经历的湖羊一般不会再次采食同种毒草。

4.可根据营养需要选择食物

在放牧条件下,湖羊可根据身体需要选择牧草。在舍饲条件下,它们的选择机会受到限制、但在严重缺乏某种营养素的条件下,湖羊会强迫自己采食它们并不喜欢的食物或异物,如湖羊毛、粪土和瓦砾等。

5.可改变采食行为

湖羊可以通过模仿、采食经历或人为的训练,对某种饲料产生喜好或厌恶。如在饲喂青贮饲料的初期,大多数湖羊会拒绝采食,但经过1~2周的诱导训练,可接受并能较好地适应。湖羊的许多行为习性具有较大的可塑性,会随着环境条件的变化而变化。如长期放牧的湖羊,经过一段时间的舍饲后,再回到草场上,就不会啃食牧草,需要1~2周的训练才能恢复。

（二）反刍

当湖羊采食后休息时，把经瘤胃胃液浸泡的饲草逆呕成一个食团于口中，经反复咀嚼后再吞咽入瘤胃，这一现象叫反刍。反刍是湖羊的一种消化行为，包括逆呕、咀嚼、混合唾液、吞咽的过程。湖羊一天内可逆呕食团500个左右。反刍活动是食欲正常的反映，可保证湖羊在单位时间内采食最大量的食物。影响湖羊反刍的因素很多，如饲料的种类和品质、精料补充料的调制方法、饲喂方式、气候、饮水以及湖羊的体况等。一般来说，牧草含水量大，反刍时间短；精料补充料纤维含量高，反刍时间长；当湖羊过度疲劳、患病、受到外界的强烈刺激或长期采食单一颗粒饲料时，会出现反刍紊乱或停止。当湖羊出现食欲废绝、反刍停止，就表明其病情严重。

羔湖羊出生后40天左右便出现反刍行为。早开食可刺激前胃发育，提早出现反刍行为。

（三）胃肠消化

1. 胃

湖羊有四个胃室，分别是瘤胃、网胃、瓣胃和皱胃。前三个胃没腺体组织，不能分泌消化液，对饲料起发酵和机械性消化作用，统称为前胃。皱胃有腺体，也叫腺胃或真胃。成年湖羊四个胃总容积约30升，相当于整个消化道容积的67%左右。瘤胃容积最大，约占胃总容积的78%左右，是湖羊摄入饲料的临时"贮藏库"，可保证湖羊在短时间内采食大量饲料。瘤胃也是一个微生物密度高、调控严密的生物发酵罐。瘤胃内温度达40℃左右，pH在6～8之间，寄生着60多种微生物，包括厌氧性细菌、原虫、厌氧真菌等，每毫升瘤胃液中含细菌5亿～10亿个、原虫2 000万～5 000万个。

瘤胃虽然不能分泌消化液，但胃壁强大的纵形环肌能够强有力地收缩，有节律地蠕动以搅拌食物。胃黏膜表面有无数密集的角质化乳头，有助于食糜与胃壁接触摩擦。另外，瘤胃中大量的微生物具有特殊的消化作用。瘤胃微生物的主要作用如下：

（1）分解消化粗纤维　湖羊本身不产生分解粗纤维的酶，瘤胃微生物活动产生的纤维分解酶可以把粗饲料中的粗纤维分解成容易消化吸收的碳水化合物，通过瘤胃壁吸收利用，作为湖羊主要的能量来源。湖羊通过瘤胃微生物对精料补充料营养物质的发酵、分解所得到的能量，占湖羊能量需要量的40%～60%。

（2）合成菌体蛋白，改善精料补充料的粗蛋白品质　湖羊精料补充料中的含氮物质（包括蛋白质和非蛋白含氮化合物）进入瘤胃后，大部分会经过瘤胃微生物的分解,产生氨和其他低分子含氮化合物。瘤胃微生物再利用这些低分子含氮化合物来合成自身的蛋白质,以满足繁殖的需要。随食糜进入真胃和小肠,微生物可被消化道内的蛋白酶分解,成为湖羊的重要蛋白质来源。精料补充料中低品质的植物性蛋白质和非蛋白氮经过瘤胃微生物的分解和合成,其必需氨基酸含量可提高 5～10 倍。试验表明,用禾本科干草或农作物秸秆饲喂湖羊时,由瘤胃转移到真胃的蛋白质约有 82% 属于菌体蛋白。可见,瘤胃微生物在湖羊的蛋白质营养供给方面具有重要的作用。

（3）合成维生素　维生素 B_1、维生素 B_2、维生素 B_{12} 和维生素 K 是瘤胃微生物的代谢产物,到达小肠后可被湖羊吸收利用,满足湖羊对这些维生素的需要。因此,成年湖羊一般不会缺乏这几种维生素。在放牧条件下,湖羊也很少发生维生素 A、维生素 D 和维生素 E 缺乏的情况。但是,如果长期缺乏青饲料,湖羊就会缺乏这几种维生素,尤其是种公羊、羔羊和妊娠后期母羊。因此,必须在精料补充料中添加这几种维生素或饲喂富含维生素的青绿多汁饲料或青贮饲料,以满足湖羊的健康、生长发育及生产需要。

网胃呈球形,约占胃总容量的 7%,因内壁分隔成很多如蜂巢状的网格,又称蜂巢胃。第一、二胃紧连在一起,其消化生理作用基本相似,除机械作用外,也可利用微生物进行分解消化食物。网胃如同筛子,起着饲料过滤作用,将随饲料吃进去的钉子、泥沙都留在其中,因此网胃又称为“硬胃”。

瓣胃又名百叶胃,约占胃总容量的 6%～7%。内壁有无数纵列的褶膜,对食物进行机械性压榨作用,可将食物中的粗糙部分阻留下来,继续加以压磨,同时吸收食糜中大量水分、挥发性脂肪酸以及钙、磷等物质,减少食糜体积并将其送入皱胃。

皱胃又称真胃,类似单胃动物的胃,约占胃总容量的 7%～8%。胃壁黏膜有腺体分布,具有分泌盐酸和胃蛋白酶的作用,可对食物进行化学性消化。

湖羊胃的大小和机能,随年龄的增长发生变化。初生羔湖羊的前三胃很小,结构还不完善,微生物区系未健全,不能消化粗纤维,只能靠母乳生活。羔羊吸吮的母乳不接触前三胃的胃壁,而是靠食道沟的闭锁作用,直接进入真胃,由真胃凝乳酶进行消化。随着日龄的增加,羔湖羊前三胃不断发育完善。早开食,可促进瘤胃发育。因此,羔湖羊一般在生后 7～14 天便开始补饲一些容易消化的优质青干草和混合料。羔羊在 7 周龄时瘤胃就可以发育完全。

2. 小肠

湖羊的小肠细长曲折,长度为 17～34 米,相当于体长的 26～27 倍。肠黏膜中分布有大量的腺体,可以分泌蛋白酶、脂肪酶和淀粉酶等消化酶类。小肠越长,吸收能力越强。胃内容物进入小肠后,在各种酶的作用下分解为一些简单的营养物质经绒毛膜吸收。尚未完全消化的食物残渣则与大量水分一道，随小肠蠕动而被推进到大肠。

3. 大肠

湖羊的大肠直径比小肠大，长度为 4～13 米，无分泌消化液的功能，其作用主要是吸收水分和形成粪便。小肠内未完全消化的食物残渣，可在大肠内微生物及食糜中的酶的作用下继续消化和吸收。水分被吸收后的残渣形成粪便，排出体外。

二、湖羊的营养需要

湖羊的营养需要是指湖羊在生存、生长及生产过程中，所需要的各种营养成分的总和。可划分为维持需要和生产需要。维持需要主要用于基础代谢、自由活动和维持体温。生产需要包括生长、妊娠、产奶需要等。湖羊摄取的营养物质首先满足维持需要，满足维持需要后的剩余养分才用于生产需要。维持需要占总摄取养分的比例越低，用于生产需要的比例就越高，饲养效益就越好。湖羊需要的营养物质包括蛋白质、碳水化合物、脂肪、矿物质、维生素和水等。

（一）蛋白质

蛋白质是给动物提供氮素的物质，也是细胞的主要组成部分。蛋白质参与动物代谢的大部分化学反应，在生命过程中起着重要作用。

1. 蛋白质的营养功能

（1）维持正常生命活动、构建组织器官　蛋白质不仅是湖羊的肌肉、皮肤、血液、神经、结缔组织、腺体、精液等的主要成分，而且在体内起着传导、运输、支持、保护、连接、运动等多种功能性作用。由于构成各组织器官的蛋白质种类不同，不同的组织器官具有各自特异性生理功能。

（2）构成各种酶、激素和抗体　蛋白质是动物体内各种酶、激素和抗体的主体成分，并在维持体内渗透压和水分的正常分布方面起着重要作用。

（3）为机体提供热能　在动物体内营养不足时，蛋白质可分解并供给能量，维持机体代谢活动。当蛋白质摄入过剩时，也可转化成糖、脂肪或分解产生热能，供机体代谢之用。

（4）更新和修补机体组织　蛋白质的营养作用是碳水化合物、脂肪等营养物质所不能代替的。在湖羊的新陈代谢过程中，蛋白质起着更新和修补组织的主要原料的作用。湖羊缺乏蛋白质饲料时，会出现消化功能减退、体重减轻、生长发育受阻、抗病力下降，严重缺乏时可导致死亡。精料补充料中蛋白质水平过低，还会影响湖羊对其他营养物质的吸收和利用，降低精料补充料的利用效率，会对湖羊生产造成极为不利的影响。

2.蛋白质的供给

各类饲料中粗蛋白质的含量不同。其中饼粕类为 30%～45%，豆科籽实类为 20%～40%，糠麸类为 10%～17%，豆科干草类为 9%～16%。豆科籽实、饼粕、豆科牧草等是湖羊的主要蛋白质饲料来源。在湖羊饲养中，应根据饲料的来源、价格以及湖羊的饲养标准和要求配制精料补充料。羔羊育肥期的精料补充料粗蛋白质含量 16%～18%，成年湖羊育肥精料补充料中的粗蛋白质水平可降至 12%～14%。

（二）碳水化合物

1.碳水化合物的营养功能

（1）维持湖羊体生命活动　如葡萄糖不仅是大脑神经系统、肌肉、脂肪组织、胎儿生长发育、乳腺等代谢的唯一能源，而且是维持正常体温的必需物质。葡萄糖供给不足时，湖羊易出现妊娠毒血症或死亡。黏多糖也是保证多种生理功能实现的重要物质。

（2）形成湖羊体组织　碳水化合物是形成湖羊体组织的重要成分之一。其中五碳糖是细胞核酸的组成成分，半乳糖与类脂肪是神经组织的必需物质，许多糖类与蛋白质化合而成糖蛋白，低级核酸与氨基化合形成氨基酸。

（3）形成湖羊产品　碳水化合物是形成湖羊产品的重要物质。如葡萄糖可以合成乳糖，并参与部分湖羊乳蛋白非必需氨基酸的形成。

（4）维持湖羊消化机能　碳水化合物是维持湖羊正常消化机能所必需的营养。如粗纤维除了为湖羊体提供能量及合成葡萄糖和乳脂的原料外，还能刺激消化道黏膜，促进消化道蠕动和未消化物质的排出。

2.碳水化合物的供给

碳水化合物来源丰富，成本低廉。一般情况下，湖羊不会缺乏，但病弱羊、妊娠母羊和哺乳母羊应注意补充。在妊娠后期，胎儿发育快，对能量需要量大。怀单羔母羊的能量总需要量是维持需要量的 1.5 倍，怀双羔母湖羊为维持需要量的 2 倍。湖羊在产后 12 周泌乳期内，有 65%～83% 的代谢能转化为奶能，带双羔、三羔母羊的转化率更高。饲料中的碳水化合物主要是淀粉和纤维素类物质。

（三）脂类

脂类广泛存在于动、植物组织中，其中以动物饲料、糠麸类和各种饼粕类饲料含量较高，成熟后的作物秸秆含量较低。

1.脂类的营养功能

(1)提供能源 脂类作为湖羊能量来源的一部分,也是贮存能量的最好形式。脂肪是含能量最高的营养素,所产的热能是蛋白质和碳水化合物的2.25倍左右。

(2)构成湖羊体组织细胞 脂类是湖羊体组织细胞的重要组成成分。如神经、肌肉、血液等均含有脂肪。脂肪也参与细胞内某些代谢调节物质的合成。各种组织的细胞膜是由蛋白质和脂肪按照一定比例组成。糖脂类在细胞膜传递信息的活动中起着载体和受体作用。

(3)溶解脂溶性维生素 脂肪是脂溶性维生素的溶剂。饲料中缺乏脂肪时,脂溶性维生素消化代谢发生障碍,湖羊可表现出维生素缺乏症。

(4)为动物提供必需脂肪酸 羔羊在生长过程中,必须依赖饲料提供的脂肪酸包括亚油酸、亚麻酸和花生油酸。湖羊缺乏必需脂肪酸时,会出现皮肤角质化、毛细变脆、免疫力下降、生长受阻、繁殖力下降等现象,甚至死亡。

(5)构成湖羊产品 脂类也是构成湖羊产品(乳、肉等)的重要成分。

2.脂类的供给

湖羊除了长期饲喂单一饲料或劣质饲料的情况外,一般不会缺乏脂肪。因此,不需要另外补充。

(四)维生素

维生素也是湖羊体内必需的营养物质,有控制、调节代谢的功能,对维持湖羊的健康、生长发育和繁殖具有十分重要的作用。维生素可分为脂溶性和水溶性两类。

1.脂溶性维生素

脂溶性维生素是指不溶于水,可溶于脂肪及其他有机溶剂的维生素,在消化道随脂肪一同被吸收。

(1)脂溶性维生素的营养功能

①维生素A 维生素A只存在于动物体中。植物不含维生素A,而只含有维生素A源的胡萝卜素。一分子β—胡萝卜素在动物肠壁中,经酶的作用生成两分子维生素A。湖羊将β—胡萝卜素转为维生素A的能力只有30%。维生素A与动物的视觉、繁殖、骨骼生长发育以及免疫等均有关。湖羊摄入过量的维生素A可引起中毒,其中毒量一般为需要量的30倍。

②维生素D 维生素D是一种固醇类衍生物,共有6~8种之多,有多种存在形式,与湖羊健康关系较密切的是维生素D_2和维生素D_3。其基本功能是促进肠道钙、磷吸收,提高血液钙、磷水平,促进骨骼正常钙化,同时影响湖羊的免

疫功能。维生素 D 可提高血清中维生素 A 的含量。因此,在精料补充料中添加维生素 A 的同时,一般应添加维生素 D,以提高机体代谢水平,加强钙、磷的吸收。因维生素 D 添加过量,就会引起中毒。湖羊饲喂 60 天以上超过需要量 4～10 倍,但可出现软骨生长受阻、食欲和体重下降、血钙升高、血液磷酸盐降低等症状。维生素 D_3 的毒性比维生素 D_2 大 10～20 倍。

　　维生素 D 在豆科植物中含量较多,在其他植物性饲料中含量极少。但植物的中麦角固醇在紫外线照射下,其中一部分可转变为维生素 D_3;动物皮肤颗粒层中的 7-脱氢胆固醇在紫外线照射下,也可转变为维生素 D_3,贮存于动物肝脏中。但光照不足或存在消化吸收障碍可导致湖羊钙、磷吸收和代谢障碍,发生骨骼发育受阻的情况。

　　③维生素 E(α－生育酚)　维生素 E 广泛分布于饲料中,其中以青绿饲料和种子的胚芽中最丰富,通常情况下,对动物无毒。维生素 E 不仅是一种抗氧化剂和免疫增强剂,而且对维持动物正常繁殖性能和提高肉质有重要作用。

　　④维生素 K(甲萘醌)　维生素 K 是维持湖羊血液凝固系统功能不可缺少的物质,广泛存在于各类饲料中。湖羊瘤胃可以合成足够的维生素 K,故一般不会缺乏,但某些异常原因有可能影响维生素 E 的摄取或降低其生物效能。

　　(2)脂溶性维生素的供给　一般来说,饲料越绿,胡萝卜素和维生素 E 含量越高。鲜嫩牧草的胡萝卜素含量远远高于干黄牧草和作物秸秆。因此,饲喂湖羊精料补充料的同时应注意供给足够的青绿饲料、多汁饲料和青干草,以满足维生素 A 和维生素 E 的需要。常年放牧湖羊群一般不会缺乏维生素 D,不需要额外补充。但舍饲湖羊群应注意优质青干草(如豆科牧草)的供给和舍外活动时间。对于维生素 D 缺乏的湖羊,可参考后表 4 标准供给。

2.水溶性维生素

　　水溶性维生素包括整个 B 族维生素和维生素 C(抗坏血酸)。B 族维生素主要作为辅酶,催化碳水化合物、脂肪和蛋白质代谢中的各种反应。长期缺乏可引起代谢紊乱和体内酶活力降低。除瘤胃功能不健全的羔羊外,湖羊瘤胃微生物可以合成足够的 B 族维生素。在饲料中供应足够的钴,保证细菌合成足够的维生素 B_{12}。在大量使用抗生素时,某些水溶性维生素的利用会受到影响,应在饲料中适当补充。维生素 C 广泛参与动物体内多种生化反应。一般情况下,湖羊可合成足够的维生素 C。但在妊娠、泌乳和甲状腺功能亢进的情况下,维生素 C 吸收量减少、排泄量增加。在高温、寒冷、运输等应激条件下以及精料补充料能量、蛋白质、维生素 E、硒和铁等不足时,湖羊对维生素 C 的需要量增加,需要补充。

（五）矿物元素

矿物元素是动物营养中的一大类无机营养素。自然界存在 60 多种,湖羊所必需的有 27 种。

矿物质又分为常量元素和微量元素。常量元素是指在动物体内的含量大于体重 0.01％的元素,如钙、磷、钠、钾、氯、镁、硫等;微量元素是指在动物体内的含量小于体重 0.01％的元素,如铁、铜、钴、碘、锰、锌、硒、钼、氟、硅、铬等。湖羊精料补充料中通常需要考虑添加的矿物质有:钙、磷、钠、钾、氯、铁、铜、钴、碘、锰、锌、硒等。

1. 常量元素

湖羊需要的常量元素主要有:钙、磷、钠、钾、氯、镁、硫等 7 种。

(1)常量元素的营养功能

①钙和磷　钙和磷是动物体内含量最多的矿物元素,也是配合饲料中添加量最大的营养物质。正常的钙、磷比例为 2：1 左右。

钙作为动物体结构组成物质,参与骨骼和牙齿的组成,通过调节神经传递物质释放,调节神经兴奋性;通过神经体液调节,改变细胞膜的通透性,使钙离子进入细胞内触发肌肉收缩。同时激活多种酶的活性,促进胰岛素、儿茶酚胺、肾上腺皮质固醇分泌。钙还具有自身营养调节功能,在外源钙不足时,沉积钙(特别是骨钙)可大量分解,供代谢循环需要。

磷除了与钙一起参与骨骼和牙齿结构组成外,主要参与体内能量代谢,促进营养物质的吸收,保证生物膜的完整,并作为重要生命物质 DNA、RNA 和一些酶的结构成分,参与许多生命活动过程。

湖羊钙、磷缺乏时,出现佝偻病、骨疏松症和产后瘫痪等病症。磷的含量不足时,湖羊对传染病的抵抗力和采食量大大下降,胡萝卜素转化为维生素 A 的能力也降低。

②钠、钾、氯　动物体内的这三种元素主要分布在体液和软组织中,起着维持渗透压、调节酸碱平衡、控制水代谢等作用。钠对传导神经冲动和营养物质吸收起重要作用;钾离子影响神经肌肉的兴奋性,细胞内钾参与糖和蛋白质的代谢。各种饲料都较缺乏钠,其次是氯,钾一般不缺。但缺乏其中任何一种元素,湖羊都会表现食欲差、生长缓慢或体重下降、皮肤粗糙、繁殖机能下降、饲料利用率低等现象。育肥湖羊精料补充料中精饲料或非蛋白氮比例过高或大量使用玉米青贮等饲料可导致缺钾症。

③镁　镁不仅是骨骼、牙齿及许多酶(如磷酸酶、氧化酶、激酶、肽酶和精氨酸酶)的组成成分,而且参与 DNA、RNA 和蛋白质的合成,调节神经肌肉的兴

奋性,保证神经肌肉的正常功能。

湖羊镁的需要量约为精料补充料的 0.2%。缺镁时,表现出厌食、生长受阻、过度兴奋、痉挛和肌肉抽搐,严重缺镁可导致死亡。但镁过量也可致湖羊中毒,其表现为采食量和生产力下降、昏睡、运动失调和腹泻,严重可引起死亡。

④硫　湖羊体内约含有 0.15% 的硫,少量以硫酸盐的形式存在于血液中,大部分以有机硫的形式存在于肌肉组织、骨骼和牙齿中。湖羊毛含硫量高达 4% 左右。硫的作用主要是通过体内含硫有机物实现。含硫氨基酸合成体蛋白、被毛以及许多激素,还可合成软骨素基质、牛黄素等。硫是辅酶 A、硫胺素、黏多糖的成分,参与胶原和结缔组织的代谢。

湖羊可以利用非蛋白氮,当饲料氮、硫比例大于 10：1 时,湖羊易出现硫缺乏症,采食量和利用纤维素的能力下降,湖羊毛生长缓慢。湖羊硫中毒现象很少见,但如果用无机硫作添加剂,用量超过 0.3%～0.5% 时,可引起厌食、便秘、腹泻、失重、抑郁等症状,严重时可导致死亡。

(2)常量元素的供给

①补钙和磷　多数牧草和饲料都含有适量的钙,一般都能满足湖羊的需要。玉米含钙量较低,饲喂劣质粗饲料的湖羊,必须补充一定量的钙。成熟的饲料作物和牧草一般都缺磷,长期饲喂这些饲料应注意补充磷盐。湖羊对钙磷的利用必须有维生素 D 和镁的参与。生长速度较快的湖羊羔、早期断奶湖羊羔、妊娠和哺乳期母湖羊、繁殖季节的公湖羊饲喂应适当提高饲料钙、磷浓度。

a.注意精料补充料钙含量和钙磷比例,按照湖羊群不同生理阶段的需求予以及时调整。湖羊精料补充料正常的钙磷比例应为 1.5～2：1,但在母湖羊妊娠后期及哺乳期,钙的消耗量更大,钙磷比例可调整为 2.25：1。除了多喂含钙量较高的苜蓿、白三叶以及谷实类、饼粕和糠麸类饲料,还可以通过在饲料中添加钙制剂予以补充。

b.改善饲养管理条件,增加运动量,增加湖羊舍的采光面积和湖羊羔的日照时间。

c.对表现出缺钙症状的湖羊,首先要查明原因。如果钙磷是等比例缺乏,可用磷酸氢钙予以补充;如钙磷不是等比例缺乏,可用石粉或贝壳粉补充。对有缺钙病史或有前兆的母湖羊可静脉注射 10% 葡萄糖酸钙或者 5% 氯化钙,同时补充维生素 D。

②补食盐　所有湖羊都应补充食盐以满足氯和钠元素的需求。湖羊对食盐的日需要量为 5～10 克,可利用以下措施予以补充:

a.饮水补盐。在每千克饮水中加入食盐 0.5～1.0 克,让湖羊自由饮水。

b.饲料补盐。为了补盐,通常在精料补充料中加入 1%～2% 食盐。湖羊羔饲料盐的添加量控制在 1% 左右。

c. 自由啖盐。将食盐单独放在专用盐槽里让湖羊自由舔食。

d. 盐砖补盐。盐砖是以食盐为载体,添加钙、磷、碘、铜、锌、锰、铁、硒等元素,经过一定工艺压制成舔砖。使用时可吊挂在湖羊舍或运动场避雨避水的地方,任湖羊自由舔食。

③ 补镁 补镁有以下 2 种方法。

a. 在精料补充料中按每天每只湖羊加入 8 克菱镁矿石粉,或按每天每只湖羊加入 7 克氧化镁。

b. 改善草场植被中的镁含量。每公顷草地喷洒 14 千克菱镁矿石粉,或者在肥料中加入氧化镁,都可预防湖羊缺镁症的发生。

④ 补硫 补硫有以下 4 种方法。

a. 补充蛋氨酸。湖羊对蛋氨酸中硫的利用率可达 100%,湖羊羔缺硫时,可通过补充蛋氨酸,提高精料补充料硫水平。

b. 在精料补充料中添加硫酸盐。选择添加硫酸钠、硫酸钙、硫酸钾或硫酸铵。但这类硫化物的硫利用率较低,仅为 60%～80%。而且其补充量不宜超过饲料干物质的 0.1%。其用量超过 0.3% 时,可使湖羊产生厌食、失重、便秘、腹泻、抑郁等毒性反应,严重时可导致死亡。因此,要严格控制添加量。

c. 增加富硫饲料用量。将含硫较高的饼粕类、谷实和糠麸的喂量加大。

d. 湖羊在补充非蛋白氮时,也要补充硫,并将氮硫比例调整到 10∶1 之间。

2. 微量元素

湖羊易缺乏的微量元素约有 8 种。

(1)微量元素的营养功能

① 铁 铁广泛存在于动、植物体内,糠麸类和饼粕类中均富含铁。铁主要用于合成血红蛋白、肌红蛋白和呼吸酶类。参与体内物质代谢并具有抗感染作用。长期吃奶的湖羊羔易缺铁出现低色素小红细胞性贫血,表现为皮肤黏膜苍白,食欲减退生长缓慢,体重下降,舌乳头萎缩,呼吸频率加快,抗病力弱,严重时死亡。铁过量,也会引起中毒,表现为瘤胃迟缓、腹泻及肾功能障碍,甚至死亡。

② 铜 饲料作物中的铜含量受土壤铜浓度的影响,一般籽实类饲料中含量较少,饼粕类含量较多。铜的主要营养功能体现在三个方面:一是作为金属酶组成成分直接参与体内代谢。二是维持铁的正常代谢,有利于血红蛋白合成和红细胞成熟。三是参与骨骼形成。铜是骨细胞、胶原和弹性蛋白不可缺少的元素。

湖羊羔缺铜,表现为共济失调、骨骼形成和生长受阻、腹泻和贫血。湖羊缺铜,可能是单纯性的,也可能与钴和铁同时缺乏有关。单纯缺铜只要在食盐中加入 0.5% 硫酸铜即可。如果是由于缺乏某种其他因素引起的缺乏症,则必须补充其他元素。另外，铜在瘤胃中与硫形成络合物，即使精料补充料中铜含量正常，也会发生缺铜症。湖羊摄入过量铜，也会发生中毒，湖羊对铜特别敏感，当精料补充料铜超过 25 毫克/千克时，即出现贫血、生长受阻、肌肉营养不良和繁殖性能下降等现象。肝内铜聚积到暴发点时，会出现黄疸症，以至肝坏死和肾功能障碍。严重时，出现溶血组织坏死。

③锌　锌是动物体内 200 多种酶的成分，在不同的酶中，锌起着催化分解、合成和稳定酶蛋白四级结构和调节酶活性等多种生化作用。锌同时参与维持上皮细胞和皮毛的正常形态、生长和健康，维持激素的正常作用，维持生物膜的正常结构和功能。湖羊缺锌，出现食欲、采食量和生产性能下降、皮肤和被毛损害、繁殖性能下降和骨骼异常等症状。湖羊羔缺锌，眼睛和蹄上部出现皮肤不完全角质化等症状。湖羊对锌有较强的耐受力，很少出现中毒现象。

④钴　钴在动、植物体内含量很少，世界上很多地方动物尤其是反刍动物因缺钴而出现地方性恶性贫血、异食癖、拒食、生长不良、消瘦等病症。这是因为钴参与维生素 B_{12} 的合成，直接参与造血过程，并激活多种酶。钴同蛋白质及碳水化合物代谢有关，而且还可用于合成瘤胃微生物的其他生长因子，增强瘤胃微生物分解纤维素的活性。

湖羊对钴的耐受力比较强，但当精料补充料钴超过需要量的 300 倍时出现中毒反应，其症状与缺钴相似。

⑤锰　锰是参与碳水化合物、脂类、蛋白质和胆固醇代谢的一些酶类的组成成分，也是多种酶的非专一激活剂，是精氨酸酶的专一激活物。骨骼中的锰参与形成硫酸黏多糖软骨素，是骨骼中软骨的必需成分，可预防骨短粗症，使其形成正常骨骼。锰与湖羊生长、繁殖有关，参与铜的造血功能。锰还是维持大脑正常代谢功能必不可少的物质。

糠麸类饲料中锰含量较高，饼粕类次之，其他饲料含量较少。湖羊容易出现缺锰症，表现为采食量下降，饲料利用率低，生长发育受阻，骨骼形成缺陷，共济失调，繁殖机能受损，甚至出现神经机能紊乱症。

⑥碘　碘在动物体内的主要生理功能是通过合成甲状腺素来完成的。甲状腺素几乎参与体内所有的物质代谢过程。其维持体内热平衡，对湖羊的繁殖、生长、发育、红细胞生成和血液循环等起调控作用，影响毛、皮肤的完整性和生长。植物性饲料中碘含量很低，放牧的湖羊易出现缺碘症状。表现为甲状腺肿大，生长发育停滞，皮肤、被毛及性腺发育不良，繁殖力下降。湖羊很少出现碘中毒现象，因为饲料中含碘量过高时，适口性下降，湖羊的采食量下降，自然可以避免中毒。

⑦硒　硒在体内参与谷胱甘肽过氧化物酶组成，可保护细胞膜结构完整和

功能正常,对胰腺组成和功能有重要影响,并具有促进脂类及其脂溶性物质在肠道消化吸收的作用。

我国缺硒地域面积约占总土地面积的 2/3,西北的黄土高原水土流失较严重地区成为严重缺硒区。湖羊缺硒引起白肌病。每千克精料补充料中含有 0.1 微克硒即可满足湖羊羔需要。但湖羊摄入过量的硒可导致急性或慢性中毒,主要表现为脱毛、疼痛、体壳脱落、繁殖力显著下降等。

⑧钼 精料补充料中含少量的钼,有助于饲料的消化,能加速机体的生长发育,提高增重。钼可在肠内与铜形成复合物,使铜失去生物活性。钼的摄取量过大时,即使牧草含有足够的铜,也会发生缺铜症。钼的这种作用可以防止铜的摄入量过大。钼摄入量过低,过剩的铜会在肝脏积存。因此,精料补充料中含有适量的钼是十分必要的。

(2)微量元素的供给

①通过精料补充料中添加微量元素添加剂补充上述微量元素。

②通过舔砖补充。

③对严重缺硒地区的湖羊羔,可定期注射亚硒酸钠维生素 E 注射液。湖羊羔、妊娠母羊、哺乳母羊每月注射一次,繁殖公母羊最好在配种前一月内注射一次。其他湖羊每两个月或每季度注射一次。

④给湖羊瘤胃内投放含硒、铜、钴等微量元素的长效缓释丸但两月龄内羔湖羊不宜投放。

⑤给高产草场施肥料时添加严重缺乏的元素,例如施加有机硒肥。

(六)水

水是组成体液的主要成分,是湖羊饲料消化吸收、营养物质代谢、体内废物排泄及体温调节等生理活动所必需的物质,是湖羊的生命活动不可缺少的营养物质。水分占湖羊体重的 60%～70%。湖羊体内水分损失 5% 时,湖羊就有严重的渴感,食欲下降或废绝;当体内水分损失 10% 时,就会出现代谢紊乱;当水分损失达 20% 时,可导致湖羊死亡。2～3 天不饮水,湖羊就拒绝采食。长期缺水,可使湖羊唾液减少,瘤胃发酵困难,食欲下降,胃肠蠕动减慢,消化紊乱,血液浓缩,体温调节功能失调,尿浓度增高而发生尿中毒。另外,在缺水情况下,湖羊体内脂肪过度分解,会诱发毒血症,导致肾炎。

湖羊采食 1 千克干饲料一般需饮水 3～5 升。湖羊非常干净,常常拒饮污水。但在极度渴的条件下,也会饮用非清洁水。其结果可能感染寄生虫病、传染病或消化道疾病。应供应湖羊充足干净的饮水,任其自由饮用,同时注意水路卫生。

三、湖羊饲养标准

湖羊饲养标准又称湖羊营养标准,是根据湖羊的性别、年龄、体重、生理状态、生产方向和水平,规定每只湖羊每天应获取的各种营养量。技术人员可根据湖羊的营养需要量和各种饲料原料的营养价值,计算出湖羊在特定生理状况下的日粮配方。

本书仅将湖羊不同生长阶段每日营养需要、维生素、微量矿物元素、常量矿物元素需要量参数做一介绍。详见表4-1至表4-3。

表4-1 湖羊羔羊、生长期、育成期、肥育期每日营养需要量

体重 (千克)	日增重 (千克)	干物质 采食量 (千克)	代谢能 (兆焦)	粗蛋白 (克)	钙 (克)	总磷 (克)	食盐 (克)
1	0.02	0.12	0.60	9	0.8	0.5	0.6
	0.04	0.12	0.75	14	1.5	1.0	0.6
2	0.02	0.13	0.91	11	0.8	0.6	0.7
	0.04	0.13	1.06	16	1.6	1.0	0.7
	0.06	0.13	1.20	22	2.3	1.5	0.7
4	0.1	0.12	1.88	35	0.9	0.5	0.6
	0.2	0.12	2.72	62	0.9	0.5	0.6
	0.3	0.12	3.56	90	0.9	0.5	0.6
6	0.1	0.13	2.47	36	1.0	0.5	0.6
	0.2	0.13	3.36	62	1.0	0.5	0.6
	0.3	0.13	3.77	88	1.0	0.5	0.6
8	0.1	0.16	3.01	36	1.3	0.7	0.7
	0.2	0.16	3.93	62	1.3	0.7	0.7
	0.3	0.16	4.60	88	1.3	0.7	0.7
10	0.1	0.24	3.60	54	1.4	0.75	1.1
	0.2	0.24	4.60	87	1.4	0.75	1.1
	0.3	0.24	5.86	121	1.4	0.75	1.1
12	0.1	0.32	4.14	56	1.5	0.8	1.3
	0.2	0.32	5.02	90	1.5	0.8	1.3
	0.3	0.32	8.28	122	1.5	0.8	1.3

续表

体重 （千克）	日增重 （千克）	干物质 采食量 （千克）	代谢能 （兆焦）	粗蛋白 （克）	钙 （克）	总磷 （克）	食盐 （克）
14	0.1	0.4	4.60	59	1.8	1.2	1.7
	0.2	0.4	5.86	91	1.8	1.2	1.7
	0.3	0.4	6.69	123	1.8	1.2	1.7
16	0.1	0.48	5.02	60	2.2	1.5	2.0
	0.2	0.48	8.28	92	2.2	1.5	2.0
	0.3	0.48	7.53	124	2.2	1.5	2.0
18	0.1	0.56	5.86	63	2.5	1.7	2.3
	0.2	0.56	7.11	95	2.5	1.7	2.3
	0.3	0.56	7.95	127	2.5	1.7	2.3
20	0.1	0.64	8.28	65	2.9	1.9	2.6
	0.2	0.64	7.53	96	2.9	1.9	2.6
	0.3	0.64	8.79	128	2.9	1.9	2.6
25	0.10	0.9	8.60	121	2.2	2.0	7.6
	0.20	1.0	10.80	168	3.2	2.7	7.6
	0.30	1.1	13.00	191	4.3	3.4	7.6
	0.45	1.1	14.35	218	5.4	4.2	7.6
30	0.10	1.0	9.80	132	2.5	2.2	8.6
	0.20	1.1	12.30	178	3.6	3.0	8.6
	0.30	1.2	14.80	200	4.8	3.8	8.6
	0.45	1.2	16.34	351	6.0	4.6	8.6
35	0.10	1.2	11.10	141	2.8	2.5	8.6
	0.20	1.3	13.80	187	4.0	3.3	8.6
	0.30	1.3	16.60	207	5.2	4.1	8.6
	0.45	1.3	18.26	233	6.4	5.0	8.6
40	0.10	1.3	12.20	143	3.1	2.7	9.6
	0.20	1.3	15.30	183	4.4	3.6	9.6
	0.30	1.4	18.40	204	5.7	4.5	9.6
	0.45	1.4	20.30	227	7.0	5.4	9.6
45	0.10	1.4	13.40	152	3.4	2.9	9.6
	0.20	1.4	16.80	192	4.8	3.9	9.6
	0.30	1.5	20.30	210	6.2	4.9	9.6
	0.45	1.5	22.39	233	7.4	6.0	9.6
50	0.10	1.5	14.60	159	3.7	3.2	11.0
	0.20	1.6	18.30	198	5.2	4.2	11.0
	0.30	1.6	22.10	215	6.7	5.2	11.0
	0.45	1.6	24.38	237	8.5	6.5	11.0

表4-2 湖羊对日粮硫、维生素和微量矿物元素需要量
（以干物质为基础）

体重阶段 （千克）	生长羔羊 4～20	育成母羊 25～50	育成公羊 20～70	育肥羊 20～50	妊娠母羊 40～70	泌乳母羊 40～70
硫（克/天）	0.24～1.2	1.4～2.9	2.8～3.5	2.8～3.5	2.0～3.0	2.5～3.7
维生素A （单位/天）	188～ 940	1175～ 2350	940～ 3290	940～ 2350	1880～ 3948	1880～ 3434
维生素D （单位/天）	26～132	137～275	111～389	111～278	222～440	222～380
维生素E （单位/天）	2.4～12.8	12～24	12～29	12～23	18～35	26～24
钴（毫克 /千克）	0.018～ 0.096	0.12～ 0.24	0.21～ 0.33	0.2～ 0.35	0.27～ 0.36	0.3～ 0.39
铜（毫克 /千克）	0.97～ 5.2	6.5～13	11～18	11～19	16～22	13～18
碘（毫克 /千克）	10.08～ 0.46	0.58～1.2	1.0～1.6	0.94～1.7	1.3～1.7	1.4～1.9
铁（毫克 /千克）	4.3～23	29～58	50～79	47～83	65～86	72～94
锰（毫克 /千克）	2.2～12	14～29	25～45	23～41	32～44	36～47
硒（毫克 /千克）	0.016～ 0.086	0.11～ 0.22	0.19～ 0.30	0.18～ 0.31	0.24～ 0.31	0.27～ 0.34
锌（毫克 /千克）	2.7～14	18～36	50～79	29～52	53～71	50～77

表 4—3 　湖羊对常量矿物元素日需要量

矿物元素 （%）	每千克体重的 维持需要 （毫克）	每千克胎儿的 妊娠需要 （克）	每千克奶的 泌乳需要 （克）	每千克体重的 生长需要 （克）	吸收率 （%）
钙	20	11.5	1.25	10.7	30
总磷	30	6.6	1.0	6.0	65
镁	3.5	0.3	0.14	0.4	20
钾	50	2.1	2.1	2.5	90
钠	15	1.7	0.4	1.6	80

四、饲料种类与利用

根据饲料的营养特点,可将湖羊的饲料分为粗饲料、青绿饲料、青贮饲料、能量饲料、蛋白质饲料、矿物质补充饲料、维生素补充饲料和添加剂八大类。

（一）粗饲料

凡饲料干物质中含 18% 以上的粗纤维及净能含量较低的饲料均属此类。这类饲料来源广、种类多,主要包括青干草、作物秸秆和树叶类。

1. 青干草

青干草是由栽培的牧草或野生青草刈割后经自然干燥或人工干燥后制得的。按植物种类又可分为豆科青干草和禾本科青干草。

(1)豆科青干草　豆科青干草有苜蓿、沙打旺、草木樨、红豆草、毛苕子、岩黄芪等。它的粗蛋白质含量大约为 12%～18%,并含有丰富的钙、磷、脂肪、胡萝卜素、维生素 K、维生素 E 和 B 族维生素等。可以弥补部分精料的蛋白质不足。

(2)禾本科青干草　禾本科青干草来源广、数量大、适口性好,如大麦、燕麦、黑麦等谷类作物和马唐、野燕麦等野草类。禾本科青干草粗纤维含量高,粗蛋白质(含量大约为 8%～12%)和维生素含量均低于豆科青干草。因此,喂养湖羊时最好与豆科青干草搭配使用或适量增加精料喂量。

2. 秸秆和秕壳类

这类饲料主要指农作物收获籽实后的茎秆、叶片及皮壳等,如玉米秸秆、麦秸、稻草、谷草、豆秸、豆荚、花生蔓等。由于农作物在成熟后收割,大多数秸秆的蛋白质含量低,粗纤维含量高,而且质地粗硬,木质化程度高,消化率低。单独饲喂秸秆难以满足湖羊对能量和蛋白质的需要,所以生产中应合理选择并与其他饲料原料配合饲喂。

3. 树叶类

许多树叶营养丰富，经加工调制后，成为湖羊较好的蛋白质和维生素饲料源。如槐树叶、桑树叶、香椿叶和松针等。

不同季节采集的树叶的营养成分差异很大。桑树叶春、夏、秋季皆可采集。紫穗槐和洋槐叶，一般在 7 月底至 8 月初采集。松针要在松脂含量较低的春季或秋季采集。对大部分树种来说，春季采集的嫩鲜叶的适口性好，营养价值高，夏季的青叶次之，秋季的落叶最差。以槐树叶为例，春季的粗蛋白质含量为 27.7％，而秋季的只有 19.3％。

（二）青绿饲料

天然牧草、人工牧草或多汁饲料和水生饲料等均属此类。

1. 天然牧草和人工牧草

这类饲料水分含量较高，一般为 60％～80％，适口性好，消化率高，营养较全面。以干物质计，粗蛋白质含量一般为 10％～20％，所含必需氨基酸较全面。维生素含量较丰富，每千克青绿饲料中含胡萝卜素大约为 50～80 毫克，高于其他任何饲料。且钙、磷比例合适，易被吸收利用。可青割喂湖羊，但不能堆积发热，以免导致亚硝酸盐中毒。

2. 多汁饲料

主要包括块根、块茎及瓜类等饲料，如甘薯、胡萝卜、马铃薯和南瓜等。这类饲料粗蛋白质含量一般只有 1％～2％。含水量大约为 75％～95％，干物质中富含淀粉和糖，有利于乳糖和乳脂形成；纤维素含量一般不超过 10％，而且不含木质素；矿物质含量差异较大，通常缺少钙、磷、钠，而钾的含量较丰富。维生素含量的差异也较大，胡萝卜含有丰富胡萝卜素，甜菜仅含有维生素 C，缺乏维生素 D。甘薯味甜，适口性好，易消化，可生喂，也可熟喂，但由于缺乏维生素，生喂易出现腹泻，不可过量，同时要禁用黑斑病甘薯喂湖羊，以防中毒。

多汁饲料具有轻泻与调养作用，对泌乳母羊还起催奶作用。在良好草地上放牧的湖羊不需要补饲这类饲料，到了枯草季节应补喂。如果青干草的质量和数量都不理想，也没有青贮饲料，每只成年湖羊每天可喂块根或块茎饲料 1～2 千克。补饲量的确定还要参考湖羊所排粪便的变化，如果粪便不成形，就要减少饲喂量。繁殖季节的公、母羊需要大量的维生素，应供给足够的多汁饲料。在严寒的冬季应控制多汁饲料饲喂量，以防湖羊发生腹泻。

3. 水生饲料

这类饲料有水浮莲、水葫芦和水花生等，通常含水量高达 90％～95％，因此,不能直接喂湖羊,应与干草混合或制作青贮饲料后再喂。

(三)青贮饲料

用饲料作物或牧草通过厌氧发酵贮制而成的多汁饲料称为青贮饲料。饲料青贮后,既能长期保存,又能较好地保存青饲料的养分。蛋白质被分解为氨基酸和酰胺,碳水化合物被分解为乳酸,粗纤维变软提高了消化率、适口性。在湖羊的饲草料配比中,青贮饲料可占 45%～65%。饲前应与其他饲料拌匀。当青贮的酸度过大时,按每只湖羊每天饲料中加入 3 克左右小苏打,防止造成代谢性酸中毒。在母羊产前、产后的 5～8 天少喂青贮料,以防导致乳房炎和腹泻。

(四)能量饲料

凡每千克饲料的干物质中含消化能 10.46 兆焦以上,蛋白质含量低于 20% 和粗纤维含量低于 18% 的饲料均属此类。主要包括谷实类饲料和糠麸类饲料。能量饲料具有容易消化吸收、适口性好、粗纤维含量少、能量高、蛋白质中等、易保存等特点,是湖羊热能的主要来源之一。能量饲料在湖羊精料补充料中占 60%～80%。

1. 谷实类饲料

(1)玉米 玉米淀粉含量最高,70% 为无氮浸出物,几乎全是淀粉,粗纤维含量极少,饲喂湖羊有机物消化率达 90%。玉米适口性好、钙和脂肪含量高因而大量用于动物配合饲料中。玉米的缺点是蛋白质含量低,而且主要由生物学价值较低的玉米蛋白质和谷蛋白组成,胡萝卜素含量也较低。所以,用玉米喂湖羊时,最好搭配豆饼等其他原料,并补充钙。注意玉米过量饲喂可引起酸中毒。

(2)大麦 大麦粒(脱壳)含水分 11%、粗蛋白质 11%、粗脂肪 12%、粗纤维 6%、粗灰分 3%。大麦的蛋白质含量高于玉米,大部分氨基酸(除蛋氨酸、甲硫氨酸以外)都高于玉米,但利用率比玉米低。由于大麦的外皮中含有一定量的单宁,因此具有涩酸味。而且非淀粉多聚糖(NSP)总量达 16.7%。水溶性多聚糖具有黏性,可减缓湖羊消化道中消化酶及其底物的扩散速度,降低底物的消化率,同时阻碍养分接近小肠黏膜表面,影响养分的吸收。大麦喂量以不超过精料补充料总量的 20% 为宜。

(3)小麦 小麦的营养价值与玉米相似,全粒中粗蛋白质含量约为 14%,最高可达 16%,粗纤维含量为 1.9%,无氮浸出物为 67.6%。小麦含有 11.4% 多聚糖,水溶性多聚糖含量为 0.4%,其黏度低于大麦。压扁小麦可代替湖羊精料补充料中 50% 以上的玉米。

(4)高粱 高粱和玉米两者之间有很高的替代性。高粱籽粒所含养分以淀粉为主,占 65.9%～77.4%。蛋白质占 8.4%～14.5%,略高于玉米。粗脂肪含量较低,为 2.4%～5.5%。与其他禾谷类饲料相比,高粱的营养价值较低,主要表现在其蛋白质含量较低,赖氨酸含量一般只有 2.18% 左右。高粱含单宁,使蛋白质及氨基酸的利用率受到一定影响,不同高粱品种的单宁含量有明显差异。据李筱倩等人(1998)报道,扬州大学培育的 KS-304 白色杂交高粱颖壳与籽实易分离,单宁含量仅为 0.0585%,其质量明显优于褐高粱。褐高粱的单宁含量高达 1.34%,是杂交高粱的 23 倍,而且颖壳与籽实包得很紧,味苦、适口性差,容易引起便秘。因此,褐高粱很少用在湖羊饲料中。

(5)燕麦　燕麦的营养价值低于玉米,虽然蛋白质含量较高(9%～11%),富含 B 族维生素,但粗纤维含量高达 10%～13%,能量较低,脂溶性维生素和矿物质含量较少。

2.糠麸类饲料

(1)麸皮　小麦麸的营养价值随出粉率的高低变化而变化。平均含量为粗蛋白质 15.7%、粗纤维 8.9%、脂肪 3.9%、总磷 0.92%。麸皮质地疏松、容积大,具有轻泻作用,是母羊产前及产后的好饲料。

(2)米糠　通常是指大米糠。其粗蛋白质含量为 12.8%、粗脂肪 16.5%、粗纤维 5.7%,是一种蛋白质含量较高的能量饲料。但蛋白质品质较差,除赖氨酸外,其他必需氨基酸含量均较低。米糠中磷多钙少,植酸磷占其总磷的 80% 以上。米糠中不饱和脂肪酸含量高,易氧化变质,不宜久存。

(3)玉米皮　玉米皮粗蛋白质含量为 9.9%,粗纤维 9.5%,磷多(0.48%),钙少(0.08%)。玉米皮质地蓬松,吸水性强,若干喂后饮水不足,容易引起便秘,饲喂前应加水拌湿。湖羊配合饲料中的推荐量为 10%～15%。

(五)蛋白质饲料

凡饲料干物质中粗蛋白质含量在 20% 以上、粗纤维含量小于 18% 的饲料均属此类。包括植物性蛋白质饲料和动物性蛋白质饲料。非蛋白质含氮饲料也可代替一部分蛋白质饲料。

1.植物性蛋白质饲料

湖羊常用的植物性蛋白质饲料有大豆饼(粕)、棉仁饼(粕)、菜籽饼(粕)、花生饼(粕)、酒糟等。

(1)大豆饼(粕)　大豆饼(粕)是目前最好的植物蛋白源,其蛋白质含量高达 45% 左右,其中含赖氨酸 3.02%、蛋氨酸 0.66%,富含核黄素和尼克酸。并含 5% 脂肪、6% 粗纤维,含磷也较多。但大豆蛋白质的蛋氨酸、色氨酸、胱氨酸含量较少,最好与其他谷物饲料源(如苜蓿粉、棉籽饼等)搭配使用。生豆饼中含有多种抗营养因子,有抗胰蛋白酶、植物凝集素、皂苷、植酸、抗维生素因子、致过敏因子等。这些因子不仅影响动物对营养物质的消化吸收,而且损害组织器官。因此,用作动物饲料的豆饼(粕)应为熟制品。湖羊精料补充料中的用量一般为10%~25%。豆饼的营养物质暴露在外,易受虫害、发霉变质,不宜久存。

(2)菜籽饼(粕) 油菜籽饼(粕)粗蛋白含量为36%~38%,其所含必需氨基酸含量较高,含硫氨基酸量高于豆饼,赖氨酸量低于豆饼,氨基酸的有效性亦低于豆饼且适口性差。菜籽饼粕中含有硫葡萄糖甙及其降解产物、芥子碱等多种有毒有害成分。硫葡萄糖甙本身对动物并无毒性,对动物有毒害作用的是其水解产物恶唑烷硫酮和异硫氰酸酯等。这些产物可引起甲状腺肿大。恶唑烷硫酮的致甲状腺肿大作用最强,故被称为致甲状腺肿素。反刍动物对菜籽饼粕中有毒成分的敏感性较非反刍动物低。

中毒后的湖羊表现为食欲降低或废绝、反刍减少或停止。瘤胃蠕动无力而次数减少、臌气、尿频而量少。出现血尿、严重者出现急性溶血性贫血、可视黏膜发绀、鼻腔流出泡沫样液体、咳嗽、呼吸急促、精神沉郁、消瘦还常伴有共济失调等表现,痉挛或麻痹等神经症状。

菜籽饼粕引起的中毒无特效治疗药物。饲用菜饼应经脱毒处理并限量饲喂,湖羊精料补充料中的使用量以5%~6%为宜,最高不超过10%,羔羊慎用。

(3)芝麻饼(粕) 芝麻饼营养成分与豆饼接近,含粗蛋白40%、粗纤维8%,代谢能和赖氨酸含量均低于豆饼,富含蛋氨酸、胱氨酸、色氨酸和矿物元素。但种壳中草酸含量较高,影响矿物质的利用,一般不能作为动物的唯一蛋白源。通常情况下湖羊精料补充料中的用量为6%~8%,羔羊精料补充料中的用量为3%~4%。

(4)花生饼(粕) 脱壳花生饼(粕)的营养价值较高,粗蛋白含量为44%~47%。与豆饼相比,花生饼精氨酸含量较高,但其他必需氨基酸(特别是赖氨酸)缺乏,又因皮壳中单宁含量较高,所以湖羊对花生饼的消化率较低,加之它易感染黄曲霉菌,应限制其用量。湖羊精料补充料中的用量应为8%~10%,同时也应注意其他氨基酸的补充。

(5)棉籽饼(粕) 棉籽饼蛋白质含量较低,纤维素含量高,代谢能也较低,许多必需氨基酸特别是赖氨酸含量低。棉籽饼(粕)中含有棉酚和环丙烯类脂肪酸,长期过量饲喂,会引起动物中毒。因此,棉籽饼(粕)在湖羊精料补充料中的用量应限制在5%~8%,羔羊慎用。

(6)酒糟(DDGS) 酒糟由于用于加工原料不同,所以有玉米酒糟、大麦酒糟和小麦酒糟等,其中以玉米酒糟产量最大,广泛用于反刍动物饲料。

玉米酒糟具有以下特点:

①适口性好、无有毒、有害成分。

②粗蛋白质含量和利用率高　玉米酒糟粗蛋白质含量为 25%～30%。由于微生物的作用,酒糟中的蛋白质、B 族维生素及氨基酸含量均比玉米有所增加,而且含有在发酵中生成的未知促生长因子。酒糟蛋白质在反刍动物瘤胃中的降解率仅相当于豆粕的 45%～50%,过瘤胃率高达 45%～60%,用作湖羊饲料的利用率较高。

③脂肪含量高　脂肪含量高达 8%～12%,约为玉米籽实的 2～3 倍。

④中性洗涤纤维(NDF)和酸性洗涤纤维(ADF)含量高　分别为 43% 和18%,可促进湖羊胃肠蠕动,降低瘤胃酸中毒率。

⑤磷和钾含量高　磷和钾含量分别为 0.71% 和 0.44%,但钙的含量仅为0.10%,所以饲喂湖羊时必须注意钙和钠的添加。

酒糟的缺点是:

水分含量高、易生长霉菌、易发生氧化。因此,酒糟饲料应注意保持环境干燥并尽量缩短保存时间。湖羊精料补充料中使用量为 10%～20%。

2.动物性蛋白质饲料

动物性蛋白质饲料虽然蛋白含量高,但动物蛋白来源复杂、品质不稳定、加工方法简单且缺乏有效的管理,存在着安全隐患。2001 年农业部就下发了《关于禁止在反刍动物饲料中添加和使用动物源性饲料的通知》的文件通知,在《饲料和饲料添加剂管理条例》中,也禁止在反刍动物的饲料、饲料添加剂中添加动物源性成分,但乳粉和乳清粉除外。

3.非蛋白质含氮饲料

尿素、双缩脲及某些铵盐都是被广泛应用的非蛋白质含氮饲料。这些物质对湖羊没有能量的营养效应,但湖羊瘤胃中的微生物能有效地利用非蛋白氮合成能被湖羊胃肠消化吸收的菌体蛋白质,所以具有较高的营养价值。尿素是湖羊饲料中最常用的非蛋白氮,一般商品尿素的含氮量为 45%。每克尿素相当于2.8 克粗蛋白质。适量的尿素可以部分替代湖羊饲料中的蛋白质饲料,降低饲料成本。

(六)矿物质饲料

常用的矿物质饲料主要有食盐、石粉和磷酸氢钙等。这类饲料不含蛋白质和能量,只含矿物质。具有刺激食欲、提高适口性、补充钙和其他矿质元素的作用。

对湖羊来说,盐是最需要补充的矿物质饲料。一只成年湖羊每日需要食盐5～10 克,但各种饲料源的含盐(主要是钠)量较少,尤其是牧草含钠量更少,远远不能满足湖羊的需要,所以必须给湖羊补盐。补盐最好补充硒碘盐。补盐的方法多种多样,常见的有饮水补盐、自由啖盐、盐砖补盐等。

其他矿物质饲料常用作添加剂,应根据精料补充料配合的需要,补给钙与磷,一般与精料混合使用。

(七)维生素补充饲料

维生素主要存在于青绿饲料中。冬春季节,青饲料缺乏、维生素不足,影响湖羊的生长发育。胡萝卜、优质牧草、树叶和发芽饲料都含有大量胡萝卜素和维生素E,可用作维生素补充料。在冬春缺乏青饲料季节,胡萝卜用作种公羊、泌乳母羊、羔羊的维生素补充料,效果很好。每只湖羊的日饲喂量大约为0.5~1.0千克。

(八)添加剂

通常为了满足湖羊的营养需要,完善精料补充料的全价性,或者为了达到促进湖羊生长、预防某些疾病、减少饲料贮藏期营养物质的损失、改进肉质等目的,在饲料生产加工、使用过程中添加少量或微量添加物质。添加剂在饲料中用量很少,但作用显著。

湖羊饲料添加剂可分为营养性和非营养性两类。营养性添加剂包括矿物质添加剂和维生素添加剂,非营养性添加剂主要有生长促进剂、缓冲剂和调味剂等。

添加剂通常是由一种或多种原料与载体或稀释剂搅拌均匀的混合物,不能直接饲喂动物,必须先与精料补充料混合均匀。

1. 营养性添加剂

(1)矿物质添加剂　矿物质添加剂是湖羊精料补充料中不可缺少的营养物质。

湖羊常用的微量元素添加剂通常是以石粉为载体,添加亚硒酸钠、碘化钾、氯化钴、硫酸锰等成分配制而成的,主要补充铁、铜、锰、锌、钴、碘、硒、钼、氟、钒、锡、镍、铬、硅、硼、镉、铅、锂和砷等。由于不同地域动物矿物元素缺乏情况不同,所以添加剂的组成也不同。如缺硒地区湖羊通常补充含硒微量元素。矿物元素还可以盐砖等形式供给。盐砖是以食盐为载体,添加钙、磷、铜、锌、锰、铁、硒等元素,经一定工艺压制而成的。吊挂在避雨和水的湖羊舍、运动场或饲槽内,任其自由舔食。

(2)维生素添加剂　对湖羊来说,B族维生素、维生素K和维生素C可通过瘤胃微生物合成并能满足湖羊本身的需要;维生素D也可以完全合成或部分合成;维生素E虽然合成量有限,但青绿饲料、青干草、青贮饲料以及谷物饲料中都含有一定量的维生素E,成年湖羊从天然饲料中可获得足够的维生素E;维生素 A 也可以通过采食青绿饲料来满足。在正常饲养管理条件下,湖羊饲料中不需要补充维生素添加剂。但湖羊长期采食劣质干草、稻草、块根类、豆壳类、长期储存的干草、陈旧的青贮饲料、腐败变质的玉米或豆类会导致肌肉营养不良、白肌病等一系列疾病。哺乳母羊长期采食这类饲料还容易导致羔羊白肌病。因此,在这种情况下需要补充脂溶性维生素添加剂。

2.非营养性添加剂

(1)生长促进剂

①莫能菌素　莫能菌素又名瘤胃素、莫能菌素钠、孟宁素。莫能菌素的作用是控制和提高瘤胃发酵效率,提高增重速度和饲料转化率。莫能菌素在湖羊每千克精料补充料中的添加量为 25~30 毫克,使用时要注意充分搅拌均匀。舍饲湖羊饲喂莫能菌素,日增重可比对照组提高 35% 以上,饲料转化率提高 27%。

②益生素　益生素又称为益生菌、微生态制剂等,是采用动物肠道有益微生物经发酵、纯化、干燥后精制的复合生物制剂。在动物消化道内,益生素产生的有机酸(如乳酸),可提高精料补充料利用率,促进动物生长,预防腹泻;产生淀粉酶、蛋白酶、多聚糖酶等碳水化合物分解酶,消除抗营养因子,促进动物的消化吸收,提高饲料利用率;合成维生素、螯合矿物元素,为动物提供必需的营养补充。益生素能分泌杀菌物质,抑制动物体内致病菌和腐败菌的生长,改善动物微生态环境,提高机体免疫力,同时刺激动物产生对致病菌的免疫力。益生素中的消化菌,可防止毒性胺和氨的合成,净化动物肠道微生态环境。

对羔羊来说,饲料中添加益生素可以促进羔羊生长,提高存活率、饲料利用率和免疫力,减少死亡率。成年湖羊因瘤胃健全,瘤胃内稳定的微生物可以利用饲料中的纤维素、蛋白质和非蛋白氮,合成供湖羊体利用的微生物蛋白质、B 族维生素和维生素 K。所以一般不需要添加益生素。

(2)缓冲剂　常用的饲料缓冲剂有碳酸氢钠和氧化镁。在湖羊强度育肥时,往往使精料补充料中的精饲料比例加大,此时机体代谢会产生过多的酸性物质,导致胃肠对饲料的消化能力减弱。在饲料中添加缓冲剂,可以增加瘤胃中的碱性蓄积,使瘤胃环境更适合于微生物的生长繁殖,并能增加食欲,从而提高饲料的消化利用率。

缓冲剂应均匀地混合于饲料中,添加量应逐渐增加。碳酸氢钠的用量一般为精料补充料的 1.5%~2.0%。氧化镁的用量为精料补充料的 0.75%~1.00%。试验表明,二者联合使用效果更好,碳酸氢钠与氧化镁的比例以 2~3∶1 为宜。

(3)调味剂　饲料中添加调味剂的目的是改善饲料的气味和滋味,引诱动物进食并增进动物采食量。湖羊用香料主要用于羔羊代乳品中,常用的调味剂有乳香型香料、甜味剂和甜香素等。

(九)饲料成分与营养

湖羊常用饲料成分与营养价值见表4—4。

湖羊常用矿物质饲料中矿物元素的含量见表4—5。

表4—4　湖羊常用饲料成分与营养价值表

序号	饲料名称	饲料描述	干物质（%）	代谢能（兆焦/千克）	粗蛋白（%）	钙（%）	磷（%）
1	苜蓿干草	等外品	88.7	6.29	11.6	1.24	0.39
2	沙打旺	盛花期、晒制	92.4	8.58	15.7	0.36	0.18
3	黑麦草	冬黑麦	87.8	8.54	17.0	0.39	0.24
4	谷草	栗茎叶、晒制	90.7	5.19	4.5	0.34	0.03
5	苜蓿干草	中苜蓿2号	92.4	8.03	16.8	1.95	0.28
6	湖羊草	以禾本科为主,晒制	92.0	7.84	7.3	0.22	0.14
7	湖羊草	以禾本科为主,晒制	91.6	7.20	7.4	0.37	0.18
8	稻草	晚稻、成熟	89.4	3.97	2.5	0.07	0.05
9	稻草	晒干、成熟	90.3	3.80	6.2	0.56	0.17
10	玉米秸	收获后茎叶	90.0	4.78	5.9	—	—
11	甘薯蔓	成熟期、以80%茎为主	88.0	6.17	8.1	1.55	0.11
12	小麦秸	春小麦	89.6	3.51	2.6	0.05	0.06
13	大豆秸	枯黄期、老叶	85.9	6.96	11.3	1.31	0.22
14	花生蔓	成熟期、伏花生	91.3	7.77	11.0	2.46	0.04
15	大豆皮	晒干、成熟	91.0	9.23	18.8	—	0.35
16	向日葵仁饼	壳仁比35∶65	88.0	7.21	29.0	0.24	0.87
17	玉米青贮	乳熟期、全株	23.0	1.81	2.8	0.18	0.05
18	玉米	成熟、高蛋白	86.0	11.67	9.4	0.02	0.27
19	玉米	成熟	86.0	11.7	8.7	0.02	0.27
20	玉米	成熟	86.0	11.59	7.8	0.02	0.27
21	高粱	成熟	86.0	10.7	0.13	0.36
22	小麦	混合小麦	87.0	11.67	13.9	0.17	0.41

序号	饲料名称	饲料描述	干物质（%）	代谢能（兆焦/千克）	粗蛋白（%）	钙（%）	磷（%）
23	大麦（裸）	裸大麦、成熟	87.0	11.01	13.0	0.04	0.39
24	大麦（皮）	皮大麦、成熟	87.0	10.84	11.0	0.09	0.33
25	黑麦	籽粒、进口	88.0	11.63	11.0	0.05	0.30
26	稻谷	成熟、晒干	86.0	10.36	7.8	0.03	0.36
27	糙米	成熟、未去米糠	87.0	11.7	8.8	0.03	0.35
28	碎米	加工精密后的副产品	88.0	11.77	10.4	0.06	0.35
29	粟（谷子）	带壳、成熟	86.5	10.29	9.7	0.12	0.30
30	木薯干	木薯干片、晒干	87.0	10.26	2.5	0.27	0.09
31	甘薯干	甘薯干片，晒干	87.0	11.22	4.0	0.19	0.02
32	高粱糠	籽粒加工后的壳副产品	91.1	11.50	9.6	0.07	0.81
33	次粉	黑面、黄粉	88.0	11.39	15.4	0.08	0.48
34	次粉	黑面、黄粉	87.0	11.15	13.6	0.08	0.48
35	小麦麸	传统制粉工艺	87.0	9.99	15.7	0.11	0.92
36	小麦麸	传统制粉工艺	87.0	9.92	14.3	0.10	0.93
37	玉米皮	籽粒加工后的壳副产品	87.9	8.30	10.2	—	—
38	米糠	新鲜、不脱脂	87.0	11.29	12.8	0.07	1.43
39	大豆	黄大豆、成熟	87.0	13.42	35.5	0.27	0.48
40	全脂大豆	湿法膨化	88.0	13.93	35.5	0.32	0.40
41	米糠粕	浸提或预压浸提	87.0	8.20	15.1	0.15	1.82
42	米糠饼	未脱脂、机榨	88.0	9.77	14.7	0.14	1.69
43	玉米胚芽饼	玉米湿磨后的胚芽机榨	90.0	10.21	16.7	0.04	1.45
44	玉米胚芽粕	玉米湿磨后的胚芽浸提	90.0	9.48	20.8	0.06	1.23
45	糖蜜	糖用甜菜	75.0	13.10	11.8	—	—
46	大豆饼	机榨	89.0	11.56	41.8	0.31	0.50
47	大豆饼	去皮、浸提或预压浸提	9.0	11.73	47.9	0.34	0.65

续表

序号	饲料名称	饲料描述	干物质（%）	代谢能（兆焦/千克）	粗蛋白（%）	钙（%）	磷（%）
48	大豆饼	浸提或预压浸提	89.0	11.70	44.0	0.33	0.62
49	棉籽饼	机榨	88.0	10.84	36.3	0.21	0.83
50	棉籽粕	浸提或预压浸提	90.0	10.70	47.0	0.25	1.10
51	棉籽粕	浸提或预压浸提	90.0	10.23	43.5	0.28	1.04
52	菜籽饼	机榨	88.0	10.77	35.7	0.59	0.96
53	菜籽粕	浸提或预压浸提	88.0	9.88	38.6	0.65	1.02
54	花生仁饼	机榨	88.0	11.80	44.7	0.25	0.53
55	花生仁粕	浸提或预压浸提	88.0	1.12	47.8	0.27	0.56
56	向日葵仁粕	壳仁比 16：84	88.0	8.72	36.5	0.27	1.13
57	向日葵仁粕	壳仁比 24：76	88.0	7.00	33.6	0.26	1.03
58	亚麻仁饼	机榨	88.0	10.98	32.2	0.39	0.88
59	亚麻仁粕	浸提或预压浸提	88.0	10.26	34.8	0.42	0.95
60	芝麻饼	机榨、CP40%	92.0	12.05	39.2	2.24	1.19
61	玉米蛋白粉	玉米去胚芽、淀粉后的面筋部分	90.1	15.06	63.5	0.07	0.44
62	玉米蛋白粉	同上、中等蛋白质产品	91.2	13.01	51.3	0.06	0.42
63	玉米蛋白饲料	玉米去胚芽、淀粉后的含皮残渣	88.0	10.98	19.3	0.15	0.70
64	麦芽根	大麦芽副产品、干燥	89.7	9.36	28.3	0.22	0.73
65	啤酒糟	大麦酿造副产品	88.0	—	4.3	0.32	0.42
66	DDGS	玉米啤酒糟及可溶物、脱水	90.0	12.00	28.3	0.20	0.74
67	玉米蛋白粉	同上、中等蛋白质产品	89.9	12.46	44.3	—	—
68	蚕豆粉浆蛋白粉	蚕豆去皮制粉后的浆液，脱水	88.0	—	66.3	—	0.59
69	啤酒酵母	啤酒酵母菌粉	91.7	11.01	52.4	0.16	1.02
70	尿素		95.0	0	267	—	—

注："—"表示数据不详或暂无此测定数据。

表 4－5　湖羊常用矿物质饲料中矿物元素的含量表

序号	饲料名称	钙（％）	磷（％）	磷利用率(％)	钠（％）	氯（％）	钾（％）	镁（％）	硫（％）	铁（％）	锰（％）
1	碳酸钙、饲料级轻质	38.42	0.02	—	0.08	0.02	0.08	1.61	0.08	0.06	0.02
2	磷酸氢钙无水	29.60	22.77	95～100	0.18	0.47	0.15	0.80	0.80	0.79	0.14
3	磷酸氢钙2个结晶水	23.29	18.00	95～100	—	—	—	—	—	—	—
4	磷酸二氢钙	15.90	24.58	100	0.20	—	0.16	0.90	0.80	0.75	0.01
5	磷酸钙	38.76	20.0	—	—	—	—	—	—	—	—
6	石粉、石灰石	35.84	0.01	—	0.06	0.02	0.11	2.06	0.04	0.35	0.02
7	磷酸氢铵	0.35	23.48	100	0.20	—	0.16	0.75	1.50	0.41	0.01
8	磷酸二氢铵	—	26.93	100	—	—	—	—	—	—	—
9	磷酸氢二钠	0.09	21.82	100	31.04	—	—	—	—	—	—
10	磷酸二氢钠	—	25.81	100	19.17	0.02	0.01	0.01	—	—	—
11	磷酸氢钠	0.01	—	—	27.00	—	0.01	—	—	—	—
12	氯化钠	0.30	—	—	39.50	59.00	—	0.005	0.20	0.01	—
13	氯化镁	—	—	—	—	—	—	11.95	—	—	—
14	碳酸镁	0.02	—	—	—	—	—	34.00	—	—	0.01
15	氧化镁	1.69	—	—	—	—	0.02	55.0	0.10	1.06	—
16	硫酸镁	0.02	—	—	—	0.01	—	9.86	13.01	—	—
17	氯化钾	0.05	—	—	1.00	47.56	52.44	0.23	0.32	0.06	10.001
18	硫酸钾	0.15	—	—	0.09	1.50	44.87	0.60	18.40	0.07	0.001

注：“—”表示数据不详或暂无此测定数据。

第五章　饲料的加工与搭配

一、精饲料的加工与贮存

（一）精饲料的加工调制

1. 粉碎

将豆科和禾本科籽实等精饲料粉碎成颗粒。精饲料粉碎后,可以均匀地搭配混合饲料,有利于湖羊对饲料的消耗吸收。但若粉得太细,粉状饲料的适口性反而变差,容易糊口,在胃肠里形成黏性面团状物,不容易被消化。粉得太粗,也影响消化吸收。一般粉碎为直径 1～2 毫米大小的颗粒为宜。精饲料粉碎后,不宜长期保存,应在短期内迅速用完。

2. 压扁

玉米、高粱等谷物类饲料经热蒸汽热蒸压扁,能提高适口性和消化率,湖羊的日增重也有提高。

3. 制粒

一种或几种饲料经配料、调质、混合、粉碎、造粒、冷却后,将饲料制成大小均匀的颗粒。可防止湖羊挑食,提高采食量和消化率。

4. 膨化

利用膨化机的不等距非标准螺旋系统的挤压推进,物料中的气体被排出,并迅速被物料填充,物料受剪切力作用而产生回流,使机膛内的压力增大,随着螺旋与机膛间的摩擦使物料充分混合、挤压、加热、胶合、糊化而产生组织变化,原有的结构受到破坏,同时机械能通过物料在膛内的摩擦作用而转化为热能,使物料成为具有流动性质的胶凝状态,物料被挤压到出口时压力由高压瞬间变为常压,由高温瞬间变为常温,使水分迅速地从组织结构中蒸发出来,使其内部形成无数微孔结构,再通过切割装置,切割冷却及膨化成形。膨化可使淀粉利用率提高。

5. 浸泡

将坚硬的籽实或饼粕(如豆饼)用水浸泡,使之软化,有利于嚼碎。将粉碎的精料,喂前拌湿,还能防止粉尘呛入气管而致病。浸泡硬质饲料时要注意气温,夏季不宜浸泡油饼,因为时间过长会使饲料发馊,时间过短又泡不透。

6.蒸煮和焙炒

豆料籽实含有抗胰蛋白酶、尿素酶、血球凝集素、皂角苷、甲状腺肿诱发因子、抗凝血因子等有害物质。菜籽饼含有芥子苷,棉籽饼含有棉酚等有害物质。蒸煮或焙炒能破坏这些有害物质,从而提高消化率和适口性。禾本科籽实含淀粉较多,蒸煮或焙炒能使淀粉糖化,变成糊精,产生香味,从而提高消化率和适口性。

7.切片或切条

对于块根、块茎类精饲料最好切成片或切成小条,可提高饲料转化效率,防止抢食。

8.尿素包衣

用硬脂酸包膜尿素,可降低瘤胃内氨氮浓度,使氨氮峰值由饲喂后的1小时推迟到2小时,微生物蛋白含量提高到78.3%。应用包衣尿素能控制尿素分解速度,提高尿素氮的利用率,防止中毒发生。

(二)精饲料的贮存

目前羊的商品饲料,各厂家均在饲料袋子封口处缝有标签,标签上印有饲料生产日期和保质期。饲料保质期一般在4～9月之间,保质期45天;从当年10月至下年3月之间,保质期60天。选购商品饲料时尽量要买出厂时间短,比较新鲜的饲料。饲料如果超过了保质期,饲料难免会变质,即使保管良好,饲料中维生素等养分的效价也会降低,影响饲养效果。

商品饲料和精饲料的贮存,主要是防潮。要求饲料库要干净卫生和干燥。堆放前先在地面上铺上油毡或饲料袋,防止因地面潮湿而引起饲料发霉变质。饲料要堆放整齐,饲料与房子墙壁距离10厘米以上,保持贮存处的干燥通风。饲料不能与兽药等一起贮存,以免造成饲料抗生素污染,导致羊肉抗生素超标。同时要做好料库防鼠防鸟等工作。

二、粗饲料的加工

(一)铡切

铡切是加工调制秸秆最简便且重要的方法,是进行其他加工的前处理。秸秆切短后,可减少湖羊咀嚼秸秆时能量的消耗。湖羊咀嚼1千克麦秸,切碎前需消耗能量21.56兆焦,切碎后则减为7.16兆焦。同时,可减少20%～30%的饲料浪费,提高20%～30%的采食量。饲喂湖羊的秸秆一般需切成1～2厘米的小段。

（二）粉碎

秸秆经粉碎后,可增加湖羊的采食量、减少咀嚼秸秆的能量消耗、减少浪费、提高秸秆的消化率。喂湖羊的秸秆粉碎最适宜的长度为 0.7 厘米左右。如果粉碎过细,湖羊咀嚼不全,唾液不能充分混匀,秸秆粉会在湖羊胃形成食团,易引起反刍停滞,同时加快秸秆通过瘤胃的速度,导致秸秆发酵不全,降低秸秆的消化率。

（三）浸泡

浸泡的目的,主要是软化秸秆、提高其适口性、便于湖羊采食、并清洗掉秸秆上的泥土等杂物。其方法是:在 100 升水中加入食盐 3 千克,将切碎的秸秆分批在桶内或池内浸泡 24 小时。

饲喂秸秆前,最好用糠麸和精料搭配饲喂,每 100 千克秸秆可加入糠麸或精料 3～5 千克。如果再加入 10%～20%优质豆科或禾本科青干草、酒糟、甜菜渣等效果更好。但切忌再补饲食盐。

（四）蒸煮

蒸煮可降低纤维素的结晶度、软化秸秆、增加适口性、提高消化率等。

1. 加水蒸煮法

按每 100 千克切碎的秸秆,加入饼类饲料 2～4 千克、食盐0.5～1.0 千克、水 100～150 升,在锅内蒸煮 0.5～1.0 小时,温度为 90℃。然后,掺入适量胡萝卜或优质青干草,进行饲喂。

2. 通汽蒸煮法

将切碎的秸秆与胡萝卜混合放入锅内,在锅下层事先铺好通气管（管壁布满洞眼）,碎秸秆上面覆盖麻袋。然后通入蒸汽,蒸 20～30 分钟,再焖 5～6 小时,取出后用以饲喂。

（五）打浆

在作物收获时,仍保持着青绿多汁状态的秸秆,适宜打浆,如马铃薯蔓和红苕蔓等。这些秸秆打浆后,可改善适口性、增加采食量、易与其他饲料混拌饲喂。

打浆时,应先在打浆机内加入少量清水。然后开机,将青绿多汁的秸秆慢慢放入机槽内,同时向机内加水。秸秆与水的比例一般为 1∶1。打浆后,浆液流入贮料池内。为增加秸秆浆的稠度,可从浆中滤出一部分液体重复使用。

（六）热膨处理

热膨,是将秸秆、荚壳原料等置于密闭的容器内,加热加压,然后迅速解除压力,使之膨胀的过程。热膨秸秆有香味,湖羊非常喜食。热膨秸秆可直接喂湖羊,也可与其他饲料混合饲喂。热膨处理要在膨化机内进行。

（七）微波处理

微波处理是利用微波穿透力强的巨大高速能量,裂解粗纤维多糖高聚大分子,使其成为分子较小的低聚物和非结构碳水化合物,从而提高牧草和秸秆中粗纤维和有机物质的消化率,使牧草和秸秆的营养价值有较大提高,有利于湖羊吸收。

微波处理只需专用微波炉,设备机动性强、运输方便。微波处理加工速度快、处理容易、便于工厂生产。微波处理还可以避免碱化、氨化对环境造成污染。

据报道,经微波处理后的牧草,湖羊瘤胃粗纤维消化率可以提高至 64%。微波处理对秸秆的营养成分无明显影响,可使秸秆酸性洗涤纤维消化率提高 61%~73%,有机物质消化率提高 20%~25%,从而有效提高秸秆饲料的饲用价值。

（八）揉搓、拉丝

使用秸秆加工专用机械对秸秆、牧草、饲料作物进行揉搓、拉丝,提高适口性、采食量和消化率。

（九）烘（风）干

烘（风）干是指利用太阳或烘干机械可为豆料、禾本牧草、饲料作物、树叶等青绿饲料加工成青干草,再进一步利用锤片粉碎机加工成青干草粉和叶粉。

（十）草颗粒加工

草颗粒是指将粉碎到一定细度的草粉与水蒸气充分混合均匀后,经颗粒机压制而成的饲料产品。草颗粒含水量一般在 17%~18%,密度约为 1 300 千克/米^3,成品冷却后即可贮藏。

草颗粒的加工工艺,可分为前处理、制粒、冷却和筛分等过程。加工湖羊草颗粒可选用压模孔径 3.5~5.5 毫米或直径 6 毫米以上的压模压制大颗粒,再用破碎机破碎,经过筛分,筛出所需的小颗粒饲料。

三、青贮饲料调制

（一）青贮窖的修建

1.青贮窖的容积计算

青贮窖修建的数量、大小要根据本场湖羊养殖规模、青贮供应方式、不同青贮窖形和制作方式进行计算和考虑。养殖场户修建青贮窖总容积按以下方法计算：

（1）按饲养规模计算全场年青贮总用量 根据本场户年饲养湖羊数量和青贮供应时间，参照每一只湖羊用量（常年供应青贮饲料饲养的，每只湖羊年需要700～1 000千克；仅冬春季供应青贮饲料饲养的，每只湖羊年需要300～500千克）计算出本场户所需的年青贮总用量。

全场青贮总用量＝每只湖羊需青贮重量×全场年饲养量

（2）根据青贮容重计算青贮窖的总容积 由于青贮窖不同、深度不同、原料不同、压实程度不同导致青贮容重而有所差异。用全场青贮总用量除以青贮容重就是要修建青贮窖的总容积。

总容积＝全场青贮总用量÷青贮容重

用玉米秸秆制作的青贮容重为450～550千克/米^3；全株玉米制作的青贮容重为550～750千克/米^3。窖越深则容重越大；机械压实比人工踩压的容重大。

2.青贮窖的修建

（1）圆形窖修建 常年以青贮为主要粗饲料，窖口的面积以预计在夏季湖羊存栏数定，窖口面积平均每只湖羊不能超过0.15平方米。

只在冬春季以青贮为主要粗饲料，夏秋季不用的，窖口的面积平均每只湖羊不能超过0.2平方米。

窖的深度，以能在2～3天内装满为宜，一般深度为2.5～3.5米。

窖壁要求光滑、竖直，上部稍外倾5～10厘米，方形窖的四角应成圆弧形。窖底夯实修平，用立砖铺设。

（2）地下方形窖修建 地下方窖可采用砖混结构修建。窖壁用砖或石头竖直砌成，内用水泥抹为光面。窖深小于3米，窖壁厚约12厘米。对于采用机械取料的大型窖窖底需做成混凝土地面，设排水沟。对于采用人工取用的中型窖窖底，则需用20～30厘米厚的三合土夯实修平，用立砖铺设。

（3）半地下方形窖修建 利用人力踩踏的中小型窖。窖壁厚度为24厘米。地上部分每隔3米建1个大于窖壁厚12厘米的砖柱，壁内要上下竖直，水泥抹光。利用机械压实的大中型窖，窖壁地下部分砌成24厘米厚（深度超过3.5米，厚度为 36 厘米）。地上部分不超过 1 米时,用砖石砌成 24 厘米厚(机械压实的 36 厘米);地上部分超过 1 米时,上部 0.5 米内的部分为 24 厘米厚,下部每增加 50～70 厘米,窖壁厚度增加 12 厘米。地上部分每隔 3 米建 1 个大于窖壁厚 24 厘米的砖柱。

(4)地上方窖修建　利用人力踩踏的中小型窖。窖壁下部厚度为 36 厘米,上部 1 米内的部分厚 24 厘米,每隔 2～3 米建 1 个大于窖壁厚 12 厘米的砖柱,壁内要上下竖直,用水泥抹光。利用机械压实的大中型窖,上部 0.5 米内的部分窖壁厚 36 厘米,其余部分由上向下每增加 50～70 厘米窖壁加厚 12 厘米。每隔 2～3 米建 1 个大于窖壁厚度 24 厘米的砖柱。

(二)青贮原料的制作

1. 适时收割

最适宜作青贮饲料的原料是含糖量较高的玉米等禾本科牧草。收割青贮原料要适时收割,最佳时间应在玉米穗蜡熟期。此时收割的玉米青贮营养最丰富。

2. 原料铡短

收割的全株玉米用铡草机铡成长度为 1～2 厘米的短节。过长难以压实,会影响青贮效果。

3. 装填压实

装填玉米青贮料前,先对青贮池进行清理消毒,然后将切碎的原料迅速装入窖内。装料时为防止泥土被带进窖内,应先对玉米青贮原料的水分进行测定,玉米青贮原料适宜的含水率为 65%～75%。青贮料的适宜含水量以用手握紧原料,手指缝漏出水珠而不往下滴为宜。装料时边装边踩压,每铺 20 厘米压紧 1 次,大型青贮池可用链滚拖拉机或大型铲车压实。窖装满后要继续装填,等原料高出窖面 1 米左右再封窖。

4. 密封

封窖要求紧密、不透风、不渗水。先用塑料薄膜围盖好已装满压实后的原料,最好 2 层薄膜覆盖,认真检查塑料膜是否破损,如有破损及时补好,以防漏气,再加土封盖,封土 30～40 厘米厚并拍打光滑。封埋后 1 周内按时检查窖顶,发现裂缝或下陷应立即加土封严。

5. 开窖

青贮原料封埋后,一般经 30 天左右便可开窖利用。取用时圆窖自上而下逐层取用;长方形窖可先开一端,逐段取用,随用随取。青贮饲料含较多的有机酸,有轻泻作用,刚开始时要让湖羊逐渐习惯口味,每次取用后应该尽量减少其与空气接触。大型湖羊场最好使用青贮取草机取用青贮饲料。

6. 青贮饲料感官评判

品质良好的青贮料的颜色接近原料颜色,呈绿色或黄绿色。有一种酸香味或略带酒香和水果味,质地柔软且略湿润,茎叶保持原状。

四、湖羊精料补充料的搭配

(一)湖羊精料补充料搭配的原则

1. 遵循饲养标准原则

设计湖羊饲料配方首先要参考《绵羊饲养标准》(NY/T816),再根据饲养实践中湖羊的生长与生产性能情况予以灵活应用。如发现精料补充料营养水平偏高可酌量降低;反之,应予以适当提高。

2. 注意适口性原则

须注意精料补充料的适口性,应尽量配合一个适口性好的精料补充料一起使用。

3. 考虑经济成本原则

应考虑经济适用的原则,因地制宜选用原料,尽可能使所配精料补充料成本最低。

4. 考虑消化特点原则

精料补充料配合时须考虑湖羊的消化特点,选用适宜的原料。

(二)母羊精料补充料搭配

1. 精料补充料搭配原则

母羊饲喂以青干草、青草为主,根据母羊膘情、是否怀孕等生理状况,酌情增减精料补充料搭配。

2. 精料补充料搭配比例

玉米 65%、麸皮 18%(或麸皮 12%,米糠 6%)、菜籽饼 5%(或棉籽饼 5%,或胡麻饼 5%)、豆子(炒)5%(或芝麻饼 5%,或豆饼 5%)、食盐 2%、复合微量元素添加剂 2%、磷酸氢钙 3%。

3. 母羊饲喂方法

(1)饲喂顺序　先喂青干草、青草、青贮,再喂精料补充料。

(2)饲料喂量　按不同生产分群掌握喂量。

①空怀母羊　体重 40 千克的母羊,每天饲喂优质青干草约 1.4 千克,精料补充料 0.1~0.2 千克或青草 4~5 千克,个体较大的母羊应适当增加饲草饲料的喂量。配种前 20 天,精料补充料喂量应增加到 0.2~0.3 千克。

②怀孕母羊 体重 40 千克的怀孕母羊,每天饲喂优质青干草 1.8～2.0 千克,精料补充料 0.3～0.5 千克或青草 4～5 千克。

③哺乳母羊 哺乳初期,每天饲喂容易消化的优质青干草 2～3 千克或青草 5～7 千克,多汁饲料 1.5～2.5 千克,产双羔母羊每天还需补饲精料补充料 0.4～0.6 千克;产三羔母湖羊每天则需补饲精料补充料 0.6～0.7 千克,苜蓿草粉 0.5～1.0 千克。断奶前十天,要逐渐减少多汁饲料和精料补充料的喂量。

(三)羔羊精料补充料搭配

羔羊从 10 日龄开始训练吃草,20 日龄开始训练采食精、粗饲料,一月龄以后每天每只喂精饲料 20～50 克、食盐 1～2 克、骨粉 3～5 克、青干草自由采食。

(四)育成羊的精料补充料搭配

1.精料补充料搭配原则

充分利用青粗饲料,适当饲喂精料补充料,加强培育和管理。

2.精料补充料搭配比例

玉米 62%、麸皮 18%(或麸皮 12%,米糠 6%)、豆子(炒)10%(或豆饼 10%,或豆饼 5%,芝麻饼 5%)、菜籽饼 5%(或棉籽饼 5%,或胡麻饼 5%,或葵仁饼 5%)、复合微量元素添加剂 2%、食盐 1%、磷酸氢钙 2%。

3.饲料喂量

对刚断奶的 3 月龄羔羊每天饲喂优质青干草 1.6～1.8 千克或青草 3～4 千克,精料补充料 0.2～0.3 千克。随着羔羊月龄增长,增加青草、青干草及精料补充料的用量,饲草按体重的 8%～10% 投喂,精料补充料按体重的 0.5%～1.0% 投喂。

(五)育肥羊精料补充料搭配

1.精料补充料搭配原则

以青粗饲料为主,并逐渐加大精料补充料喂量。

2.精料补充料搭配比例

(1)入舍前 10 天精料补充料比例 玉米 25%、农作物秸秆粉 33%、青干草粉 30%、菜籽饼 5%(或芝麻饼 5%,或胡麻饼 5%,或棉籽饼 5%,或葵花籽饼 5%)、麸皮 5%(或米糠 5%)、复合微量元素添加剂 1%、食盐 1%。青干草、青草自由采食,精料补充料日喂量的 0.10～0.15 千克。

(2)入舍第 10～55 天精料补充料比例 玉米 38%、农作物秸秆粉 25%、青干草粉 25%、麸皮 5%(或米糠 5%)、菜籽饼 5%(或芝麻饼 5%,或胡麻饼 5%,

或棉籽饼 5%，或葵花籽饼 5%)、复合微量元素添加剂 1%、食盐 1%。青干草、青草自由采食，精料补充料日喂量为 0.25～0.40 千克。

（3）入舍第 55～90 天精料补充料比例　玉米 63%、农作物秸秆粉 15%、青干草粉 15%、菜籽饼 2%(或芝麻饼 2%，或胡麻饼 2%，或棉籽饼 2%，或葵花籽饼 2%)、豆子(炒)3%、复合微量元素添加剂 1%、食盐 1%。青干草、青草自由采食，精料补充料日喂量为 0.50～0.75 千克。

3. 喂料顺序

精料补充料最好制成颗粒，先喂干草，再喂青草、精料补充料，最后再喂多汁饲料。

（六）种公羊的精料补充料搭配

1. 精料补充料搭配原则

以青干草、青草为主，根据公羊膘情和配种任务适量增加精料补充料。

2. 精料补充料搭配比例

玉米 51%、麸皮 15%(或麸皮 10%，或米糠 5%)、豆子(炒)10%、豆饼 5%、芝麻饼 5%、菜籽饼 8%(或胡麻饼 8%，或葵花籽饼 8%)、复合微量元素添加剂 2%、食盐 2%、磷酸氢钙 2%。

3. 喂量

应先喂青干草、青草，后喂精料补充料。

非配种期：日喂青干草 1～1.5 千克、青草 3～5 千克、精料补充料 0.5 千克。

配种期：日喂青干草 0.5 千克、青草 3～5 千克、精料补充料 1～1.5 千克、鸡蛋 2 个、胡萝卜 0.5～1.0 千克。

第六章　湖羊常用牧草生产

一、牧草栽培技术

（一）土壤耕作

1.犁地

用犁耕翻土地，深耕20~25厘米，使土层翻转、松碎和混合，从而使耕层土壤结构发生变化。犁地一定要掌握好土壤含水量，适宜时尽量早耕。

2.浅耕灭茬

在前茬作物收获完成到犁地前这段时间，因残茬太高，杂草太多，不利于犁地，土壤水分也损失很快。为了保证犁地的质量，应在前茬作物收后，立即用圆盘耙或无壁犁进行浅耕灭茬，浅耕灭茬的深度一般为5~10厘米。

3.耙地

在刚犁过的土地上用钉齿耙或圆盘耙将地耙平，破碎土块，耙实土层，保持土壤水分，耙出杂草根茎。

4.耱地

在耙地之后用耱耱碎土块，平整地面这样有利于保墒，为播种创造良好的条件。在土质较松，犁地质量较好时，可以不耙地而直接耱地。

5.镇压

镇压可使土壤变紧，压碎土块，并使土壤平整。在干旱、多风的地区和季节，愈是疏松的土壤，水分损失愈快，镇压可以减少土壤中的大孔隙从而减少水的扩散，起到保墒的效果。

6.中耕

中耕的主要目的是疏松表层土壤、保蓄水分和消灭杂草。

7.开沟、作畦和作垄

在多雨或低湿地区，开沟、作畦或作垄，有利于排水，避免牧草受涝。有条件灌溉时，也应作畦以便灌溉。

（二）施肥

1.牧草的营养需要

氮、磷、钾是牧草不可缺少的三种营养元素。

（1）氮　氮是植物体内蛋白质和叶绿素的重要组成部分。缺氮会导致叶片发黄、植株矮小、生长缓慢、籽粒瘪小；但氮过多则会使植株徒长、茎秆细弱、易倒伏、晚熟、易受病虫侵害。

（2）磷　磷是植物细胞原生质和细胞核的重要组成部分。在植物体内糖的转化和淀粉、脂肪、蛋白质的形成过程中磷是不可缺少的元素。缺磷会使叶色变暗，甚至转为紫红色或红褐色，使生长受阻。

（3）钾　钾与碳水化合物的合成和运输关系密切。钾肥不足会使光合作用减弱、生长受阻、易倒伏、籽粒减少，严重时还会导致叶尖叶缘枯焦，变成黄褐色。

其他营养元素需要量较多的有钙、镁、硫、铁等。硼、锰、锌、钼等需要量极微，但对牧草生长发育有重要作用。

2.合理施肥

合理施肥就是要及时适量地满足牧草生长发育对营养元素的需要，既不使其缺乏，又不致其过量。

（1）根据牧草的需要量施肥　牧草种类不同，需肥量也不一样。禾本科牧草需氮肥较多，应以氮肥为主，配合施用磷、钾肥。豆科牧草则应以磷肥为主，也需要少量氮肥，尤其是在幼苗期根瘤尚未形成时，施用少量氮肥，可促进幼苗生长，钾肥亦需适当配合施用。在禾本科牧草和豆科牧草混播的草地，首要任务是要多施磷肥，促进豆科牧草根瘤的形成，固定氮素，进而促进禾本科牧草的生长。

（2）根据土壤肥力施肥　沙质土壤肥力低，保肥力差，应多施有机肥作基肥，化肥应少施、勤施。黏质土壤或低洼地水分较多的土壤，保肥能力较强，有机质分解慢，肥效也较慢，前期应多施速效肥料。应该对土壤质地和保肥性能进行科学测定，了解土壤养分缺乏情况，并以此作为合理施肥的依据。

（3）根据土壤水分状况施肥　干旱季节，土壤水分不足，施用化肥时就要结合降雨或灌溉，否则会发生"烧苗"事件。土壤水分过多，应适当施用肥效较快的化肥，这样有利于牧草迅速吸收。

（4）根据肥料的种类和特性施肥　有机肥料应注意是否腐熟。秋翻施肥，可用未完全腐熟的有机肥。播种前应施用已完全腐熟的有机肥。化肥种类不同各有不同特性，有的肥效较长，在土壤中不易流失，可作基肥，如过磷酸钙、草木灰等；有的肥效较短，易被牧草吸收，可以作为追肥，如硫酸铵、碳酸氢铵等。

3.施肥的方法

施肥的方法有底肥、种肥、追肥等，根据牧草的需要、肥料的种类，采用不同的方法进行。

（1）底肥的施用　播种牧草前，结合耕翻土地和深耕灭茬施用有机肥料或长效化肥，以满足牧草整个生长期的需要，这就是底肥。有机肥可撒施，然后耕翻。

在有机肥较少时,也可沟施,使肥料较为集中,以提高肥效。

（2）种肥的施用　播种时与种子同时施用有机肥、化肥或细菌肥料等以供给幼苗生长的需要,就叫种肥。种肥可施在播种沟内或穴内,盖在种子上面,也可浸种或拌种后再播种。用作种肥的有机肥应充分腐熟,所用化肥则应对种子无腐蚀或毒害作用。

（3）追肥的施用　根据牧草的需要,在牧草生长发育期内,追施的肥料就叫追肥。追肥主要用速效的化肥。可以撒施、条施、穴施、结合灌溉水施或根外追肥等。

（三）播种

1. 种子处理

为了保证播种质量,播前应对种子进行去杂、精选、浸种、消毒、摩擦、接种根瘤菌等处理。

（1）选种　将不饱满的种子及杂草种子和杂质等去掉。

（2）浸种　为了加快种子的萌发,用温水浸泡种子。豆科牧草浸种 12～16 小时;禾本科牧草浸种 1～2 天,其间应换水 1～3 次。浸种后置于阴凉处,每隔几小时翻动一次,过 1～2 天后,种子表皮风干,即可播种。

（3）去壳、去芒　有荚壳的种子发芽率低,如草木樨,应在播种前进行去壳去芒处理。

（4）种子消毒　用农用药剂拌种防止通过种子传播病虫害。

（5）摩擦　豆科牧草种子中有一部分是硬实种子,它的种皮有一角质层,水分不易渗入,种子发芽难,需要擦破种皮。处理硬实种子,可以用石碾碾压或用磨机摩擦,也可在种子中掺进沙子搅拌,或在砖地轻轻摩擦使种皮发毛。

（6）根瘤菌拌种　在从未种过同类豆科牧草的地块上播种豆科牧草,应进行根瘤菌接种,以便于幼苗早期形成根瘤。接种时,可用根瘤菌剂拌种,也可采集同类豆科牧草的根瘤,风干后压碎拌种。取种过同类豆科牧草田内的潮湿土壤 25～50 克与种子混合后播种也同样有效。

2. 牧草播种要求

（1）播种期　牧草播种和一般农作物播种一样,需要适时播种。

（2）播种深度　播种时需开沟,使种子接触潮湿土壤。播种深度要适当,一般以 2～3 厘米为宜。豆科牧草宜浅,禾本科牧草可略深。

（3）播种方式　播种方式有条播、点播和撒播等。条播行距一般为 20～30 厘米。条播深度均匀,出苗整齐,又便于中耕除草、施肥和田间管理。点播行距一般为 20～30 厘米,适于在较陡的山坡荒地上播种。撒播,是在整地后采用人工方法或撒播机把种子撒播地表,然后用耱覆土。

（4）播种量　播种量主要根据牧草的生物学特性,栽培用途（收草或采种）。种子的大小、种子的品质、土壤肥力和整地质量、播种深度、播种方法和播种时期、以及播种时的气候条件等因素来决定。

3.牧草混播技术

（1）牧草混播的优越性　禾本科牧草含碳水化合物较多,粗蛋白质含量较低,而豆科牧草含粗蛋白质较多,两者混播,可以使饲料品质提高。混播可避免因单纯豆科牧草放牧而引起反刍家畜的膨胀病。豆科牧草不宜青贮,与禾本科牧草混播后可以制成优质的青贮饲料。豆科牧草根系较深,可以吸收大量的钙,禾本科牧草有大量须根,主要分布在耕作层内,豆科牧草和禾本科牧草的混播会给土壤遗留大量的残根,增加土壤有机质,进一步形成腐殖质,从而增强土壤保水保肥能力。

（2）混播牧草的播种技术

①播种量　两种牧草混播,可各按其单播量的 70%～80% 计算;三种牧草混播则同类的两种牧草各占其单播量的 35%～40%,另一种占其单播量的 70%～80%。

②播种期　根据牧草的生物学特性及土壤、气候条件决定适宜的播种期,如禾本科与豆科牧草同为冬性或春性牧草,可以在秋季或春季同时播种,也可以分别秋播或春播。由于禾本科牧草苗期生长较弱,易受豆科牧草抑制,应在秋播禾本科牧草而在第二年春播豆科牧草。

③混播方法　混播时应把豆科牧草和禾本科牧草各分为一类,间行播种。分期播种的,如用机播,可以在秋季播种禾本科牧草,第二年早春时横向交叉播下豆科牧草。也可用撒播,将混合种子混合均匀后播下。

（四）田间管理

1.中耕应在幼苗期进行,以消灭苗期杂草

多年生人工草地应在早春进行耙地。刈割后也要根据杂草生长状况进行中耕除草。中耕深度,苗期宜浅,以后可稍深。消灭杂草,宁早勿晚。除了采用中耕机具除草外,也可以用对播种牧草无副作用的除草剂等化学药剂防除。

2.灌溉与排水

禾本科牧草从分蘖到开花前和豆科牧草从现蕾到开花前需水量最大,为灌溉时期。一年刈割多次的牧草,应在刈割后及时灌溉。冬季上冻前灌一次冻水,有利于牧草的安全越冬和第二年早春的返青生长。在多雨季节,尤其是豆科草地,应提前挖好排水沟及时排水,防止水淹。

3.病虫害防治

牧草对病虫害抵抗的能力较强,病虫害的发生也较一般大田作物少。牧草的病害有因细菌引起的,如苜蓿枯萎病;有因真菌引起的,如三叶草的霜霉病;有因病毒引起的,如苜蓿花叶病;还有因寄生生物引起的,如花鸟虫菀丝子病和线虫病等,这些都属于侵染性病害。病虫害的防治应采取"预防为主,综合防治"的方针。提前做好预防工作,发现后及时采取有效措施进行治理。

二、牧草收获利用

(一)刈割草场的利用

刈割草场就是不进行放牧,收割牧草饲喂湖羊的草场。

1.适宜的刈割期

一般来说,禾本科牧草的最佳刈割期为孕穗期,豆科牧草的最佳刈害期为初花期,此时牧草纤维素含量较低,蛋白质含量高,而且刈割后根部营养充足,有利于牧草的再生。

2.适宜的留茬高度

再生能力与刈割留茬高度密切相关,禾本科牧草再生能力较弱,因此在刈割过程中留茬高度保持在5~8厘米;豆科牧草再生能力较强,留茬高度保持在2~3厘米。

3.牧草最晚刈割时间

牧草最晚刈割时间在牧草停止生长前25~30天。

(二)放牧草场的利用

播后1~2年内多年生牧草生长缓慢,长势较弱,最好不放牧,而进行刈割利用。应从第三年起再放牧,这时牧草已形成紧密的草皮不怕湖羊践踏。山地多年生黑麦草和白三叶的混播草地可以适当提早放牧,通过放牧可以控制杂草,并促进多年生黑麦草和白三叶的生长。放牧要符合国家退耕还林(还草)政策和生态保护政策。

1.单播草场的放牧利用

单播草场一般是用于刈割饲喂,刈割几茬后进行放牧。也有直接放牧的,但在放牧过程中应注意时间间隔,豆科牧草一般28~35天左右放牧一次,禾本科牧草一般18~25天放牧一次,干旱地区间隔时间应稍长一些。

2.混播草场的放牧利用

混播草场是由多个牧草品种混合建植的草地,是最适宜放牧的草场。放牧时应注意以下几个问题：

(1)进行划区轮牧　所谓划区轮牧,是把一个季节放牧地或全年放牧地划分成若干轮牧小区,每一小区内放牧若干天,逐区采食轮回利用。根据草场的面积及产草量,计算其载畜量,确定小区的数目及面积,然后按照制定的轮牧制度进行放牧,有计划地利用草场。

(2)注意季节性放牧场的调节　在一年四季中,春秋季节应安排在山坡上放牧,夏季应在山顶放牧,冬季应在山谷或山下放牧。把四季气候变化、牧草生长周期与湖羊群利用充分地结合在一起,充分合理地利用草场。

(3)确定正确的放牧时期　开始放牧的适宜时期一般是:以禾本科牧草为主的放牧地,应在禾本科牧草开始抽茎时;以豆科和杂类草为主的放牧地,应在腋芽(或侧枝)发生时。结束放牧时间一般是在牧草生长发育结束前30天。

(4)放牧强度　放牧强度应根据放牧后留茬的高低来确定,放牧后保持5～8厘米的留茬高度较为适宜。

三、青干草调制与贮藏

(一)牧草的干燥方法

牧草的干燥方法大体分为两类,即自然干燥法和人工干燥法。自然干燥法又可分为地面干燥法、草架干燥法和发酵干燥法。人工干燥法分为强制通风干燥法和利用干燥设备干燥法。

1.自然干燥法

利用阳光、温度和通风等自然条件,使牧草水分散失的干燥方法。

(1)地面干燥法　在气候湿润的地区,牧草刈割后在原地摊开,其厚度为10厘米左右,暴晒6～7小时,使之凋萎。然后用杈或搂草机搂成20～25厘米厚的松散草垄,继续干燥4～5小时后用杈或集草机械集成50厘米左右厚的小草堆。牧草在草堆中干燥1～2天就可以调制成干草。

在干旱地区,空气干燥。调制干草时,牧草的刈割与搂成草垄两项作业可同时进行,凋萎的牧草在草垄上干燥的时间不得超过一昼夜,当牧草含水量减少到35％～40％时,再将草垄集成草堆,牧草在草堆上干燥1～2天即可调制成干草。

(2)草架干燥法　湿润地区,在生产上可以利用草架干燥法来晒制干草。干草架按其形式和用材的不同可以分为以下几种形式:树架三脚架、铁丝长架、幕式棚架和活动式干草架等。用干草架进行牧草干燥时,首先把刈割下来的牧草在地面干燥半天或一天,使其含水量降到45％～50％,然后将草上架。架放牧草时应由下向上逐层堆放,草的顶端朝里,同时应注意最低的一层牧草应高出地面,不得与地面接触,利于通风防潮。在架放完毕后将草架两侧整平,遇雨时雨水可沿其侧面流至地面。

(3)发酵干燥法　晒草季节如遇连阴雨,可将已割下的青草铺平自然干燥,使水分减少到50%左右,然后分层堆积高约3～5米。新割的草,亦可堆为草堆。为防止发酵过度,应逐层堆紧,每层可撒上约为青草重量的0.5%～1.0%的食盐。经堆放2～3天后,堆内温度可上升到60～70℃,未干牧草所含水分受热蒸发,并产生酸香味。发酵干燥需30～60天的时间方可完成,也可适时把草堆打开,使水分蒸发。这种经过高温发酵的干草,可消化营养物质的损失达50%以上,蛋白质的消化率也明显下降,干草颜色变成棕褐色。

2.人工干燥法

(1)强制通风干燥法　强制通入干燥空气干燥牧草,一般需要建造干草棚,棚内安装电风扇、通风机、送风机和各种通风道,对刈割后在地面预干燥到含水40%～50%的半干牧草进行不加温干燥。

堆垛牧草要蓬松,要在1～2天内完成,不能淋雨水或露水。草堆的大小根据通风机的通风量大小来定,一般垛宽3～5米,高3～5米,长10～15米。在空气相对湿度低于75%,气温高于15℃的条件下,半干牧草一般经过3～6天强制通风便可干燥。上层半干牧草刚一开始干燥,通风机应关闭4～6小时,在干草散发出微潮湿气时,通风机可重新送风。

(2)干燥设备干燥法　干燥机按其工作性能可分为分批作业式和连续作业式两类。分批式干燥机是周期性完成一批牧草的干燥,牧草的装载和干草的卸出均在干燥机停止工作的情况下进行。连续式干燥机是在不间断供给牧草和卸出干草的条件下连续作业。按其干燥介质的温度,又可分为低温和高温干燥机两种,低温为100～150℃,高温为500～600℃,结构上有箱式和输送链式。目前牧草的干燥多采用连续作业的气流滚筒式高温干燥机。

(二)干草贮藏

1.干草的贮藏

最好建造干草棚存放干草。最好将干草打捆存放,如无条件打捆,则将干草堆垛。应使干草与棚顶保持一定距离,便于通风散热。

2.贮藏期间干草的管理

草垛的管理工作中应当主要注意下列问题:

①草垛堆起后要注意防畜、防火、防雨、防雪水;②对草垛要定期检查并做好维护工作,如发现垛形不正,应当及时修整;③注意垛内干草因发酵生热而引起的高温。

(三)干草的品质鉴定

1.干草的颜色及气味评定

按干草的颜色可分成四类。

(1)鲜绿色　表示青草刈割适时,调制过程未遭雨淋或阳光强烈曝晒,贮藏过程未遇高温发酵,能较好地保存青草中的养分,属优良干草。

(2)淡绿色(或灰绿色)　表示干草的晒制与保藏基本合理,未遭受到雨淋发霉,营养物质无重大损失,属良好干草。

(3)黄褐色　表示青草收割过晚,或晒制过程中受雨淋,或贮藏期内曾经过高温发酵,营养成分受损失,但尚未失去饲用价值,属次等干草。

(4)暗褐色　表明干草的调制与保藏不合理,受到雨淋,且易发霉变质,不宜再作饲用。

干草的芳香气味,是在干草保藏过程中产生的,干草只有经过堆积发酵后才产生此种气味。

2.干草的含叶量评定

干草含叶的多少,是干草营养价值高低的最明显指标。叶量多表示营养价值高。

3.干草的刈割期评定

禾本科草以抽穗期,豆科草以初花期刈割较合适。禾本科草的穗中只有花而无种子属花期刈割,如绝大多数穗有种子或只留下护颖,则刈割偏晚;豆科牧草在茎下部的 2～3 个花序中仅见到花,则属花期刈割,如有大量种子则刈割过晚。

4.禾本科牧草干草质量分级

禾本科牧草干草外部感官性状分级如下:

(1)特级　抽穗前刈割,色泽呈鲜绿色或绿色,有浓郁的干草香味,无杂物和霉变,人工草地及改良草地杂类草不超过 1%,天然草地杂类草不超过 3%。

(2)一级　抽穗前刈割,色泽呈绿色,有草香味,无杂物和霉变,人工草地及改良草地杂类草不超过 2%,天然草地杂类草不超过 5%。

(3)二级　抽穗初期或抽穗期刈割,色泽正常,呈绿色或浅绿色,有草香味,无杂物和霉变,人工草地及改良草地杂类草不超过 5%,天然草地杂类草不超过 7%。

(4)三级　结实期刈割,基粗、叶色淡绿或浅黄,无杂物和霉变,干草杂类草不超过 8%。

豆科牧草干草质量分级。豆科牧草干草感官质量和物理指标及分级见表6-1。

表6-1　豆科牧草干草质量感官和物理分级指标

指标	等级			
	特级	一级	二级	三级
色泽	草绿	灰绿	黄绿	黄
气味	芳香味	草味	淡草味	无味
收获期	现蕾期	开花期	结实初期	结实期
叶量(%)	50～60	49～30	29～20	19～6
杂草(%)	<3.0	<5.0	<8.0	<12.0
含水量(%)	15～16	17～18	19～20	21～22
异物(%)	0	<0.2	<0.4	<0.6

四、湖羊常用牧草生产

(一)紫花苜蓿

1. 生物学特性

紫花苜蓿为豆科苜蓿属多年生直立型草本植物,主根入土很深,侧根部共生根瘤菌。苜蓿属温带植物,种子在5℃即可发芽,而以25℃以内发芽最为适宜,生长最适温度为15～21℃,耐寒能力较强,停止生长的温度为3℃左右。苜蓿一般喜中性或微碱性土壤,不喜酸性土壤,pH值在6以下时,会影响根瘤的形成及苜蓿的生长;当pH值在5.2以下时,苜蓿会因为锰过多而钙缺乏,导致锰中毒。苜蓿有较强的抗盐性,但种子发芽和苗期不耐盐。

目前紫花苜蓿在国内多数地区都有种植,并形成许多地方品种。一般亩产鲜草2 500～5 000千克。紫花苜蓿适合在全国范围内种植。

2. 栽培技术要点

(1)整地　播种地要先在头一年夏、秋季先翻耕、耙地,使之平整精细。然后结合整地施入有机肥料,施足基肥。选择保水、保肥、能灌、能排的地块种植苜蓿为好。

(2)种子处理　用于播种的种子要经过精选并进行发芽试验,将种子进行根瘤菌接种。播种前暴晒苜蓿种子,可以促进种子发芽。

(3)播种时间和方法

①清明前顶凌播种 在清明前(3月下旬至4月初)顶凌播种,此时土壤刚解冻,土壤湿度大,容易获得全苗。过晚遇上春旱大风,土壤干燥,出苗困难。播后要镇压以利于种子发芽。

②秋季与农作物混种 在8月下旬至10月上旬用荞麦、油菜、小麦带种,也可于第二年套种在上述作物的行间。总之,不论春播或秋播,均应结合下雨或灌溉进行,条播行距一般为20~30厘米。

(4)播种量 苜蓿单播下种量每亩为0.5~1.0千克。在不肥沃土壤中,播量宜大;干旱地区水分不足,不可过密。土壤干燥时每亩播0.5~0.75千克,湿润时每亩播1.0~1.25千克。

(5)播种深度 苜蓿种子较小,一般湿土宜浅播,干土则稍深,并视土壤类型而定,一般土壤为2~3厘米,沙质土3~4厘米,黏土为2厘米左右。

(6)田间管理

①施肥 苜蓿产草量高,从土壤中吸取的养料多,不施肥会影响其产草量。苜蓿以收获幼茎和叶片为主,仍需施底肥,而钙和磷最为需要。一般每亩应施过磷酸钙20~30千克,与底肥同时施用。

②除草 除草是苜蓿管理中较为重要的措施之一,除草应愈早愈好,施肥和灌水都要在每次收割之后进行,灌后要进行中耕,以保墒除草,使苜蓿旺盛生长。

3. 收割和采种

供青饲或调制干草都应在初花期收割。割茬要低,自地面刈割能刺激分蘖,有利于再生。若花盛后收割,不但不能提高产量,反而会降低品质,使养分损失。供收种子的苜蓿,株苗要稀,要施磷肥和灌水,种子的产量以第二至第四年最多。一年中,以第一茬的花最多,种子产量最高,亩产20~40千克,应在荚果变褐色时收割,捆成束,晒干脱粒。

4. 利用与加工

放牧与青饲用新鲜的苜蓿饲喂湖羊,湖羊喜食,增重快 但因苜蓿茎叶中含有皂素,在单纯饲喂青苜蓿时湖羊很有可能会得臌胀病(瘤胃鼓气),严重时可使湖羊死亡。因此不应单用苜蓿饲喂湖羊。

(1)晒制干草 苜蓿可加工为普通干草、嫩干草、干草粉等。

(2)青贮 苜蓿是较难青贮的牧草,可与禾本科牧草混合制作青贮。

(二)青贮玉米

1. 生物学特性

饲用玉米属禾本科玉米属一年生草本植物,为喜温作物,发芽最适温度为25℃左右。饲用玉米有苗期抗寒力较弱、单株需水较多、比较能获得丰产、幼苗期间抗旱能力较强等特点。饲用玉米为短日照作物,在8～10小时的短光照条件下开花最快,因品种不同对光照的反应差别很大,并与温度有密切关系。青贮玉米在全国很大范围内适合种植。

2.栽培技术

(1)选地 玉米对土壤要求不严,各种土壤均可种植。质地较好的疏松土壤保肥水力强,能使玉米根系发育良好,有利于高产。

(2)整地 饲用玉米须根入土较深,深耕有利于增产。耕翻的深度,一般不能少于18厘米,黑钙土地区应在20厘米以上。

(3)施肥 饲用玉米的施肥应以底肥为主、追肥为辅。施肥应与整地结合。翻地前每亩施优质堆、厩肥1 000～1 500千克,即可满足增产要求,并能维持肥效2～3年。

(4)播种 一般要在10厘米土层处,温度持续在12℃以上时才可播种。同时要结合当地实际情况及时播种。可点播,也可条播。亩播种量为2～4千克。

(5)田间管理 播后要及时检查苗情,每亩留苗4 000～5 000株。缺苗时要及时催芽补种或移苗补栽。过密时要间苗。饲用玉米苗期不耐杂草,要及时除草。在中耕除草之后要追肥灌水。饲用玉米对氮的要求远比其他禾本科作物高,对磷和钾的要求也较多,除施足底肥外,还要分期追肥。

3.收获利用

在良好的栽培条件下,应在乳熟到蜡熟期收获,每亩可产青贮原料4 000～7 000千克。

(三)沙打旺

1.生物学特性

沙打旺是豆科黄芪属多年生草本植物。沙打旺植株丛生高大约1.0～1.5米,根入土很深,根上生有大量根瘤菌,茎圆硬中空,第一年分枝较少,第二年茎基上分枝丛生。年亩产鲜草达3 000～6 000千克。沙打旺喜温耐旱耐寒,喜砂质土壤,能抗风蚀和沙埋,不耐潮湿和水淹,雨季或多水情况下植株易受病害。种子易落粒,落入土中越冬后能发芽出苗。沙打旺对土壤有很强的适应性,但肥力对产量影响较大。适合在北部风沙草滩地区种植。

2.栽培技术要点

(1)选地与整地 在梁峁沟坡地区要选土层较厚,不易受冲刷的地方,滩地不要选低洼排水不良的地块,整地要求细碎疏松。

(2)播种

①种子处理 沙打旺易受菟丝子危害,播前需清除混入的菟丝子种子。播

前还要摩糙种皮,最有效的办法是浓硫酸处理 20 分钟,然后用清水洗净播种。

②播种时间　顶凌播种是早春多风干旱地方常采用的一种有效播种方法。春末夏初一遇落雨,即需抓住时机适时抢种,此时温度适宜,种子遇水可迅速发芽。如春夏未能播种,可在初冬地面开始结冻前,在整好的地上寄籽播种,争取第二年春季利用地面潮湿使种子发芽或落雨后出苗。

③播种方法　平地以条播为主,沙滩地多以撒播为主,坡地则以挖穴点种为好。条播者行距 30～40 厘米,穴播者行距和株距各约为 30～35 厘米。

④播种量及播种深度　割草每亩播量 0.50～0.75 千克;种子田和飞播每亩播量 0.25～0.50 千克。沙打旺种子小,破土力弱,宜浅播,播后应覆土 1～2 厘米。

（3）田间管理

①除草　沙打旺幼苗生长缓慢不能与杂草竞争,苗期应中耕除草。第二年春季萌生前用齿耙除掉残茬,返青后和每次收割后均需及时除草以利再生。

②追肥和喷药　在沙打旺生长旺盛期追施速效肥料实现增产,喷施农药以杀死寄生的菟丝子。

3. 收割利用

沙打旺花期晚,作为青饲应在株高 50～80 厘米或每生长 50～60 天时收割一次,一年收割 2～3 次。沙打旺的利用同苜蓿。

（四）甜高粱

1. 生物学特性

甜高粱为禾本科高粱属一年生草本植物,须根细,茎干直立,株高 3～5 米。耐旱能力强,耐涝、耐盐碱,适应性广泛。最适生长温度为 20～35℃,低于 10℃ 时幼苗停止生长,0℃ 以下即受冻害。该草生长快,产草量高,主要作为青贮饲料。亩产草量可以达到 5 000～10 000 千克。甜高粱适于全国较大范围种植。

2. 栽培技术要点

（1）选地　甜高粱根系发达、对土壤要求不严。不仅适宜水浇地,同样也适宜干旱地,在肥沃疏松、排水量好的壤土或沙壤土中生长最佳。

（2）整地　甜高粱幼苗生长期长,植株高大繁茂,需增施磷、钾肥,结合整地施足底肥。每亩可施优质有机肥底肥 3 000 千克,过磷酸钙 50 千克,也可在播种前每亩施 5～10 千克磷酸二铵作种肥。

（3）播种时间　可春播也可夏播,夏播应浅耕灭茬。

（4）播种量　播种量为 0.5～1.0 千克/亩。也可采用人工点播,每穴 4～5 粒,穴深 3～4 厘米,行距 20～30 厘米,穴距 20 厘米左右。

(5)田间管理　饲料栽植种植密度以每亩 7 000～8 000 株为宜。甜高每株可产生 2～4 个分集,应在间定苗时全部保留。收获时,每亩总茎数 1.0～1.2 万株。在拔节初期可结合中耕培土,每亩追施尿素 25 千克,同时起垄培土,防倒伏。干旱时,及时灌溉。甜高粱对有机磷农药比较敏感,应控制使用。

3.利用方式

甜高粱茎秆含糖量高,远远超过玉米茎秆,制成的青贮饲料酸甜,且有酒香味,适口性好,是很好的青贮饲料作物。

(五)苏丹草

1.生物学特性

苏丹草属一年生禾本科牧草,草茎圆柱状,一般粗达 2～13 毫米,茎高 50～300 厘米,是一种喜温的春性发育型牧草。在气候温暖、雨水充沛的地区生长最繁茂。苏丹草能够很好地适应干旱和半干旱地区的自然条件,充分利用夏季高温和雨水,生长迅速。苏丹草具有良好的再生性,每年可获得 2～3 次再生草。苏丹草幼苗对低温反应敏感,不耐寒,在 12～13℃时几乎停止生长。具有强大的根系,能够利用土壤深层水分和养分,耐旱性很强。在黑钙土和沙土上生长良好。亩产干草 500 千克左右。适于关中以南种植。

2.栽培技术要点

(1)整地　种植苏丹草的土地,应进行秋耕除茬,并施足底肥,春季及时进行耙糖。中耕作物之后,一般进行秋翻。

(2)播种　苏丹草播种量每亩约 1.5～2 千克,多采用窄行条播,行距 20～30 厘米,播后要及时镇压,促进种子萌发。此外,可进行药物拌种,防止病虫害的发生。

(3)田间管理　苏丹草幼苗生长慢,及时清除杂草。同时进行土壤松耙,破除土壤板结,以便保蓄土壤水分。苏丹草后期生长迅速,产草量高,因此除在播前施足底肥外,在蜡熟期及每次刈割后应结合灌溉进行追施有机速效肥,以促进其分蘖和加速生长。由于苏丹草不能忍受过分的湿润条件,因此在炎夏大雨时节,应做好田间排水工作。

3.利用

苏丹草可以调制干草和青贮料。

(六)冬牧－70 黑麦

1.生物学特性

冬牧－70 黑麦是禾本科小麦亚族牧草,株高 150～180 厘米,茎中空,共 5～

6个节,下部节间较短,抗倒伏能力强。冬牧－70黑麦喜温耐寒,适应性强,温带和寒带都能种植。该品种早期生长快,分蘖多,再生性良好,丰产性比普通黑麦强。在水肥充足的田块种植,每亩可获鲜草5 000～7 000千克。冬牧－70黑麦在陕西渭北旱原、关中、陕南地区均可种植。

2. 栽培技术要点

(1)整地与施肥　冬牧－70黑麦繁殖性强,对土壤的要求不严,以富含有机质的土壤和沙壤土最为适宜,在酸性土壤也能生长。冬牧－70黑麦对肥效反应敏感,需供给充足的氮肥。施肥以底肥为主,每亩施有机底肥1 500～2 000千克。

(2)播种　适时播种是获得高产的保证,渭北旱原、关中地区播种期为4月中旬到5月下旬,陕南地区播种期为8～10月份。播种可用小麦播种机进行条播,行距为15～20厘米,播种量为4～7千克/亩。当土壤肥沃、播种期早时,播种量要少;肥力较差、播种期偏晚时要多播,播深为3～5厘米。

(3)田间管理　冬牧－70黑麦分蘖多,苗期生长快,有利于抑制杂草生长,因此一般不需要除草。水肥不足、生长不良要及时追肥。追肥以速效肥为主,可追施尿素10～20千克/亩。刈割后要及时追肥、浇水、锄草。留种田若水肥充足,土壤肥沃,易引起疯长,造成倒伏。预防办法是在拔节期喷施矮壮素或多效唑加以控制。冬牧－70黑麦易发生的虫害主要有蚜虫、红蜘蛛,可用40%氧化乐果和三氯杀螨醇防治。

3. 收获利用

当生长至30厘米以上时即可收割,在拔节前期刈割再生性最强。适时播种,生长良好的地块,整个生长期可刈割4～6次,鲜草可直接饲喂湖羊,也可用来作青贮或加工青干草。

(七)黑麦草

1. 生物学特性

黑麦草为禾本科黑麦草属一年生或多年生草本牧草,密丛生,株高30～100厘米。黑麦草喜湿润温和气候,不耐严寒和炎热,15～25℃的气温条件最为适宜。轻盐碱土、石灰性土壤、微酸性土壤以及年雨量在500～1 500毫米的地方均可生长,肥沃、湿润、排水良好的壤土或黏壤土尤宜。施肥有利于提高产量和改进品质。春播黑麦草当年可刈割1～2次,每亩产鲜草1 000～2 000千克;秋播的翌年可刈割3～4次,每亩产鲜草4 000～5 000千克。种子成熟后易落粒,故当麦穗呈黄绿色时即应收割,也可利用第一次刈割后的再生草留种。黑麦草适于陕西关中以南种植。

2.栽培技术要点

（1）土壤与耕作　黑麦草种子细小，要求整地作畦仔细，但不必深耕，畦表平整，细无土块，畦宽与高分别为200厘米和15厘米，栽培地四周开好排水沟。

（2）种子与播种　黑麦草种子细小，种皮薄，易受潮变质，优质种子吸收水分快，出苗率高达90％以上，因此应选用干燥纯净的优质种子播种。一般秋播抗逆性优于春播，每亩播量1～1.25千克，撒播或条播，播深2～3厘米，7天即可出苗。陕南宜秋播，关中宜春播。

（3）施肥与灌溉　黑麦草对水肥条件敏感，播种至出苗期间不能缺水。每亩施有机肥3 000千克以上作底肥，亩产鲜草可达4 000～7 000千克，刈割后应配合灌溉施速效氮肥，每亩施硫酸铵10千克或尿素5千克。

（4）田间管理　苗期须除杂草1～2次。如遇干旱气候，需灌溉。黑麦草少有病虫害，但也应积极做好预防。

3.收获利用

主播种45～50天后即可割第一次草，第一次割草时无论其长势好坏均须刈割，留茬不能低于3厘米，以利分蘖。以后视牧草长势情况，每隔20～30天割草一次。黑麦草可以放牧，也可以青饲，同时也可调制干草或青贮。

第七章　湖羊饲养管理技术规范

一、种公羊饲养管理技术规范

本规范适合于各湖羊养殖场和农户的种公羊饲养管理。

种公羊要求常年保持中上等膘情,健康、活泼、精力充沛,情欲旺盛。

(一)非配种期饲养管理

1.饲养供给

饲喂营养丰富而平衡的全混合日粮。

(1)精料补充料 0.4～0.5 千克/只。

(2)青绿饲料 2～3 千克/只或全株玉米青贮饲料 1.5 千克/只。

(3)青干草(主要由紫花苜蓿、燕麦草等优质牧草组成)1.2～1.5 千克/只。

2.饮水供给

供给干净清洁饮水,任其自由饮用。

3.配种前准备

配种前 1.0～1.5 个月开始做好下列准备工作。

(1)逐渐增加精料,补充料饲喂量。

(2)每隔 1～2 天采精一次,检查精液品质。

(3)每日驱赶运动 2 小时左右,使公羊保持旺盛精力。

(二)配种期饲养管理

1.营养供给

饲喂富含蛋白质、矿物质和维生素的全混合日粮,分早、中、晚三次供给。

(1)精料补充料(含粗蛋白 18%～20%)0.8～1.0 千克,另加鲜鸡蛋两枚/只。

(2)青绿饲料 2～3 千克/只或全株玉米青贮饲料 1.2～1.5 千克/只,另加胡萝卜 1.0～1.5 千克/只。

(3)青干草(主要由紫花苜蓿、燕麦草等组成)1.2～1.5 千克/只,夜间另补 0.5 千克/只。

(4)注意钙、磷以及硒、钴、碘、铁、铜、锰等元素的供应与平衡。

2. 饮水供给

供给干净清洁饮水,任其自由饮用。

3. 保健管理

每日驱赶运动 1～2 小时。

(三)采精、配种

1. 用于本交的公羊,白天单独饲养且与母羊保持一定距离,傍晚放入母羊群。公、母羊比例以 1∶20～1∶30 为宜。

2. 用于人工采精配种的公羊,繁殖季节,每日可采精 2～3 次,每周休息 1～2 天。

3. 在极端严寒和酷暑季节,应停止采精、配种。

二、育成期和空怀期饲养管理技术规范

本规范适合于各湖羊养殖场和农户的育成羊饲养管理、空怀母羊饲养管理与选配。

育成羊生长发育较快,空怀羊要为配种做好准备,均需要供给充足而营养丰富的日粮,尤其要注意矿物元素的供给。

(一)育成母羊

对于育成羊,必须做到:公母羊分群、大小羊分群、留种与非留种羊分群、科学管理,确保其健康生长。

1. 营养供给

日粮组成如下:

(1) 精料补充料 0.3～0.4 千克/只。

(2) 全株玉米青贮饲料 1.0～1.2 千克/只。

(3) 青干草 0.5～1.0 千克/只。

(4) 羊栏加挂舔食砖。

2. 饮水供给

供给干净清洁饮水,任其自由饮用。

3. 保健管理

(1) 及时清理环境卫生,保持圈舍及运动场内没有积粪、塑料等异物。

(2) 保持圈舍空气流通。

(3) 保持圈舍清洁、干燥。

(4) 注意运动锻炼。有条件的羊场或农户,每日驱赶育成羊到户外运动 1～

2 小时。

　　(5) 按程序接种疫苗和驱除内外寄生虫。

　　4. 适时配种

　　育成母羊在 6～7 月龄,体重达到 35 千克以上(性成熟和体成熟同时达标)时可配种。

(二)育成公羊

　　1. 营养供给

　　各种饲料的饲喂量可在育成母羊的基础上,增加 10%～20%,尤其注意优质苜蓿干草的供应。

　　2. 配种

　　育成公羊在 10 月龄以上,体重达到 45 千克以上(性成熟和体成熟同时达标)时开始配种。

　　3. 其他

　　其他饲养管理方法同育成母羊。

(三)空怀母羊

　　1. 营养供给

　　在配种前 20～30 天开始加强营养(短期优饲),即提供优质青干草,增加精料补充料,使其很快恢复膘情,及时进入下一个繁殖周期。其日粮组成如下:

　　(1) 精料补充料 0.3～0.4 千克/只。

　　(2) 全株玉米青贮饲料 1.2～1.5 千克/只。

　　(3) 青干草 0.5～1.0 千克/只。

　　(4) 有条件的农户可加喂青绿饲料 1.0～2.0 千克。

　　2. 饮水供给

　　供给干净清洁饮水,任其自由饮用。

　　3. 保健管理

　　(1) 配种前,完成各种疫苗接种和驱除内外寄生虫工作。

　　(2) 其他同育成羊。

　　4. 选配

　　(1) 选择外貌符合湖羊品种特征、10 月龄以上、体重达到 45 千克以上(性成熟和体成熟同时达标)、性欲旺盛、精液品质好的健康公羊。

　　(2) 注意公母羊年龄对后代的影响。可选择成年公羊配青年母羊、青年公羊配成年母羊。尽量避免幼龄公母羊之间、老龄公母羊之间的交配。

（3）做好配种系谱登记并及时淘汰和更新种公羊,禁止羊群出现近亲交配现象。

（4）及时淘汰 5 岁及以上的老龄母羊,保持繁殖群母羊年更新率在 20%～25%。

（5）在良好的饲养管理条件下,繁殖母羊在羔羊断奶后,可直接投放公羊或试情公羊,以诱导母羊早发情,早配种。

三、妊娠期和产羔期饲养管理技术规范

本规范适合于各湖羊养殖场和农户繁殖母羊各生理阶段的饲养管理。

繁殖母羊各阶段生理特点和营养需求量差异较大,应分段管理,精准饲喂。

（一）饲料供给

1. 妊娠前期

（1）粗饲料 1.0～1.2 千克/只,以优质苜蓿、燕麦草、黑麦草、作物秸秆(如花生蔓)等组成。

（2）青贮饲料 1.5～2.0 千克/只,以全株玉米青贮饲料为佳。

（3）精饲补充料 0.3～0.4 千克/只。

（4）饲喂全混合饲料,日喂两次,夜间添置青干草 0.3～0.5 千克/只。

2. 妊娠后期

（1）粗饲料 1.2～1.3 千克/只,以优质苜蓿(饲喂量不低于 0.5 千克/只)、燕麦草和作物秸秆(如花生蔓)组成。

（2）带棒玉米青贮饲料 1.0～1.5 千克/只。

（3）精饲补充料 0.6～0.7 千克/只,多胎母羊可增加到 0.8 千克/只。

（4）适当增加饲料中预混料添加量,注意磷元素的含量和钙、磷比例。

（5）饲喂全混合饲料,日喂三次,夜间添置青干草 0.4～0.5 千克/只。

（6）产羔前半个月,逐渐减少青贮饲料喂量。

3. 哺乳期

（1）产后母羊

①供给加有少许食盐和麸皮的温水、米汤或豆浆,不能饮冷水。

②喂给优质易消化的青干草和胡萝卜等多汁饲料。精料减至原饲喂量的 70%左右,一周后逐渐恢复并增加饲喂量。

（2）常乳期母羊

①粗饲料 1.2～1.3 千克/只,以优质苜蓿(饲喂量不低于 0.5 千克)、燕麦草和作物秸秆(如花生蔓)组成。

②全株玉米青贮饲料 1.8～2.0 千克/只。

③精饲补充料逐渐增加到 0.7～0.8 千克/只,多胎母羊可增加到 1.0 千克。

④有条件的羊场可喂胡萝卜或南瓜 0.5 千克/只。

⑤晚间自由采食青干草或作物秸秆。

4.饲料供给时应注意事项

(1) 精料补充料中的菜粕用量低于 6%,棉粕用量低于 7%。

(2) 尽量选择使用新鲜饲料原料。

(3) 严禁饲喂发霉变质饲料。

(4) 夏秋季节精料补充料的贮存时间不超过一周,冬春季节以不超过半月为宜。

(5) 患有肠炎、腹泻病的羊应少喂或停喂青贮饲料。

(二)羊群日常管理

(1)保持圈舍干燥。

(2)保持环境清洁卫生。圈舍及运动场内没有积粪、塑料和玻璃等异物。圈舍空气流通,没有明显的异味。

(3)撒料之前必须清扫饲槽,保持槽内无土或其他杂物、异物。

(4)饮水器或水盆每日清洗一次。

(5) 清扫饲槽和水盆的专用器具必须放置在固定的位置上,不得用于圈舍清扫。

(6)防止羔羊进入饲槽,踩踏污染饲料。

(7)在配种后 26～30 天进行 B 超妊娠诊断。

(8)妊娠前期禁止接种疫苗和使用驱虫药。

(9)严防怀孕羊只出入圈门时拥挤、踩踏。

(10)注意羊群适当运动锻炼。

(三)产后母羊护理

(1)仔细检查胎衣是否完整,有无病变。如果发现异常,应及时报告兽医。

(2)注意保暖,防潮,防贼风,预防感冒。

(3)观察母羊乳房是否红肿,两侧乳头是否正常。如果发现异常情况,立刻报告兽医。

(4)观察母羊产奶量是否可满足羔羊的需要。如果发现母羊产奶量不足,必须采取补救措施。如通过调节母羊日粮结构,补充多汁饲料和蛋白质饲料。

四、接羔育幼技术规范

本规范适合于各湖羊养殖场和农户的接羔育幼及对意外情况的处理。

幼羔的生命十分脆弱,需要提供良好的饲养管理环境和精心细致的护理。

(一)产房环境调控

1.温度

产房温度控制在 20℃ 以上,并保持相对稳定,无贼风侵袭。

2.湿度

产房地面要干燥,铺垫清洁、柔软的干稻草或麦秸,竹板羊床可铺塑料网。舍内相对湿度保持在 60% 以下。

3.卫生

(1)产羔前,对产房进行彻底清扫与消毒。

(2)产羔后,定时更换垫草、清扫污物,保持地面干净、卫生。

(3)根据天气情况,早晚及时打开门窗,保持舍内空气流通,产房没有明显氨味。

(二)接生与助产

1.产前准备

(1)将有分娩征兆的母羊放入接产室,供给淡盐水和具有轻泻原料(如麸皮)的饲料。

(2)备好接产箱,箱内备有碘酒、药棉、手术线、剪刀、毛巾、纱布条等。

2.接生(顺产)

(1)尽量保持产房安静,让母羊自己娩出。

(2)羔羊出生后,迅速将羔羊的口腔、鼻腔里黏液掏出、擦净。

(3)断脐。羔羊娩出后接产人员用手将脐带血向羔羊肚脐方向挤 2 次,然后用消过毒的手术线在离羔羊肚皮 3～4 厘米处结扎脐带,结扎后用消毒的剪刀在结扎远端剪断脐带,然后用浓碘酒对脐带断口进行浸蘸消毒。

(4)最好让母羊舔干自己所生的羔羊,因为羊水里含有大量的催产素和催乳素,有利于胎衣排出和泌乳,同时舔干羔羊能增加母羊母性和母子感情。如遇到十分寒冷天气或者母羊产多羔,可用干毛巾擦干羔羊或撒密斯陀粉让羔羊尽快干燥。

3.助产

(1)观察母羊分娩进程,检查胎位是否正常。

（2）剪短指甲、洗净手臂并进行消毒,戴上长臂乳胶手套。

（3）用膝盖轻压母羊肷部,等羔羊嘴端露出后,一手向前推动母羊会阴部,另一只手握住羔羊前肢,随着母羊的努责向后下方拉出胎儿。

（4）胎位不正时,可先将胎儿露出部分推回子宫,再将母羊后躯抬高,伸手入产道,矫正胎位,随着母羊努责,拉出胎儿。

（5）胎儿过大时,可将胎儿两前肢反复拉出和送入,然后拉出。

（6）在矫正和牵引过程中,一定要确认所牵引的是同一胎儿的前肢或后肢。

（7）助产过程中,如果发现产道干燥,可在产道内涂上凡士林,然后再行牵引救助。

（8）助产完成后,对羔羊的处理同上。但需要向母羊子宫注入抗生素,肌肉注入缩宫素。

（9）如果确因胎儿过大而不能拉出,可采用剖腹术或截胎术。

（三）假死羔羊的处理

发现羔羊产出后,身体发育正常,心脏仍有跳动,但不呼吸,可采用下列两种方法复苏:

（1）提起羔羊两后肢,使羔羊悬空并拍击其胸、背部,或者让羔羊平卧,用双手有节律地推压胸部两侧。

（2）对于因受凉而造成假死的羔羊,应立即进行温水浴（羊头部露出水面）,水温由 38℃ 逐渐升到 45℃。同时结合胸部按摩,浸 20～30 分钟,待羔羊复苏后,立即擦干全身。也可将假死羔羊放在铺有电热毯的床上加温保暖。

（四）新生羔羊管理

（1）让母羊尽快添干羔羊身上的黏液,如果母羊不舔羔,可在羔羊身上撒上麸皮,诱导母羊添干。或撒上密斯陀粉让羔羊尽快干燥。

（2）佩戴耳标、称重、记录相关资料。

（3）观察羔羊能否正常吮乳。

（4）扶助弱羔在生后半小时内尽早吃上初乳。

（5）帮助被遗弃羔羊尽早找到母羊或代乳母羊,并与母羊单圈饲养。

（6）1～3 日龄羔羊内服土霉素或庆大霉素（0.2～0.3 克/只）可预防羔羊痢疾。

（五）常乳期羔羊的饲养管理

（1）早开食。羔羊 1 周龄时,在羔羊栏内放置易消化的高营养开口料,任其自由采食。

(2)两周龄时开始饲喂全混合专用哺乳羔羊料,任其自由采食。

(3)15 日龄左右,深部肌肉注射亚硒酸钠维生素 E 注射液(严格控制剂量)。

(4)20 日龄后,早上、下午与母羊分栏饲养,以锻炼羔羊的采食能力。

(5)羔羊栏内要放置清洁饮水,任其自由饮用,冬天水温不能低于 10℃。

(6)定期驱赶到舍外运动、晒太阳。

(7)45~50 日龄,公羔体重达到 16 千克以上,母羔达到 15 千克以上时断奶(日龄和体重同时达标:45 日龄以上,体重母羔 15 千克、公羔 16 千克以上方可断奶)。

五、精料补充料调制与使用技术规范

本规范适合于各养殖场和农户对湖羊精料补充料的原料选择、调制、保存和饲喂。

肉羊精料补充料主要由蛋白质饲料、能量饲料和微量元素维生素预混料组成。

(一)原料选择

(1)饲料原料尽可能多样化,谷物原料不低于 3 种。

(2)按照饲料配方比例购进原料。

(3)要求各种原料适口性好,饲用价值高,无杂质。

(4)控制有毒饼粕类(菜粕、棉粕等)使用量。

(5)禁止使用发霉变质的饲料原料。

(6)禁止使用动物性饲料原料。

(7)充分利用当地饲料资源。

(二)调制

(1)及时剔除原料中的异物。

(2)准确称取各种原料。

(3)粉碎原粮和块状饲料,但不宜粉得太细。

(4)先将预混料与麸皮混匀,然后再与其他原料混合。

(5)确保各种原料混合均匀。

(三)保存

(1)饲料原料以贮存原粮为宜,配制时再进行粉碎。

（2）所有饲料和原料都要放在高燥处，地面铺设防潮设施。

（3）调制好的精料补充料夏季贮存时间以一周为宜，不超过 10 天，春、秋季节不超过 20 天，冬季不超过 1 个月。

（四）饲喂

（1）与粗饲料和青贮饲料等调制成全混合饲料后饲喂。

（2）单独饲喂前必须拌湿（以潮湿为宜）。

（3）根据羊只生理状况和营养标准确定饲喂量，分次饲喂。

六、全混合饲料调制与饲喂技术规范

本规范适合于各养殖场和农户湖羊全混合饲料的原料选择与贮存、饲料加工和投喂。

全混合饲料由粗饲料、青贮饲料和精料补充料（蛋白质、能量、预混料）混合而成。

（一）原料选择

（1）粗饲料 可选择干草类、农作物秸秆、秕壳类。

（2）青贮饲料 以全株玉米青贮料为佳。

（3）蛋白质饲料 可选择豆粕、菜粕、棉粕以及酒糟蛋白饲料等。

（4）能量饲料 可选择禾谷类籽实（玉米、高粱、小麦等）、糠麸类、块根、块茎饲料。

（5）预混料 主要由多种矿物元素和维生素组成，需要从正规厂家购进。

（6）要求各种原料适口性好，饲用价值高，新鲜，无霉变。

（7）严格按照配方提取原料，剔除所有变质原料及杂物。

（8）严禁使用有毒有害或来自疫区的饲料原料。

（二）原料贮存

（1）饲料库保持干净、卫生，可防雨水、防霉变、防鼠害。

（2）饲料库严禁拴系或养殖猫狗等其他动物。

（3）饲料库严禁存放非饲料原料。

（4）各种原料集中贮存，分类放置，码放整齐。

（5）各种原料不得与潮湿地面直接接触。

（三）加工

(1)按照先长后短、先硬后软、先粗后精的原则投入原料,即先投青干草,搅拌 20 分钟后投青贮,再搅拌 10 分钟后投精料,再搅拌 10 分钟以上。总搅拌时间不得低于 40 分钟,确保各种原料混合均匀。

(2)没有青贮饲料或青贮饲料用量较少时,可以加入一定量的水,再搅拌。

(3)加工好的饲料混合均匀,柔软、潮湿,以手捏不出水,手松自然散开为宜。

（四）投喂

(1)每次投料前必须清扫饲槽,确保饲槽干净、卫生。

(2)按照不同生理阶段羊群的饲料供给量准确、均匀地撒在槽内。

(3)及时匀料,防止槽内出现饲料断续或堆积现象,确保羊只均匀采食。

(4)当天加工的饲料当天喂完,不能留置到第二天。

七、青贮饲料调制与使用技术规范

本规范适合于各湖羊养殖场和农户青贮原料选择、调制、饲喂和品质鉴定。

（一）青贮窖

(1)应位于地势高燥、土质坚实,窖底离地下水位 0.5 米以上的地方。

(2)每只成年湖羊约需青贮饲料 2.0 米³/年。

(3)青贮窖的宽度以 2.0～3.0 米为宜,深度以 2.5～3.0 米为宜,长度按原料多少而定。

(4)窖壁要求光滑,最好为水泥结构。土窖青贮时要铺垫塑料薄膜。

(5)窖口上大下小,四角呈圆弧形,窖底为水泥结构并有一定坡度、留有渗水坑。

(6)窖的四周要高出地面,以利排水。

（二）青贮原料要求

(1)原料选择。蜡熟期全株玉米、收获后的玉米秸秆、各种禾本科或豆科牧草。

(2)收获期。禾本科牧草在抽穗期,玉米在蜡熟期,可单独青贮。豆科牧草应在盛花期收割并以 1∶2 比例掺入禾本科牧草或青玉米秆后青贮。

(3)含水量。青贮原料含水量以 65％～75％为宜。即用手紧握切碎的原料,指缝有汁液渗出,但不成滴为宜。含水量不足应加入适量清水,含水量过高,可将原料晾晒或加入适量干草粉。

(4)细度。将青贮原料粉碎成 1.5～3.0 厘米的短节或揉搓成短丝。

(三)青贮饲料的调制方法

(1)青贮时,要随收、随运、随铡(揉)、随装。

(2)原料应分层装填,逐层压实,特别注意将窖壁及四角压实。

(3)原料要高出窖口 0.3～0.5 米。

(4)原料填满后,在上面覆盖塑料薄膜,并压上 20～50 厘米厚的湿土,然后拍平封严。

(5)封窖后,须经常检查,发现有裂缝应及时填实补好。

(四)青贮饲料的使用方法

(1)青贮饲料制作 45 天以后,即可开窖使用。

(2)开窖后,从一端取用,逐步推进。每次取料后,要盖上塑料薄膜、草帘,防止风吹、雨淋。

(3)青贮窖一经打开,应连续使用。

(4)根据饲喂量来取料,当天取出的青贮料,当天要喂完。

(5)开始饲喂时,应由少到多,逐渐增加。

(6)幼羊、怀孕羊可少喂。禁止饲喂发霉、变质、冰冻青贮料。

(7)青贮料饲喂量,以占日粮干物质的 1/3 为宜。成年公、母羊每日喂1.5～2.0 千克。

(五)品质感官鉴定

(1)优等青贮料。绿色或黄绿色,有光泽,有酒酸香味。湿润,松散柔软,不粘手。茎、叶、花能分辨清楚。

(2)中等青贮料。黄褐或暗绿色,有刺鼻酸味,柔软,水分多,茎、叶、花能分清。

(3)劣等青贮料。黑色或褐色,有腐败与霉味,腐烂,黏度大,结块或过干,茎叶难以分辨。这种青贮料不能喂羊。

(六)青贮的技术要点

"铡碎、压实、密封"(六字方针)。

八、福利保健与管理规范

本规范规定了羊场建设和羊群生存的基本福利条件。

(一)羊场基本条件

(1)羊舍坐北向南,光照足,通风条件好,羊舍间距 8 米以上。

(2)配备有专用的饲料房、饲料加工设施、消毒设施和青贮饲料窖。

(3)配备有基本的疫病防控药品与设施。

(4)羊舍呈单列式或双列式,单列式宽度 6～7 米,双列式宽度 12～14 米。长度依地势而定。

(5)舍内每隔 25～30 米设一个隔断(可移动铁栅栏)。

(6)羊舍面积:种公羊 2.5～3.0 米²/只,空怀母羊 1.2～1.5 米²/只,妊娠和哺乳母羊 1.8～2.0 米²/只,羔羊 0.5～0.6 米²/只。

(7)舍外设有运动场,并有凉棚或遮阴树。

(8)运动场面积:种公羊 5～6.0 米²/只,空怀母羊 2.5～3.0 米²/只,妊娠和哺乳母羊 4.0～5.0 米²/只,羔羊 1.0～1.5 米²/只。

(二)环境卫生

(1)所有人员经过消毒通道消毒后方可进入生产区。

(2)羊场净道与污道分离。净道用于羊群周转、人员行走、场内运送饲料等;污道用于粪污、病死羊等废弃物外运。

(3)粪便及其他生物性污物必须置入发酵池发酵后,方可出场。

(4)所有死亡羊只尸体必须置入专用尸体坑深埋并无害化处理,不得以任何借口出售。

(5)所有废弃药品、疫苗和医用废弃物必须集中焚烧销毁或予以深埋处理。

(6)羊舍通风与采光条件良好,冬暖,夏凉,地面保持清洁、干燥,栏内铺设有漏缝地板。

(7)羊场周边栽植阔叶树种。

(三)采食与饮水

(1)每次投料前,必须清扫饲槽。

(2)每天清洗水槽,供给干净清洁饮水。

(3)羊群可自由采食全混合饲料,满足各生理阶段的营养需要。

(4)羊群可自由饮水,水质以人的安全饮水为准。羊群夏季不饮过夜水和暴晒水,冬天不饮冰冷水。

(四)保健

(1)定期修蹄,以保证羊只行动自如。

(2)经常刷试种公羊,以保持其被毛整洁。

(3)定期对羊群进行疫病检查,并按计划接种疫苗,严防疫病发生与流行。

(4)运输羊只的车辆必须先消毒,后运羊,并有换气条件,防止拥挤。

(5)经长途运输的羊只,卸车后休息1~2小时,先喂青干草,再饮水,首次饮水量不宜太大。饮水中最好加入电解多维和黄芪多糖,禁止饮用冰冷水。当天不宜喂精料,此后逐渐增加精料喂量。

(6)定期检查羊群粪便虫卵数,根据检查结果,选择用药,驱除体内寄生虫。

(7)分别在春秋两季药浴,驱除羊群体外寄生虫。

(8)入夏前、立秋后各剪毛一次。

(9)运动。有条件的羊场,每天分早、晚两次驱赶羊群到运动场运动,怀孕后期母羊的运动时间不低于2小时/日。

(五)其他注意事项

(1)严禁随便鞭打、恐吓羊只。

(2)严禁将羊只囚禁在黑暗潮湿的圈舍或狭小的牢笼内。

(3)严禁将羊驱赶在烈日下长期暴晒。

(4)抓捕羊只时,严禁揪扯皮肤,倒提四肢。

(5)严禁遗弃弱羔、病羊。对此,必须及时采取力所能及的救助措施。

(6)不得让六周龄前的羔羊断奶。

(7)不得让羊只饮用未经处理的泔水或采食非饲料性物质。

(8)严禁用粘污粪便或已霉变的饲料喂羊。

(9)不得将羊与其他动物(如家禽、猫、狗等)混圈饲养。

九、人工授精技术规范

本规范适用于羊采精和人工授精全过程。

(一)采精准备

1.场地选择

选择平坦不滑、干净卫生、周围无噪音的房舍内。一经选择,不随意变换。

2.器具准备

（1）假阴道安装　将假阴道内胎放入外壳（光面向里，粗面向外），两头反转套在外壳上。要求内胎松紧适中、匀称、平整、不起皱褶和扭转，两端用橡皮圈固定。

（2）清洗　所有使用过的器具先放入消毒液中浸泡 1 小时左右再进行常规清洗，最后用蒸馏水冲洗 2～3 遍，自然干燥。

（3）消毒　凡与精液接触的一切器材和用具均经过消毒并保持干燥，不宜高压消毒的器具（如假阴道）用紫外线灯管照射 30 分钟以上或用 75％酒精棉球擦拭消毒。

（4）假阴道注气　使用时，一端装上集精杯，并根据室内温度，在假阴道夹层内注入 50℃左右的热水 150～180 毫升，使内胎温度保持在 38～40℃，同时在内胎腔前 1/2 段涂以润滑剂或生理盐水，再吹入适量空气，使内胎一端中央呈"Y"字形或三角形，合拢而不向外鼓。

3.台羊准备

选择发情母羊作台羊。

（二）采精操作

（1）将台羊的颈部固定在采精架上，用 0.1％高锰酸钾溶液喷洒消毒母羊的外阴部和公羊的包皮周围，再用消毒纱布或毛巾擦干。

（2）采精员蹲在台羊右后侧，右手持已准备好的假阴道，使假阴道与地面约呈 35～40°夹角，气嘴向下。当公羊爬跨台羊而阴茎未触及台羊后驱时，用左手轻轻地将阴茎导入假阴道内，待公羊射精完毕、阴茎从假阴道中自行脱出后，立即将假阴道直立，筒口向上，打开气嘴放气，取下集精杯，送去镜检。此时注意不能让假阴道内水流入精液。

（三）精液检查

1.颜色

精液采得后立即观察颜色，正常精液一般为乳白色或浅黄色，其他颜色均被视为异常，具有异常颜色的精液不能用于输精。

2.采精量

用灭菌针管或输精器吸取测量。

3.气味

正常精液除具有精液特有的腥味外，无其他特殊气味，如有腐臭等异常气味，则不能用于输精。

4.精子密度

密度在中等以上的精液才能用于输精。

5.精子活力

用灭菌玻璃棒蘸取 1 滴精液,置于载玻片上,加盖玻片,在 200～400 倍显微镜下观察。稀释后的精液活力在 0.4 级以下时不能用于输精。

6.畸形精子比率

凡是精子形态不正常的均为畸形精子,畸形率不得超过 14%。

(四)精液稀释

1.稀释选择

可选用维生素 B_{12} 注射液、5% 葡萄糖或 0.9% 氯化钠注射液。

2.稀释倍数

根据精子活力和密度稀释精液,对密度中等、精子活力达到 0.7～0.8 的精液按 1∶2 稀释,活力在 0.8 以上的精液可按 1∶3 稀释。

3.稀释方法

按比例缓慢注入等温稀释液,轻轻摇动至混匀。

(五)精液低温(2～5℃)保存

1.稀释液选择低温保存可选育 A 液或脱脂羊奶

(1) A 液:取葡萄糖 3 克、柠檬酸钠 3 克,加双蒸水至 100 毫升,经过水浴消毒 30 分钟后,放入冰箱保存。用时取基础液 80 毫升,加蛋黄 20 毫升、青霉素 10 万单位、链霉素 100 毫克。

(2) 脱脂羊奶:将羊奶煮沸、去脂肪后,装入盐水瓶水浴消毒 30 分钟。然后置于冰箱保存。

2.稀释方法

同上。

3.保存

将装有稀释好精液的瓶子包上 8～12 层纱布(逐渐降温),放入冰箱 2～5℃ 冷藏室保存。保存时间以不超过两天为宜。

(六)输精

1.输精前的准备

(1) 检查精液　输精前必须对所用的精液进行镜检,显微镜保温箱的温度应升到 35℃。经镜检合格的精液方可用于输精。

（2）升温　低温保存的精液应在 35℃左右的温水中升温 1～2 分钟,立即输精。

（3）固定位置　将母羊置于保定架内,前低后高,身体纵轴与地面呈 45° 夹角。

（4）输精器械消毒　用过的输精器械先用酒精棉球从前向后擦洗,再用生理盐水喷洗一次。

2.输精时间确定

青壮年母羊第一次输精时间为发情后 12 小时,间隔 12 小时,进行第二次输精液。老龄羊、瘦弱羊及处女羊第一次输精时间可适当提前。

3.输精方法

输精员手持消毒好的开膣器,采用沿阴道背部先上、后平、再下的方法,插入母羊阴道内,在其前方的上、下、左、右寻找子宫颈口,向子宫颈插入输精器 1～3 厘米,放松开膣器,推送精液,然后抽出开膣器及输精器。

4.输精量

每次输入稀释精液 0.1～0.2 毫升。

5.输精时应注意事项

（1）防止精液污染。

（2）输精动作要轻而快,防止损伤羊阴道和子宫。

（3）处女羊和有生殖道疾病的母羊不宜采用人工授精技术。

第八章　湖羊疾病防治技术

一、湖羊常见病诊疗技术与羊场防疫卫生体系

（一）疾病的发病原因及常规检查

1.湖羊常见的发病原因

（1）湖羊本身原因　机体的抗病力与免疫功能紧密相关，免疫功能的强弱在很大程度上受制于遗传因素。遗传因素不仅在中间有差异，在个体水平上也不同。经过畜牧兽医工作者的长期定向选择，培育出了温顺、安静、秀美、胆小、耐高温、耐潮湿、产羔多、抗病力强、易管理、骨骼纤细、上膘快、净肉率高、羔皮品质好的优秀湖羊品种。尽管湖羊的生产性能优异，抗病力很好，但由于舍饲养殖的原因，其抗病力也受到一定的影响。

年龄因素对机体的抗病力的影响同样不可忽视，容易发病的群体主要集中在新生羔羊和老龄羊群体。这两个群体中，老龄群体由于免疫系统随着年龄的退化，其对疾病的抵抗力也越来越差，因而年龄大的个体，通常抗病力都比较差。新生羔羊由于其免疫功能尚不健全，对疾病的抵抗力也不强，容易被感染而发病。但随着机体发育成熟和免疫功能的完善，其抗病力也会越来越强。

健康状态也是影响湖羊发病的因素之一，处于健康状态的湖羊，其免疫系统较为完善，通常对疾病因素有较好的抵抗力，一般不会发病。但若是机体健康状态较差，通常不会引发正常个体发病的致病因素也会导致这些非健康状态的湖羊发病。影响湖羊机体健康的因素较为复杂，如机体本身的因素、营养因素、环境因素等，具体需要对特定的养殖环境进行分析后才可以决定影响湖羊健康的因素。另外，怀孕状态的母羊，通常机体的抵抗力较差，需要特别加以关注。

（2）气候因素　气候是影响湖羊发病的主要和常见因素之一。气候因素通常包括季节变化、气温变化、降水等。引起湖羊发病的季节主要是春季、秋冬季节。

春季是冬季与夏季的过渡季节，其气候主要有以下几个特点：

①气温变化幅度大，是气温乍暖还寒和冷暖骤变的时期。②空气干燥多大风。③北方多沙尘天气。沙尘天气发生的结果就是大气中各种悬浮颗粒急剧增多，特别是对机体有害的可吸入颗粒物浓度也急剧升高，从而导致空气质量下

降。这种气候变化特征,会使湖羊产生强烈的应激反应,导致湖羊对疾病抵抗力下降,诱发多种疾病的发生,因此是羊病多发和死羊高发季节。春季北方散养湖羊开始放牧 1～2 星期后,常发生青草搐弱症,导致"春乏"死亡的现象。其主要原因是幼嫩的青草中含有的微量元素镁极少,含钾、氮又相对较多,从而制约了镁的正常吸收,使湖羊体内含镁减少,致使湖羊发生缺镁血症。湖羊出现神经性震颤,表现异常过敏,惊恐不安,行走不稳,严重时食欲减少,全身抽搐,极易爬卧,四肢常不自觉地划动,呈游泳状。由于镁的不足,发病时可受性别影响,一般公羊症状较轻,母羊较重。奶羔羊泌乳期症状较重,产奶量大减,经济损失大。此外,早春的霜露草含水分大,特别是早晚时,湖羊大量吃下容易发酵胀肚,且发病急,如不能得到及时治疗,死亡快,经济损失大。

夏季是一年中天气变化最剧烈、最复杂的时期,我国大部分地区的降雨主要集中在这段时间里。特别是 7 月下旬和 8 月上旬,常常是大雨和暴雨的集中期。另外,各种灾害性天气,例如雷电、冰雹、雷雨大风、洪涝、干旱、台风等也都多发生于此时。夏季天气炎热,在高温的环境中湖羊的很多功能都会发生变化,特别是体温调节、水盐代谢、消化、循环、神经、内分泌系统,这些变化一旦不能很好适应环境,机体就会有各种不舒适感,中暑就是夏季里最多见的一种情况。另外夏季高温高湿又是细菌繁殖活跃期,是各种传染病,特别是消化道传染疾病的多发期。

秋季气温适宜,水草茂盛,是湖羊抓膘育肥的关键时期,同时,也是羊场防疫任务最重的季节。秋季羊场常见的疾病主要有:梭菌性疾病(如羊快疫)、传染性脓疱、寄生虫病等。

冬季天气寒冷,昼夜温差大,牧草枯黄,营养价值较低。这一时期是北方养羊最困难的时期,尤其是大多数母羊已妊娠,很容易引起一些羊病的发生和传播,对羊的生长发育产生较大影响。羊群常因环境质量和营养水平下降而感染疫病。冬季湖羊常见的疾病主要有:梭菌类疾病(如羊快疫、羊猝狙、羊黑疫、羊肠毒血症)、传染性胸膜肺炎、乳房炎、寄生虫病等。

(3)环境卫生状况 现代养殖业正走向工厂化、集约化。超高密度的饲养环境,高强度的生物刺激,以及大量无时不在的有害成分的摄入,使湖羊一生几乎生活在强应激环境之中。其正常免疫应答反应受到不同程度的抑制,饲料转化率偏低,生产性能受挫,对药物依赖性增加,对各种病原入侵更为敏感。这些情况导致整个湖羊群体易发生疾病,并且疗效很差。保证湖羊健康的生活环境,应尽量符合以下条件:①湖羊生活环境应保持清洁卫生,保持通风良好,羊舍应保持冬暖夏凉,防止昼夜温差过大。②羊舍有良好的排水,排污设施,不积水、不潮湿。③湖羊排泄物分泌物及病死羊应做无害化处理。④羊舍的生活环境和周围环境要经常清洁、消毒,进出栏舍物品必须消毒。⑤湖羊生活的内外环境要预防各种刺激,有条件的尽量创造其适宜的生活环境。在饲养管理方面,应注意饲养密度适宜,不宜过大;提供适宜环境的生活运动场所;不得把湖羊关闭在窄小的空间,影响其生理心理健康;按湖羊生活、生长规律饲养,不得过营养化给料,按生长、生产阶段供给饲料和饲草;供给的饮水保证清洁卫生,饲料不霉变,不腐烂变质,不含有毒素或病原微生物。青饲料做好清洁卫生、消毒,可用青贮、发酵等方法灭菌灭虫。

2. 常规检查

(1)日常观察 观察内容包括采食和放牧、反刍、粪便、皮毛以及神态。采食中,健康羊采食争先恐后、食欲旺盛,到处抢食,采食速度很快。放牧过程中,健康羊挑吃鲜嫩牧草,吃草很快。病羊食欲差,舍饲喂料时常不参加采食,并靠羊栏、墙边站立或卧倒,放牧时低头不吃或很少采食,跟在羊群后面,严重时连续停止采食。健康羊在采食半小时到一个小时后,经过休息便可进行反刍,反刍与咀嚼有力。健康羊的每个食团通常反刍 50 多次,每次反刍持续半小时到一小时,每天反刍 4～6 次。羊健康状态不佳时,反刍次数明显减少,且反刍咀嚼无力。恢复健康的过程中,羊的反刍次数呈递增变化。健康羊排便顺畅,粪便呈椭圆形粒状,成堆或呈链条状,颜色黑亮,采食青草的健康羊粪便为墨绿色。病羊排出的粪便颜色异常,呈褐色或浅褐色,有异臭,重者带有黏液,或者粪便稀臭,多糊在肛门及尾根两侧。健康羊被毛整洁光滑,被毛发亮,毛底层皮肤或前肢腋下或后肢腹股沟无毛部位皮肤通常呈现粉红色,病羊被毛凌乱松散发涩,皮肤干燥,弹性降低或消失,无毛部位颜色苍白或潮红。健康羊精神饱满,膘满肉肥,体格强壮,眼睛明亮有神,听觉灵敏,行走时行动敏捷,休息时保持半侧卧,对周围环境敏感。病羊通常身体消瘦,精神委顿,喜静喜躺卧,不愿抬头,听力与视力减弱,或流鼻涕、眼泪,行走迟缓。湖羊的正常体温在 37.5～39℃,体温过高过低都是健康状态不佳的体现。

(2)健康检查 检查部位主要包括眼鼻、口腔、体温、脉搏、肺脏等。健康羊的鼻腔黏膜淡红色,鼻孔内无污物堵塞;眼睛明亮有神,眼毛干净,眼结膜呈鲜艳的淡红色。病羊鼻孔黏膜潮红或苍白、发黄或发干,鼻孔有污物、发臭,眼睛无神,眼毛沾有污物,流泪,有眼屎。正常羊口舌湿润平滑,舌面红润,口腔干净无异味。病羊口舌干燥粗糙,口内有异味,舌苔呈黄、黑色、赤、白色或有溃烂、脓肿现象。湖羊的正常体温在 37.5～39℃,体温过高过低都是健康状态不佳的体现,肛门测量超过其正常体温 0.5℃ 以上是发病的征兆。正常羊每分钟呼吸 12～20 次,羊脉搏均匀,每分钟 70～80 次,呼吸次数增多或减少,呼吸过程中听到呼噜、呼噜节奏不齐的拉风箱似的肺泡音,脉搏跳动无力或次数异常均应引起注意。

（二）疾病的一般诊断方法

1.羊病的一般诊断方法

（1）临床检查基本方法　主要包括问诊、视诊、触诊、叩诊、听诊和嗅诊。

①问诊　通过与畜主或饲养员交谈的方式,了解湖羊发病情况。主要询问内容包括发病时间和经过,病羊以前是否有类似症状发生,主要表现哪些症状、发病头数、病前和病后的异常表现,发病后曾采取过哪些治疗措施以及使用过哪些药物、治疗效果如何,整个羊场的免疫情况,饲养管理以及羊的年龄、性别等。据此掌握的信息可为准确诊断疾病提供参考。

②视诊　是指用视觉或借助简单器械来观察湖羊全身或局部情况的检查方法,视诊方法简单但有时可对某些疾病的诊断提供重要线索。视诊时被检查部位应充分暴露、在自然光线下进行。视诊开始时,一般先不要太靠近病羊,也不要保定羊,最好让病羊保持自然状态。先从离病羊几步远的地方,前后左右边走边看,尤其注意眼睛、口鼻、尾、肛门和会阴,对照观察身体两侧胸和腹部是否异常。如果怀疑病羊四肢有问题,可让病羊走动。完成上述观察后,可接近病羊,仔细观察羊的体质与外貌,精神状态、站卧姿态、呼吸与采食、咀嚼吞咽、反刍、排便等是否正常。观察可视黏膜的颜色等状态,分泌物、排泄物的量和颜色等是否正常。

③触诊　指通过手指、手掌等接触病羊,对病羊接触部位进行检查的方法。触诊包括体表触诊、深部组织触诊和人工诱咳三种途径。体表触诊指用手对要检查的器官进行触压或感觉,以判断其病理变化,获得症状资料,主要用于检查羊的皮肤温度和湿度、皮肤弹性、肿胀、疝、局部肿胀物、肌肉紧张性,手背主要用于检查体表体温。

④叩诊　是指对动物体表的某一部位进行叩击,根据所产生的音响性质,以推断被检查的器官、组织有无病理变化。叩诊后发出的音响是叩诊检查的基础和根据,动物体的器官,组织具有不同程度的弹性,当叩击时就产生不同性质的音响。应用叩诊和听诊方法相结合,对家畜某些器官,特别是呼吸器官疾病的诊断具有重要意义。

⑤深部触诊　用以检查内脏器官,如湖羊的胃肠、膀胱等,以确定其内脏器官的位置、大小、形状硬度、灵活性及感觉等。方法基本与体表触诊相同。如尿结石症病可以在下腹部摸到膀胱增大。

⑥听诊　通过听诊器主要听取内脏(如心、肺、胃肠等)活动的声音,以及呼吸系统如喉、气管和肺部声音的异常变化。听诊者首先应掌握湖羊正常时各脏

器的声音,在此基础上方能辨别异常声音,并据此做出判断。听诊主要包括心脏听诊和肺脏听诊,心脏听诊是检查心脏健康的途径之一,心脏跳动的声音,正常时可听到"嘣～咚"2个交替发出的声音。"嘣"音为心脏收缩时所产生的声音,叫作第1心音;"咚"音为心脏舒张时所产生的声音,叫作第2心音。第1、第2心音均增强,见于热性病的初期,第1、第2心音均减弱,见于心脏机能障碍的后期或患有渗出性胸膜炎、心包炎。第1心音增强时,常伴有明显的心搏动增强和第2心音微弱,主要见于心脏衰弱的后期,排血量减少,动脉压下降时;第2心音增强时,见于肺气肿、肺水肿、肾炎等病理过程。肺脏听诊检查过程中,肺泡呼吸音过强,多为支气管炎、黏膜肿胀等;过弱时,多为肺泡肿胀、肺泡气肿、渗出性胸膜炎等。支气管呼吸音是空气通过喉头狭窄部所发出的声音,类似"赫"的声音,如果在肺部听到这种声音,多为肺部病变期,见于羊的传染性胸膜肺炎等病。锣音是支气管发炎时管内积有的分泌物被呼吸的气流冲动而发出的声音,干啰音有笛声、口哨声等,多见于慢性支气管炎、慢性肺气肿、肺结核等。湿啰音类似含漱音、沸腾音或水泡破裂音,多发生于肺水肿、肺充血、肺出血、慢性肺炎等。

⑦嗅诊　指通过嗅觉检查湖羊的分泌物、排泄物以及其呼出的气体和口腔气味是否正常,从而为疾病判定提供依据。如粪便腥臭或恶臭时,提示其可能患胃肠炎;如果呼出的气体及鼻液带有特殊臭味,提示其呼吸系统的呼吸道和肺脏可能有肺坏疽病变;如阴道出现分泌物化脓、腐败臭味,提示其生殖系统如子宫有病变。

(2)羊只的保定　在给羊体检灌药时,需进行适当保定。湖羊体格小,性情温驯,比较容易保定。常用徒手保定,骑跨在羊身上,用两腿夹住羊的前胸部,一手抓住羊耳,另一手托住下颌。但对于成年公羊,应防止撞击伤人。特殊情况下,还需要借助保定架进行。

2.病料的采集、保存与送检

疾病防治中,很多传染病临床症状不明显、不典型,单凭临床经验难以做到确诊和用药,因而往往贻误了病情。因此,需要通过从病畜或尸体采取病料,做进一步的实验室诊断。只有查清病原才能更好地、有针对性地采取相应的防治措施,以达到预防和治疗的效果。

(1)病料的采取　采取病料前首先应做好器械准备,采集病料用的手术刀、剪子、镊子等用金属器械煮沸消毒半小时,用时进行火焰消毒。玻璃器皿则需要高压灭菌或者干烤灭菌。橡胶制品一般可以用0.5%的石炭酸水溶液或者1%的碳酸钠溶液煮沸15分钟消毒。采取一种病料,使用一套器械与容器,不可用其再采其他病料或容纳其他脏器材料。采过病料的用具应先消毒后清洗。采集前,应根据病羊的症状,采取相应的脏器、分泌物和排泄物。采集病料应在病羊临死前或者死后 6 小时内进行,采集过程中应尽可能做到无菌操作,病料采集顺序是先从污染较小的实质性脏器(如心、干、肺、肾等)后到污染严重的器官(如胃、肠及其内容物等)。病理解剖可在病料采集后进行,但应牢记,怀疑炭疽病时严禁解剖,可先采集耳尖血涂片,染色后在显微镜下检查,排除该病后方可进行解剖检查。

　　一般败血性传染病,可采取心、肝、脾、肺、肾、淋巴结和胃肠等组织脏器;肠毒血症则采取回肠、结肠前段及其内容物;羊布鲁氏菌病病料通常采取羊胎儿胃内容物、羊水、胎盘和胎膜的坏死部分;如难以估计传染病的种类,通常要全面采取病料。采集肠道内容物或粪便时,应选择特征明显的部分将带有粪便的肠管两端结扎,从两端剪断,采集的粪便应力求新鲜,或用拭子插到直肠黏膜表面采集粪便;口蹄疫水泡液,则应无菌采集并装小瓶中密封;羊常用颈静脉采血,动物采血时,先将采血部位的毛清洗干净,用 75% 的酒精消毒后采血。采血一般用一次性采血器或注射器,若用注射器,血液采出后沿试管壁转入试管内,采完后将装有血液的一次性采血器或试管倾斜 45° 或竖立存放在试管架内。如用全血样品,样品中加抗凝剂,并充分摇匀或将采到的血液注入专用抗凝管(紫色试管帽采血管,采血管中含 EDTA－K2 抗凝剂)内;如用血清样品,则血液不加抗凝剂,在室温下静置,待血清析出,经离心机离心分离出血清,若要长时间保存,则将血清置冰箱冷冻层保存;怀疑湖羊中毒,可采取肝、胃等组织、血液、胃肠内容物以及导致中毒的可疑物(如饲料)等,将其装入密封的容器内。采集各种样品时一定要填好采样表,做好记录,在样品包装上做好标记,并且要保证记录与标记对应。

　　(2)送检样品应作的记录　送检样品记录至少要有一份备案,一份随样品送往化验室。内容至少包括:①动物饲养场的场名、地址、场主姓名、联系方式,送检人的姓名及联络方式;②送检样品的名称及数量;③要求做何种试验;④送检日期;⑤免疫情况;⑥目前饲养的数量情况及首发病例和继发病例的日期,出现的临床症状、发病数、死亡数、治疗史等(如有病史)。

　　(3)送样　采集的样品最好能在 24 小时内由专人送达实验室(夏天需 2～8℃左右冷藏),如在不影响检测的情况下,又不能在 24 小时内送检,可把样品冷冻,并以此状态送检。送检过程中要防止倾倒、破碎,避免样品泄露,要注意有的样品不能剧烈震荡,要注意缓冲放置,所有样品都要贴上能标示采样动物的详细标签。

　　(4)病料保存方法　依据病料用途和病原特性选择保存方法。一般需冷藏保存作病原检查的材料,应将病料分别装在小口瓶或青霉素瓶内加 50% 甘油生理盐水。如做病毒分离还应加一定量的青霉素、链霉素。如做细菌检验则不能加青霉素和链霉素,而且病料保存时间不宜过长,应尽快密封送检。做病理组织切片的病料,应选择好被检脏器的3.3厘米的组织块放在10%的福尔马林溶液或95%酒精中,保存液的量应为病料的8~10倍。供细菌或病毒学检查的血液应加抗凝剂,以防凝固,但不可加防腐剂。常用的抗凝剂为5%枸橼酸钠溶液,按1毫升抗凝剂加10毫升血液摇匀即可。

3.病料的传染病检验

湖羊传染病病原主要包括细菌、病毒和寄生虫,因此病料的实验室检测也是围绕这几项内容开展工作,即细菌学检测、病毒学检测和寄生虫检测。

(1)细菌学检测

①细菌涂片　采取病变显著部位的组织,以病料涂片,自然干燥后,经火焰固定,可选用单染色法、革兰氏染色法、抗酸性染色法或特殊染色法染色镜检,以观察细菌的形态特征。通常该方法对于具有特殊形态特征和染色特征的细菌,如炭疽杆菌、巴氏杆菌,通过镜检即可作出准确判定。但对大多数病原而言,只可以提供进一步检查的依据和参考。

②细菌分离和鉴定　从被检病料中分离病原菌,要采用相应的适宜于该菌生长的培养基,进行需氧培养或厌氧培养,分得纯培养菌后,利用特殊培养基进行形态、培养特征、生化特性、致病力和抗原性鉴定。

③动物接种试验　选取对病原易感的动物,通常选本体动物,用从病料中分离出的病原菌接种,接种途径包括皮下、肌肉、腹腔、静脉或脑内等,进行人工感染试验。根据动物是否发病、病症特点和病理变化,以及人工感染动物病原菌分离结果,结合临床观察症状即可确定致病病原。一类传染病只能在p-3动物房做病原接种试验,其他地方禁止病原接种试验。

④免疫学诊断　这种诊断方法依据的原理是抗原抗体反应,通过已知抗体检测病料中是否存在相应的病原菌。适合检测细菌抗原的免疫学方法主要包括凝集反应、中和反应、变态反应、荧光抗体技术、酶标记技术、葡萄球菌A蛋白协同凝集试验、载体凝集试验,这些方法具有灵敏、快速、简易、准确的特点,用于传染病的诊断,大大地提高了诊断水平,应用十分广泛。

(2)病毒学检测　对病料中的病毒进行检测,主要包括病料中病毒的直接检测、病毒的分离与培养、动物接种试验等内容。直接检测病料中是否含有病毒的技术主要包括荧光抗体检测、免疫组织化学染色诊断、酶联免疫吸附试验、分子生物学(PCR)技术等。通过这些方法,基本可以对病原做出准确判定。由于病毒无法在任何无生命的培养基中生长和繁殖,所以病毒的分离与培养工作必须借助于细胞培养系统进行。首先应对采取的病料进行预处理,在无菌条件下取出病料组织,剪碎研磨组织,制成悬液,离心后取上清,加入双抗(一般青霉素2

000 国际单位/毫升,链霉素 2 毫克/毫升)作用一段时间后,再取适量液体加入预先制备好的细胞培养系统中,进行一段时间培养后,可取上清液进行血清学鉴定、电子显微镜鉴定等。也可以用培养的含病毒的液体,接种敏感试验动物,通过比对人工感染动物与临床动物的发病时间、症状、发病率、死亡率、病理解剖特征,对疫病做出准确诊断。

4.寄生虫病检验

湖羊寄生虫病的诊断主要依赖于流行病资料和病原体的存在进行分析进行确诊,而寄生虫的病原学诊断,主要利用直接和间接的检查方法,是寄生虫诊断的最常用最可靠的途径。粪便学检查和虫体检查是寄生虫检测的两大内容。

(1)粪便学检查 粪便检查是诊断寄生虫病常用的方法。要取得准确的结果,粪便必须新鲜,送检时间一般不宜超过 24 小时。寄生于消化道和与消化道相通的肝脏、胰脏、肺脏,以及肠系膜静脉的寄生虫(蠕虫、线虫和血吸虫等)均可通过粪便检出,粪便检查可发现寄生虫的虫卵、幼虫、成虫及其碎片。粪便检查常用的方法有:

①直接涂片法 在载玻片上滴 1～2 滴清水,取粪便少许,用火柴棒涂抹均匀,除去粪渣后盖上盖玻片,光学显微镜下即可检查。应注意虫卵与粪便中异物的鉴别。虫卵都具有一定形状和大小;卵壳表面光滑整齐,具固有色泽;卵内含卵细胞或幼虫。

②漂浮法 应用虫卵在高浓度盐水中比重小而浮在液面的原理来获取粪便中的虫卵,并对其进行镜检诊断。这种方法多用于检查一些比重较小的线虫虫卵。

③水洗沉淀法 主要程序是取羊粪与水混匀,经一定孔目金属筛网过滤后,取滤过液弃上清,再加水混匀,再过滤。如此反复几次直到上清液透明为止。然后倾去上清,取沉淀物置于载玻片上,显微镜下镜检观察。此法主要用于吸虫病和棘头虫病病原的检测诊断,也用于其他寄生虫病原检测诊断。

(2)体外寄生虫检查方法

①观察法 用肉眼观察或借助于放大镜对动物体表进行仔细观察,体外寄生虫感染严重时,可引起动物脱毛、毛糙甚至由于瘙痒引起溃疡、结痂,检查时尤其注意动物易感染部位,如耳根、颈后、眼周、背部、臀部及腹股沟等。用梳子梳理动物毛发,可发现虱、蚤等节肢类寄生虫。

②透明胶带粘取法 将透明胶带剪成与载玻片近等长的胶条,粘取动物毛发查螨。

③被毛检查法 取宿主易感染部位被毛少许,加一滴生理盐水后加盖玻片,镜下观察有无虫体。

④皮屑刮取法　用刀片刮取宿主感染部位,尤其是出现溃疡或结痂处,用力刮取深层屑片,置于载玻片上,加两滴 10% NaOH 溶液使之液化(或两滴甘油使之透明),加盖玻片镜检。此法适用于疥螨和痒螨的检查。

(3)血液寄生虫检查　凡寄生于血液和血细胞内的寄生虫均可在血液中查到,这些原虫和丝虫寄生于湖羊的血液中和红细胞内,需通过血液检查或骨髓检查来进行确诊,常用的方法为血液涂片法。湖羊血液寄生虫调查中也采用抗原抗体的血清学反应方法,由此获得的结果对湖羊寄生虫诊断也有一定参考价值。

二、湖羊临床常用治疗技术

湖羊疾病包括传染性疾病(细菌病、病毒病等)、寄生虫病(内寄生虫病、外寄生虫病和原虫病等)、普通病(消化、呼吸、营养代谢病、中毒病、外科产科疾病等)。影响湖羊发病的因素有外部致病因素和内部致病因素。外部致病因素主要包括生物因素(如病原体感染等)、物理因素(声光热及机械损伤等)、化学因素(农药、化学试剂等)、营养因素(营养不足或过剩等)、管理因素等。内部因素则主要与羊的品种、年龄、营养状况、性别、免疫状况、个体差异有关。鉴于湖羊疾病种类及发病因素的复杂性,临床治疗湖羊疾病通常采取方法各异的技术程序。对传染性疾病,在传染病流行期应区域性关闭封锁,严禁羊只出入,区域内应及时隔离观察,淘汰处理病羊、死羊、断掉传染源头和传播链条,同时进行场舍消毒、饮水消毒。必要时可紧急预防注射疫苗;对寄生虫病,应切断因水草环境引来的污染源;消灭中间宿主,如河湖沼泽灭螺、蚊虻;定期清除羊粪,无害化处理堆积发酵羊粪。定期驱虫,春末或秋末冬初各驱虫一次,感染严重的地方应按季驱虫,外寄生虫随时发现随时驱除,不受季节限制;湖羊普通病按照一般治疗办法进行处理治疗。

总体而言,无论发生何种疾病,药物治疗一般都必不可少,湖羊疾病治疗常用给药技术主要包括如下给药途径:口服法、注射法、瘤胃穿刺术等。

(一)口服法

口服给药法是一种最常用的给药方法。它既方便又经济且较安全,药物经口服后,通过胃肠黏膜吸收进入血液循环,起到局部或全身的治疗作用。口服给药法的不足是,药物吸收慢而不规则,有些药物到达全身循环前要经过肝脏,使药效受到破坏,有的药物在肠内不吸收或具有刺激性不能口服,呕吐的羊不能经此途径给药。

1.混饲、饮水给药法

混饲给药是将药物均匀混入饲料中,让湖羊吃料时能同时摄入药物。此法

简单易行,适于长期给药。尤其对于不溶于水或适口性差的药物,采用混饲方法投药更为恰当。应用混饲给药时,应注意几个问题:

(1)饲料与药物应当混合均匀,尤其是毒副作用较强的药物(如磺胺类及某些抗寄生虫药物等)及用量较少的药物,必须充分均匀混合。具体做法是在确定混饲的药物用量后,先将药物与少量饲料混合均匀,然后再与大量饲料混合,继续充分搅拌均匀,至所需饲料拌匀后才用以饲喂。对于大批量饲料混药,同样要采用多次逐步混合原则才能达到混合均匀的要求。常见的错误的方法是:①将药物直接加入颗粒料中,造成药物沉积于料桶内而难以摄入,或者药物与饲料没有充分拌匀,药片没有充分研细,使得局部饲料含药量增高,容易造成湖羊中毒;②药物与饲料混合时,应注意饲料中添加剂与药物的关系,注意两者间的配伍禁忌,如长期应用磺胺类药物则应补给维生素 B_1 和维生素 K。

(2)饮水给药是指将药物溶于水中,通过羊饮水将药物摄入体内,采用饮水给药的药物本身应当具备易溶于水的特点,如葡萄糖、高锰酸钾、四环素类、卡那霉素、泰乐菌素、磺胺二甲基嘧啶、亚硒酸钠等。对吃草困难但仍能饮水的湖羊采用这种给药方式尤为适用,应用混水给药时应该注意:①对微溶于水且又易引发中毒的药物(如痢特灵片剂),不仅要充分研细,而且要进行适当处理,如将痢特灵先溶于少量水中加热,然后再溶水到所需的浓度;②水溶液稳定性差的药物,如青霉素、金霉素、土霉素、高力霉素等,坚持现用现配;③准确掌握药物浓度。用药混水时,首先计算出羊群所需的药量,并严格按比例配制符合浓度的药液。④根据每日饮水量记录确定每只湖羊的饮水量再计算药液量,具体根据生产场的情况(饲养、管理、饲料、气温等)进行测算。如冬天饮水量少,配给药液不宜过多;夏天饮水量高,配给药液必须充足。需要特别强调的是,给药前应停止湖羊饮水半天,以确保每只湖羊摄入规定的药物。

2.药板给药

本方法专用于服舔剂。服舔剂实用面糊与药物按照一定比例混合后,涂在表面光滑无棱角的舌形药竹制或木制板上。药板长 30 厘米、宽 3 厘米、厚 3 毫米。使用时,给药者站在湖羊右侧,左手的食、中二指自羊口角伸入,压住舌面,同时用大拇指抵住湖羊口腔上颌或将舌头拉出,使其口张开。右手持药板,用药板前端抹取药物后,从湖羊右口角送入口内达舌根部,翻转药板,把药物涂抹在湖羊舌根部,待湖羊下咽后,在进行第二次送药,直至药物用完。

3.长颈瓶投药法

本法适用于稀释药液。将药物灌入细口长颈玻璃瓶或塑料瓶,酒瓶亦可。抬高湖羊头部,使口角与眼呈同一水平,左手食中二指深入口中,轻压湖羊舌面,待羊口张开,右手持药瓶将瓶口插入羊口腔,使瓶抵达舌面中部,左手抽出,抬高瓶底部将药物灌入。

4.胃管给药法

胃管投药可经鼻腔插入或者口腔插入。

(1)鼻腔插入法 取一端带漏斗的小号胃管,温水浸泡后,在投入羊胃的一端涂抹植物油使之保持润滑。经鼻腔插入时,一手握住湖羊的鼻中隔或一侧鼻翼软骨,另一手持胃管沿对侧下鼻道缓慢插入。当胃管前端抵达咽部时可感觉有抵抗,轻轻来回移动胃管,待发生吞咽动作时趁势插入。若动物不吞咽,可由助手捏住咽部诱发吞咽动作。胃管通过咽部后,立即检查胃管是在食道还是在气管。方法是用橡皮吸球向胃管吹气,若吹得动,且在左侧颈沟部看到波动,压扁的橡皮球插入胃管不鼓起来,则位置正确。若吹得动,但在颈部看不到波动,压扁的橡皮球插入胃管后立即鼓起来,则可能误入气管。此外,胃管在食道内,可在颈部看到胃管向下移动,将胃管外端浸入水盆内无规律性气泡出现;胃管若误入气管,会有明显的呼出气流,水盆内出现有规律性的气泡。胃管若插入湖羊气管,病羊多出现咳嗽,表现不安,继续深送感觉毫无阻力。从胃管排出的气体与呼吸节律保持一致。此时应将胃管抽出再重新插入。待确认胃管插入胃部无误后(胃管会排出酸臭气味,且胃管放低后会流出胃内容物),再向漏斗灌入药物。

胃管投药应注意:给用药羊选择大小合适的胃管;胃管插到咽部时,应轻轻抽动,刺激动物吞咽,随湖羊吞咽动作推动胃管进入食管;胃管插入、抽出时应缓慢;严防药液误入气管;有明显咽炎、咽喉炎和咳嗽严重的湖羊不宜胃管投药。

(2)口腔插入法 胃管从口插入时,应该先给湖羊戴上木制开口器,固定好动物头部,将涂有润滑油的胃管自开口器的孔内送入,当胃管尖端到达咽部,会感到明显阻力,可轻微抽动胃管,促使湖羊做吞咽动作,然后随其吞咽动作顺势将胃管插入食道。确认胃管进入胃部后,即可接上漏斗灌药。药物灌完后,再灌入少量清水。然后往胃管吹气,使残留液体完全入胃。最后缓慢抽出胃管。

本方法适宜于灌服大量水剂及有刺激性药物。

(二)注射法

注射给药在疾病治疗中最为常见。其优点在于,药物可以迅速被吸收并发挥药效,用药量准确且节省药物,但注射给药要求相当严格。要求有特殊的给药器械(注射器等),并严格消毒,而且还有不同的注射方法。注射途径包括皮内、皮下、肌肉、静脉、腹腔、胸腔等,湖羊疾病治疗常用的有皮内、皮下、肌肉和静脉注射、气管注射、瘤胃穿刺。选择何种注射途径,主要取决于病情、用药剂量、药物性质等因素。

　　注射前应首先检查注射器有无破损,针管针芯是否合适。注射部位应先行剪毛并消毒,严格按照无菌程序操作。抽取药物前应检查药物有效期、注意药液是否浑浊、有无沉淀,同时注射两种以上药物时应注意配伍禁忌。抽完药物注射前应注意排出管内气泡。

　　1.皮内注射

　　此法用于观察皮肤血管的通透性变化或观察皮内反应。将动物注射部位的毛剪去,酒精消毒。用皮内注射专用注射器或卡介苗注射器带 4 号细针头沿皮肤表浅层插入,随之慢慢注入一定量的药液。当溶液注入皮内时,可见到皮肤表面马上会鼓起黄豆大小样小泡,此小泡如不很快消失,则证明药液确实注射在皮内;如很快消失,就可能注在皮下,应重换部位注射。如羊痘疫苗就要采取皮内注射。

　　2.皮下注射

　　经此途径将药物送入皮肤和肌肉之间,药物经毛细血管、淋巴管吸收进入血液。湖羊皮下注射后经 5~10 分钟,药物即可发挥作用。湖羊皮下注射部位多选择股内侧或者颈侧皮肤松软处。将皮肤拉起,注射针程 45 度角刺入皮下,把针尖轻轻向左右摆动,容易摆动则表明已刺入皮下,然后注射药物。拔针时,以手指捏住针刺部位,可防止药液外漏。如小反刍兽疫疫苗一定要选择皮下注射。

　　3.肌内注射

　　肌内组织与皮下组织相比有血流丰富,感觉神经末梢较少的特点,故吸收快、疼痛轻,适用于注射油剂,混悬剂和稍具刺激性的药物。湖羊肌肉注射部位多选择颈部,在颈部肌肉丰满处注射时,以左手拇指和食指呈八字形压住注射部位皮肤,右手持注射器向肌肉组织呈 45 度进针,为防止药物进入血管,注药液之前要回抽针栓,如无回血则可注药,注射完毕后用手轻轻按摩注射部位,帮助药液吸收。如口蹄疫疫苗、羊三联四防苗都可以采取肌内注射。

　　4.静脉注射

　　药物直接注入血管,无吸收过程。可立即显效,作用迅速,剂量可调,可注射大容积、刺激性药物,但对制剂规格要求高,不方便,不安全。湖羊静脉注射常用于水合氯醛、新胂凡纳明(914)、氯化钙、浓盐水等刺激性较强的药物以及大量的生理盐水、葡萄糖液等。注射部位一般为颈部前三分之一处的颈静脉。

　　注射时针头应以 15~45 度角度入针,待有血液回流现象出现后,再将药液缓缓输入血管内。注射完毕后,以左手压住注射部位,右手拔出针头,然后用碘酒棉消毒即可。

　　5.气管注射法

　　本法适用于呼吸道给药。通过将药物直接注入呼吸道治疗气管、支气管和肺部疾病,也适于治疗湖羊肺线虫病治疗。注射时,让病羊保持侧卧姿势保定,保持头高臀低,注射部位在喉头下方、气管上部三分之一处。针头经软气管环之间进针,抽动注射器针芯,观察有大量气泡进入则表明针头已经入气管,然后注入药物。若注射目的是让药物进入两侧肺部,则于第一次注射完毕后,让羊翻转至另一侧,再注射一次。

(三)瘤胃穿刺术

本法适用于瘤胃急性臌胀时穿刺放气治疗。穿刺放气部位左肷窝中央膨气最高的部位,操作时先行剪毛消毒,将皮肤稍向上推,然后取针头垂直地或朝右肘头方向刺入。一旦针头到达瘤胃,气体即开始排出。放气完毕,拔出针头,消毒处理即可。

(四)灌肠法

灌肠的主要目的是通过向直肠内注射药物,达到使病羊吸收药物、排出蓄粪的目的。一般采用小胶皮管灌肠。操作时,先配好灌肠药液并使药液温度接近羊体温,在胶皮管前端涂抹凡士林,让病羊站立,将胶皮管涂抹凡士林一端插入病羊直肠内,另一端接上漏斗,向漏斗加入灌肠液并使液面高于羊背。药液灌注完毕后,用一只手压住肛门或拍打羊尾根部,以防药液流出。过一段时间后拔出胶皮管即可。

三、湖羊场环境卫生与防疫

羊场的环境卫生与湖羊疾病的发生及发生频率、疾病危害程度等存在内在的因果关系。环境卫生搞得好,病原就缺乏存在的条件,湖羊也就不易发病。相反,环境脏乱差,既为病原创造了持续存在的土壤,也为湖羊发病提供了必要的条件和基础。从经济效益角度分析,保持环境卫生需要付出的代价最低,湖羊也不易发病,投入产出比最高;相反,环境卫生差,湖羊经常发病,将迫使养殖者拿出很多资金用于羊病治疗,无疑增加了投入,严重影响羊场的经济效益。因此,羊场要获得好的经济效益,必须大力气整顿搞好环境卫生。

(一)消毒

动物的排泄物、分泌物和动物尸体等能大量滋生致病微生物,养殖场所周围的土壤、水源、空气等也都能作为病原传播的媒介,另外蚊蝇、老鼠、野鸟以及人类都有可能将病原微生物带入养殖场所,因此养殖场所就是一个病原微生物的积聚地。环境中的致病微生物严重威胁到养殖场畜禽的健康,动物疫病(特别是重大动物疫病)一旦爆发,再采取措施根本来不及。所以,在养殖场所实行定期环境消毒,使动物生存的周围环境中的病原微生物减少到最低程度,可以预防病原微生物感染动物,从而有效地控制各种动物疫病的发生与扩散。消毒分为日常消毒和紧急消毒。日常消毒应该坚持经常化、制度化、规范化,要制定科学的消毒程序,严格按照程序对场内环境进行规范消毒。紧急消毒是指发生动物疫情以后,按要求对疫点内的场地、人员、畜禽、车辆、道路、沟渠、器具、污物、饮水、空气等进行及时、全面的消毒,在疫情扑灭后,还必须进行一次全面、彻底的终末消毒。

1. 环境消毒

(1)机械性清除法　用机械的方法,如清扫、洗刷、通风等清除病原体,这是最普通、最常用的方法。通过清扫羊舍地面的湖羊粪便、饲草、饲料残渣,其中大量的病原微生物也被清除。通过清扫可使羊舍的细菌数量减少约四分之一,再用清水冲洗清扫过的羊舍地面,可使细菌数量减少一半。

(2)物理消毒法　利用紫外线、干热、湿热、焚烧等物理方法杀灭病原体,如紫外线灯、阳光暴晒、熏蒸消毒、蒸汽消毒、焚烧污物等;

(3)化学消毒法　即用化学消毒药品进行消毒,杀灭病原微生物。用化学消毒剂喷雾消毒清扫和清水冲洗过的羊舍,可使羊舍细菌数量减少90%以上;

(4)生物热消毒法　利用微生物发酵产生的热量杀灭病原,主要用于粪便的无害化处理。

羊场常用的消毒液有10%漂白粉溶液、10%～20%的石灰乳、0.5%～1.0%的农乐、1%～2%的氢氧化钠溶液、0.5%过氧乙酸、3%～5%来苏儿等等。用量按照配置好的溶液每平方米1升。具体使用时:①要根据不同的消毒对象和消毒目的,选择合适的消毒方法和消毒剂。②所使用的消毒剂必须是有证合格的产品,且处于有效期内。③要保证消毒剂的浓度和作用时间达到规定的要求。④要先清除或清洗消毒物品表面的有机污物,再进行消毒。⑤消毒过程中要做好个人和他人的防护措施。⑥要做好消毒后污水、污物的处理,避免造成二次污染。⑦不要长期使用同一种消毒剂,不同消毒剂要交替使用,不要随意混合使用不同种类的消毒剂。

选择消毒剂还需要注意:①尽量选择广谱、高效、长效的消毒剂;②选择受环境因子影响小,稳定性好,保质期长的消毒剂;③选择对人畜安全,对环境无害,无二次污染的消毒剂;④在保证所需消毒效果的前提下选择成本低,副作用小,使用方便的消毒剂。

根据不同的需要,可以选择采用浸泡法(将物品洗净、擦干后浸没在消毒液内)、擦拭法(用化学消毒剂擦拭物体表面)、喷雾法(用喷雾器将化学消毒剂均匀地喷洒于空气或物体表面)、熏蒸法(将消毒剂加热或在其中加入氧化剂,使其呈气态,在标准的浓度和时间内达到消毒)和抛洒法(直接将粉状消毒剂抛洒于场地表面适当的)进行消毒。

做好消毒工作是畜禽养殖场防控疫病的一项重要措施,要针对不同的情况采取相应的消毒方法:①进出人员消毒。人员进入场区时,必须严格按照消毒程序洗澡、更衣、换鞋、喷雾和紫外线消毒后,方可进入。②羊舍消毒。每批羊调出后,要彻底清扫干净羊舍,用水冲洗,然后进行喷雾消毒或熏蒸消毒。间隔5~7天后,方可转入下批新羊。③环境消毒。羊舍周围环境要定期用2%火碱或20%~30%生石灰水消毒;羊场周围及场内污水池、排粪坑、下水道出口等地方,定期用漂白粉消毒。大门口、羊舍入口消毒池要定期更换消毒液。④用具消毒。定期对保温箱、饲料车、料箱、针管等进行消毒,可用0.1%新洁尔灭或0.2%~0.5%过氧乙酸消毒,然后在密闭的室内进行熏蒸。⑤带羊消毒。定期带羊消毒,有利于减少环境中的病原微生物。⑥储粪场消毒。羊粪要运往远离场区的储粪池,统一在硬化的水泥池内堆积发酵。储粪场周围要定期消毒,可用2%火碱或撒20%~30%生石灰水消毒。⑦病羊尸体消毒。羊病死后,要进行深埋、焚烧等无害化处理。同时立即对其原来所在的圈舍、隔离饲养区等场所进行彻底消毒,以防止疫病蔓延。

需要强调的是,消毒剂属于化学药品,大部分都具有一定的刺激性、腐蚀性,甚至毒性,对人体可能造成伤害,消毒时工作人员必须做好必要的防护。在使用消毒剂进行消毒之前,一定要认真阅读使用说明,了解消毒剂的性质和特点,针对性做好个人防护措施:①要穿戴防护用具,消毒时要戴手套、口罩,尽量穿长筒衣裤、胶鞋,避免皮肤直接接触消毒剂。在采用熏蒸、喷雾方法时还要尽量戴上眼罩,避免药物刺激眼睛;②在使用消毒剂后,尽量暂时远离消毒场所,待达到消毒时间后,再进行清理。消毒后的密闭场所要先开窗通风一段时间,再行进入;③某些消毒剂属于易燃易爆药品(如环氧乙烷、高锰酸钾),使用过程中室内不得有明火或产生电火花;④要及时对消毒场所的残余消毒剂进行清理,避免污染附近的食品、水源、土壤等,造成对人的二次伤害。

2.羊舍的消毒

将消毒液装在喷雾桶中,按照从羊舍地面到墙壁,然后到天花板的次序进行喷雾消毒,最后再打开门窗通风,清水洗刷饲槽、用具。密闭的羊舍,用福尔马林熏蒸消毒效果更好。具体操作时,按照每立方米10~20毫升福尔马林,5~10克高锰酸钾(比例为2∶1)的标准,用陶瓷大容量容器,先将高锰酸钾按照计算的用量倒入容器中,再将甲醛倒入盛有高锰酸钾的容器内(千万不要弄反),倒入后工作人员立即离开,二者迅速反应高温蒸发,密闭熏蒸24小时。然后打开门窗透气使甲醛气味散尽后,即可让羊群进入。一般情况下,每年在春秋两季各熏蒸消毒一次,产房则应在产羔前消毒一次。病羊舍、隔离舍的出入口应放置盛有消毒液的消毒盆、浸有消毒液的麻袋片或者草垫,消毒液为2%~4%氢氧化钠溶液。

3. 地面土壤消毒

用20%~30%的石灰乳剂、10%漂白粉溶液、2%~4%氢氧化钠溶液、10%~30%草木灰水均可。对芽孢杆菌污染的地面,首先用漂白粉溶液喷洒,然后崛起土壤表层深度约30厘米,撒上漂白粉,将其与土壤混合,再将其深埋。

4. 粪便消毒

最常用的方法是堆积发酵。粪便堆积完毕,表层要加盖泥土封好,经过发酵,即可杀灭一般非芽孢菌和寄生虫虫卵。堆积粪便时应在距羊场200米外设一粪场,堆积发酵约30天左右,即可当肥料使用,且不含致病微生物。

5. 污水消毒

将污水引入专门建造的污水处理池,按照每立方米10克漂白粉的配比,加入后充分搅拌,静待数周后即可。

(二)杀虫灭鼠

蚊、蝇、蜱、鼠等都是传染病原的携带者或传播媒介,杀灭害虫,消灭老鼠在羊场是一项非常重要的工作。

1. 杀虫

羊舍内外必须保持清洁卫生,无粪便、无污水、无垃圾。羊舍周围的杂物、垃圾及乱草堆应及时清除,填平死水坑。药物杀虫可用敌敌畏1千克加水500千克,也可用蝇毒磷1千克加水400千克,喷洒地面、墙壁。

2. 灭蚊、蝇

可以使用用0.2%除虫菊酯煤油溶液喷雾。灭蜱可用二氯苯醚菊酯15克,加酒精0.6千克再加水22千克喷雾。喷雾杀虫方法不可用于饲草、饲料仓库。灭蝇也可用粘蝇纸。粘蝇纸的使用方法是将2份松香加1份蓖麻油涂在纸上,放在蝇虫聚集的地方,这种方法可保持粘蝇纸粘蝇持续2周。

3. 灭鼠

可以使用捕鼠器或者化学药物。化学药物灭鼠具体做法是:饵料中拌0.25%~0.5%敌鼠钠盐,连续放药3~5天,在5~7天内出现死鼠高峰。敌鼠钠盐对人畜毒性低,可用于羊舍周围、仓库等。一旦人出现敌鼠钠盐中毒,可使用维生素K_1注射液解毒。熏蒸灭鼠可用氯化苦或灭鼠烟剂。可用器械将氯化苦直接喷入鼠洞,每洞喷入5~10毫升,以土封洞口。灭鼠烟剂需与研细的硝酸钾或氯化钾按 6 : 4 比例混合,分装成包,每包 15 克,用时将其点燃投入鼠洞,以土封洞口。

(三)羊群驱虫

寄生虫病是湖羊临床上较为普遍的一种疾病,它不但影响湖羊生长发育,降低饲养效益,而且还会给其他病原的侵入创造条件,从而导致湖羊出现各种病状,如严重消瘦、咳嗽、被皮瘙痒等,给养羊业造成重大经济损失。该病防治的基本原则就是在寄生虫性成熟前和湖羊生长迅速的关键时期用药驱虫,并从环境措施角度上阻断传播。寄生虫病和传染病一样,治疗时花费较大,有些寄生虫病甚至缺乏有效的治疗方法。所以,要减少寄生虫病造成的损失,关键在于加大对寄生虫病预防的投入,合理使用药物,对羊只进行驱虫预防,防止发病。一般在春季 4～5 月份和秋末 10～11 月份各驱虫 1 次,每次驱虫后 7 天再用不同药物进行一次驱虫。

1. 药物选择

理想的驱虫药应具备广谱、高效、低毒、无残留和不易产生耐药性等特点。根据寄生虫种类的不同,选择药物时要注意驱虫药的特性、用药剂量及注意事项,如左旋咪唑对湖羊的多种胃肠道线虫和肺丝虫驱杀高效,阿维菌素对胃肠道线虫及螨虫、肝片虫驱杀效果好。临床上常用的驱虫药有阿维菌素、伊维菌素、左旋咪唑、丙硫咪唑、阿苯达唑等。常用的驱虫药有以下几种:

(1)阿维菌素 它对体内多数线虫有较好的驱除效果,对体外的皮蝇、鼻蝇、疥螨、虱都有较好的效果。用量为 0.3 毫克/千克体重,皮下注射,片剂可以口服。

(2)伊维菌素 伊维菌素是新型的广谱、高效、低毒抗生素类抗寄生虫药,对体内外寄生虫特别是线虫和节肢动物均有良好的驱杀作用。但对绦虫、吸虫及原生动物无效。用量为 0.2 毫克/千克体重,皮下注射,片剂可以内服。

(3)左旋咪唑 主要用于驱杀多种胃肠道线虫和肺丝虫,对体表寄生虫无效。按 10 毫克/千克体重用量,每天口服 1 次,连服 2 天。或者用量为8毫克/千克体重,肌肉注射,10 天后再注射 1 次。

(4)丙硫苯咪唑 它可阻断虫体对多种营养和葡萄糖的吸收,导致虫体糖原耗竭,致使寄生虫无法生存和繁殖。该药为高效广谱驱虫药,对羊常见的胃肠道线虫、肺线虫、肝片吸虫和绦虫的驱除均有效,可同时驱除混合感染的多种寄生虫,口服剂量为 15～20 毫克/千克体重。

(5)阿苯达唑 阿苯达唑是高效低毒的广谱驱虫新药。临床可用于驱蛔虫、蛲虫、绦虫、鞭虫、钩虫、粪圆线虫等。系苯骈咪唑类药物中驱虫谱较广,是杀虫作用最强的一种。对寄生于动物体的各种线虫、血吸虫、绦虫以及囊尾蚴亦具有明显的驱除作用,而且对虫卵发育具有显著抑制作用。同时它也可用于治疗旋毛虫病,总有效率达100%,疗效优于甲苯咪唑。用量10～15毫克/千克。

2.驱虫最佳时间

(1)母羊 母羊于配种前25天驱虫1次,7天后再驱虫1次 怀孕羊可暂不驱虫,待分娩后20天左右再驱虫。

(2)种公羊 公羊一般1年驱虫2次,每次驱虫7～10天后再补驱1次。

(3)羔羊 羔羊一般在50日龄驱第1次,90日龄驱第2次,以后每隔3个月再驱1次。

(4)育成群羊 该时期驱虫一般1年2次。第1次时间在3～4月份进行,7～10天后再驱1次。第2次时间在秋季的9～10月份驱虫,7～10天后再驱1次。寄生虫虫害严重地区,在6～7月份可增加一次驱虫。

3.药浴驱虫

当羊体普遍发生疥癣病或用于预防疥螨病时,可采用药浴法。药浴法主要有池浴、大锅或大缸浴、喷淋式浴等方法,具体选择哪种方法,应根据羊只数量和场内设施条件而定。药浴液的配制可选用浓度为0.1%～0.2%的杀虫脒水溶液,或浓度为0.05%的辛硫磷溶液,或速灭菊酯按每千克水含80～200毫克的水溶液。现以辛硫磷溶液配制方法为例说明操作方法,使用浓度为50%的辛硫磷乳油50克,加水100千克,其有效浓度为0.05%;在水温25～30℃条件下,药浴1～2分钟即可;一般此药液量可洗羊14只。为提高药浴效果,应注意隔7～8天再药浴一次;每次的残液要泼洒到羊舍内;羊只入浴前8小时停止放牧或饲喂,提前2～3小时给羊饮足水;药浴后6～8小时方可喂料或放牧。

(四)免疫接种与免疫程序

1.免疫接种

由病毒和细菌引起的传染病至今仍是威胁湖羊健康养殖的关键因素之一,因此羊场的主要工作内容仍然还是传染病的防治。疫苗作为预防传染病的主要手段,其作用原理是通过接种在湖羊体内建立对机体病原微生物的免疫记忆。这种免疫记忆的强度和有效维持时间是决定疫苗免疫效果的根本,也是疫苗免疫效果的基础。因此,接种疫苗的效果好坏是决定羊场传染病控制成败的关键。影响疫苗免疫效果的因素主要包括疫苗本身的质量好坏、接种环节是否正确、以及被接种湖羊健康状况这三方面因素。

(1)疫苗选择 必须选择农业部批准的定点企业生产的合法疫苗,不仅企业要是合法的企业,其产品也必须是通过中国兽药监察所检验合格的合法产品。

若使用了非法疫苗,不仅免疫效果得不到保证,而且还可能会出现疫苗引起的一系列安全问题,更有甚者可能由于注射疫苗本身的问题造成羊群发病甚至死亡。

(2)疫苗使用　疫苗仅用于健康羊群的免疫预防。疫苗对已经感染发病的湖羊,疫苗通常并没有治疗作用,而且紧急预防接种的免疫效果不能完全保证。

(3)使用方法　目前常用的疫苗有弱毒苗、灭活苗。弱毒苗中除菌苗外,都需要冷冻保存和运输,否则就会失效。灭活苗包括油乳剂、蜂胶制剂、氢氧化铝制剂等,2～8℃的条件下保存,注意不能受阳光照射,也不可冻结,使用前要将其回升至室温。应仔细核对疫苗的批号和有效期,疫苗包装是否破裂,油乳剂灭活苗是否出现油水分离。使用的接种用具如注射器、针头等应清洗、消毒并保持干燥;稀释疫苗时,只能使用指定的稀释液并按规定的方法进行,灭活疫苗不得作任何稀释;在做好接种部位的消毒工作后再接种疫苗,并确保接种剂量准确,不能随意增加或减少剂量;吸取疫苗时使用固定的针头而不能用已经与羊体接触过的针头,而且已吸出的疫苗不能再注回瓶内,以防污染,稀释后的疫苗应在限定的时间内一次用完,未用完的疫苗应作消毒销毁处理;接种弱毒菌苗时,前后几天内停止给予各种抗菌药物;两种或两种以上的疫苗不能随意混合或同时使用,以免影响疫苗的免疫效果。

免疫接种时要注意以下几点:

①要了解被预防羊群的年龄、妊娠、泌乳及健康状况,体弱或原来就生病的羊预防后可能会引起各种反应,对此应说明清楚,或暂时不进行免疫接种。

②对怀孕后期的母羊应注意了解,如果怀胎已逾三个月,应暂时停止预防注射,以免造成流产。

③对半月龄以内的羔羊,除紧急免疫外,一般暂不注射。

④预防注射前,对疫苗有效期、批号及厂家应注意记录,以便备查。

⑤对预防接种的针头,应做到一羊一针。

⑥对接种部位一定要用碘酒棉球消毒酒精棉球脱碘,进行严格的消毒后方可注射。

⑦一定要按照疫苗说明书的要求,采取正确的接种方式,如肌肉注射,皮下注射,皮内注射还是饮水免疫或灌服免疫等等。

(4)加强对接种羊群的饲养管理:接种弱毒苗以及灭活苗,对湖羊也是一个弱的应激,并且接种疫苗后一般要经过约1～2周,机体才能产生一定的免疫力,因此这期间需要做好更为细致的管理工作。在此期间可以适当对羊群在饲料中补充一些诸如维生素 C 之类增强体质的营养物质,在饮水中加入抗应激类药品,减少冷热、拥挤、潮湿、通风不良、有害气体浓度过大等应激因素的影响,以确保机体顺利地产生足够的免疫力。要特别注意防止病原微生物的感染,否则很可能导致免疫失败。

2.免疫程序

免疫程序是指根据疫苗的免疫特性和畜群情况,合理制定预防接种计划。各地发生的传染病种类也存在一定差异,可用以预防这些传染病的疫苗性质也不尽相同,不同疫苗免疫保护期长短不一。因此各地羊场可以根据当地羊群传染病发生的特点,结合羊群抗体水平高低,合理制定适合当地的免疫程序进行预防接种,这样才能获得良好的免疫效果。常用的湖羊免疫程序如下:

7~10日龄接种羊传染性脓疱(羊口疮)弱毒细胞冻干苗,预防羊口疮。口腔黏膜内划痕注射0.2毫升或尾根皮内注射0.5毫升。14天后进行二免,免疫期6个月,以后每年春、秋季各免疫1次。

16~18日龄接种羊传染性胸膜肺炎氢氧化铝菌苗,预防湖羊传染性胸膜肺炎。具体用量为皮下或肌肉注射成年羊5毫升/只,6月龄以下羊3毫升/只,注后14~21天产生免疫力,免疫期为1年。

25~30日龄进行羊三联四防疫苗首免,用于预防羊快疫、猝狙、肠毒血症和羔羊痢疾4种疫病。干粉浓缩苗用专用稀释液(铝胶生理盐水)稀释,皮下或肌肉注射1毫升/只,水苗成年羊皮下或肌肉注射5毫升/只,6月龄以下羊皮下或肌肉注射3毫升/只,7月龄时再补注1次,以后每年春季和秋季各免疫注射1次,注苗后14天产生免疫力,免疫期为6个月。对于产羔母羊应在配种前1个月和产羔前1个月各注射1次羊三联四防疫苗,对于种公羊一般在每年的春季和秋季各注射1次。

40日龄进行口蹄疫灭活苗免疫,预防羊口蹄疫。口蹄疫免疫应按型定苗,即根据当地可能发生的口蹄疫毒株同型的口蹄疫灭活疫苗接种,强制免疫,免疫注射密度必须达100%。40日龄以下羔羊不注射,6月龄以下羊肌肉注射0.5毫升/只,成年羊肌肉注射1毫升/只,2岁以上羊肌肉注射1.5~2毫升/只,注后14天产生免疫力,免疫期4~6个月。散养户的羊每年春、秋季各注射1次,规模场约羊每4个月注射一次。

50日龄免疫小反刍兽疫活疫苗,预防羊小反刍兽疫,按疫苗瓶签注明头份,用生理盐水稀释为每毫升1头份,不论大小每只羊颈部皮下注射1毫升。免疫期理论上3年,通过跟踪抗体检测,实际生产中每2年免疫一次最可靠。

60日龄免疫羊痘疫苗,预防羊痘。羊痘活疫苗按照疫苗瓶签注明用生理盐水稀释为每0.5毫升含1头份。不论大小羊只一律尾内侧或股内侧皮内注射0.5毫升,注后6天产生免疫力,免疫期为1年。以后每年春季或秋季进行1次免疫接种。注意羊痘疫苗可以给绵羊注射,绵羊痘疫苗只能给绵羊注射不能给山羊注射。

6 月龄以上成年羊每年秋季进行一次布鲁氏菌病免疫,6 月龄以下羔羊、怀孕母羊、种羊不免疫,每只羊口腔灌服布鲁氏菌病猪型 2 号活疫苗一头份(含 100 亿菌体)。饮水免疫效果不可靠。免疫期 2 年。注意种羊场只能检测净化,不能进行免疫。

炭疽免疫,根据当地是否是炭疽疫区以及疫情发生情况决定是否免疫,非疫区不建议免疫。如果决定实施免疫,用炭疽 2 号芽孢苗,湖羊每只尾根或退内侧皮内注射 0.2 毫升。其免疫期为 12 个月。

如果经常发生羔羊痢疾,怀孕母羊分娩前 20~30 天和 10~20 天时,各注射"羔羊痢疾氢氧化铝菌苗"1 次,预防羔羊痢疾。疫苗用量分别是 2 毫升/只和 3 毫升/只,注射部位在孕羊两后腿内侧皮下,孕羊第 2 次注射后 10 天产生免疫力。其免疫期为 5 个月。

四、湖羊常见传染病

传染病是对湖羊养殖危害最严重的一类疾病。暴发传染病可能造成大批羊死亡,给养殖户带来严重的经济损失,甚至某些人兽共患传染病还会威胁到人的健康。湖羊传染病病原主要包括细菌和病毒,这些不同的病原其结构、致病性等特性各不相同,引起湖羊发生疾病的临床症状、发病率和致死率也不相同,其防治的措施也有差异。因此,防治湖羊传染病,首先要清楚引发传染病的病原特征、临床症状及该病的防治措施等。

Ⅰ 湖羊的病毒性疾病

(一)口蹄疫

口蹄疫是由口蹄疫病毒引起的偶蹄类动物共患的急性、热性、高度接触性传染病。其临床特征是患病动物口腔黏膜、蹄部和乳房发生水疱和溃疡,在民间俗称"口疮热""口蹄病"。

1.病原

口蹄疫病毒在分类上属小 RNA 病毒科口疮病毒属。病毒具有多型性和变异性,根据抗原的不同,可分为 O、A、C、亚洲Ⅰ、南非Ⅰ、Ⅱ、Ⅲ 等 7 个不同的血清型和 65 个亚型,各型之间均无抗原性交叉反应。本病毒环境适应性较强,耐低温和干燥,对酚类、酒精、氯仿等不敏感,对日光、高温、酸碱具有很强的敏感性。清除本病毒常用的消毒剂有 1%~2% 的氢氧化钠、30% 的热草木灰、1%~2% 的甲醛、0.2%~0.5% 的过氧乙酸、4% 的碳酸氢钠溶液等。乳及乳制品中的口蹄疫病毒,加热 70℃15 分钟即可被灭活,在 4℃ 条件下可存活 12 天,乳变酸时病毒可很快被灭活。

2.临床症状

湖羊感染口蹄疫病毒后,该病毒潜伏期为1～7天。该病毒表现为下列症状:体温升高,初期体温可达40～41℃,精神沉郁,食欲减退或拒食,脉搏和呼吸加快,口腔、蹄、乳房等部位出现水疱、溃疡和糜烂。严重病例可在咽喉、气管、前胃等黏膜上发生圆形烂斑和溃疡,上盖黑棕色痂块。湖羊症状多见于口腔,呈弥漫性口黏膜炎,水疱见于硬腭和舌面,蹄部病变较轻。病羊水泡破溃后,体温明显下降,症状逐渐好转。

3.流行病学

病毒主要通过湖羊接触病毒污染的草料或者饮水、呼吸进入呼吸道、消化道感染。损伤的皮肤黏膜也是感染途径。通过病羊分泌物、排泄物和污染的车辆、水源、牧地、用具、饲料、饲草等媒介,病毒能随空气流动形成气溶胶散播到100千米以外的地方。牧区病毒的流行从秋季开始,冬季加剧、春季减轻、夏季平息。疫区发病率100％,死亡率1％(老疫区5％)。

4.病理变化

病羊除口腔、蹄部的水疱和烂斑外,消化道黏膜也有出血性炎症,心肌色泽较淡,质地松软,心外膜与心内膜有弥散性及斑点状出血,心肌切面有灰白色或淡黄色、针头大小的斑点或条纹,如虎斑,称为"虎斑心",以心内膜的病变最为显著。

5.诊断

本病根据流行病学及临床症状,不难作出诊断,但应注意与羊传染性脓包病、羊痘、蓝舌病等病进行鉴别诊断,必要时可采取病羊水疱皮或水疱液、血清等送实验室进行确诊。

采取病羊水疱皮或水疱液时应进行病毒分离鉴定。取得病料后,用PBS液制备混悬浸出液作乳鼠中和试验,也可用标准阳性血清作补体结合试验或微量补体结合试验;同时也可以进行定型诊断或分离鉴定,用康复期的动物血清对VIA抗原作琼脂扩散试验、免疫荧光抗体试验等鉴定毒型。

6.防治

病羊及受其污染的饲料、饲草等是主要的传染源。因此,羊发生口蹄疫时,要严格实施封锁、隔离、消毒等综合性措施,对病羊及同群羊要深埋无害化处理,污染的场地等要彻底消毒。对疫区和受威胁区内的健康羊要进行紧急预防注射,根据发病的症状选择该型疫苗进行接种。如果疫情严重,接种7～10天后进行加强免疫一次。

综合性防治措施有:①上报疫情;②划定疫点、疫区、受威胁区,对疫点、疫区实行封锁,扑杀最后一只病羊后,21天综合消毒,经动物卫生监督机构专家评估合格后解除封锁,解除封锁后疫区羊 3 个月内不出售;③对疫区进行严格的消毒,1%～2%浓度 NaOH 或 10%～20%浓度石灰水消毒;④受威胁区及周边进行紧急预防接种。

口蹄疫主要是通过挤病羊的奶或处理病羊,接触感染创伤而传染,所以,口蹄疫流行时,工作人员应特别注意做好个人保护。

附1:口蹄疫 O 型、亚洲1型二价灭活疫苗
(OJMS 株＋JSL 株)使用说明书

【兽药名称】通用名:口蹄疫 O 型、亚洲1型二价灭活疫苗(OJMS 株＋JSL 株)

【主要成分与含量】含有灭活的口蹄疫 O 型 JMS 株和亚洲 I 型 JSL 株病毒,灭活前每 0.1 毫升病毒液中病毒含量均至少为 10^7 $TCID_{50}$ 或 $10^7 LD_{50}$。

【性状】乳白色或淡红粉色略带黏性乳状液。

【作用与用途】用于预防牛、羊 O 型、亚洲 I 型口蹄疫,免疫期为 4～6 个月。

【用法与用量】肌肉注射,羊每只 1 毫升。

【不良反应】一般无可见不良反应。注射部位肿胀,一次性体温反应,减食或停食 1～2 天。

【注意事项】①疫苗 2～8℃冷藏运输(但是不得冻结),并尽快运往使用地点。运输和使用过程中避免日光直接照射。②使用前应仔细检查疫苗。疫苗中若有其他异物、瓶体有破裂或封口不严、破乳、变质者不得使用。使用时应将疫苗恢复至室温并充分摇匀。疫苗瓶开启后限当日用完。③本疫苗仅接种健康羊。病畜、瘦弱、怀孕后期母畜及断奶前幼畜慎用。④严格遵守操作规程。注射器具和注射部位应严格消毒,每头(只)更换一次针头。曾接触过病畜人员,在更衣、帽、鞋后进行必要消毒之后,方可参与疫苗注射。⑤疫苗对安全区、受威胁区、疫区羊均可使用。疫苗应从安全区到受威胁区,最后再注射疫区内受威胁畜群。大量使用前,应先小试,在确认安全后,再逐渐扩大使用范围。⑥在非疫区,注射后 21 天方可移动或调运。用过的疫苗瓶、器具和未用完的疫苗进行消毒处理。⑦在紧急防疫中,除用本品紧急接种外,还应同时采取其他综合防制措施。⑧个别羊出现严重过敏反应时,应及时使用肾上腺素等药物进行抢救,同时采用适当的辅助治疗措施。

【规格与包装】50 毫升/瓶、100 毫升/瓶,100 瓶/箱。

【贮藏与有效期】2～8℃保存,有效期为 12 个月。

附 2：口蹄疫 O 型、亚洲 I 型、A 型三价灭活疫苗说明书

（O/MYA98/BY/2010 株＋JSL 株＋Re-A/WH/09 株）

【兽药名称】通用名：口蹄疫 O 型、亚洲 I 型、A 型三价灭活疫苗（OHM/02 株＋AKT-III 株＋ Asia1KZ/ 03 株）

【主要成分与含量】含有灭活的口蹄疫 O 型毒（OHM/02 株）、A 型 III 系鼠化弱毒株和亚洲 I 型毒（Asia1KZ/ 03 株），灭活前的病毒含量分别至少为 $10^{7.5}$ LD_{50}/0.2 毫升。

【性状】乳白色略带黏滞性乳状液。

【作用与用途】用于预防牛、羊 O 型、亚洲 I 型、A 型口蹄疫。免疫期为 6 个月。

【用法与用量】肌肉注射。牛每头 2.0 毫升，羊每只 1.0 毫升。

【不良反应】①正常反应 注射动物精神、食欲正常，注射局部无明显变化，泌乳正常，除体温一过性升高 1 日内恢复到常温外，无其他可见临床体征变化。②一般不良反应个别动物注射部位轻微肿胀、体温升高持续 $0.5\sim1℃$、减食或停食 1~2 顿，奶羊可出现一过性泌乳量减少，随着时间延长，症状逐渐减轻、消失。③严重不良反应因品种、个体的差异，个别动物接种后可能会出现因过敏原引起的急性过敏反应，如急躁不安、呼吸加快、肌肉震颤、可视黏膜充血、瘤胃臌气、鼻腔出血等，甚至因抢救不及时而死亡，少数怀孕母畜可能出现流产。

【注意事项】①疫苗应在 2~8℃ 下冷藏运输，不得冻结，并尽快运往使用地点。运输和使用过程中避免日光直射。②使用前应仔细检查疫苗。接苗中若有其他异物、瓶体有裂纹或封口不严、破乳、变质者不得使用。使用时应将疫苗恢复至室温并充分摇匀，疫苗瓶开启后限当日用完。③本疫苗仅接种健康动物。病畜、弱畜、怀孕后期母畜及断奶前幼畜慎用。④严格遵守操作规程。注射器具、部位应严格消毒，每头更换一个针头。曾接触过病畜人员，在更换衣、帽、鞋和进行必要消毒之后，方可参与疫苗注射。⑤疫苗对安全区、受威胁区、疫区动物均可使用。疫苗应从安全区到受威胁区，最后再注射疫区内受威胁畜群。大量使用前，应先小试，在确认安全后，再逐渐扩大使用范围。用过的疫苗瓶、器具和未用完的疫苗进行消毒处理。⑥在非疫区，注射后 21 天方可移动或调运。在紧急防疫中，除用本品紧急接种外，还应同时采取其他综合防制措施。⑦个别动物出现严重过敏反应时，应及时使用肾上腺素等药物进行抢救，同时采用适当的辅助治疗措施。

【规格与包装】20 毫升/瓶、50 毫升/瓶、100 毫升/瓶

【贮藏与有效期】2~8℃ 保存，有效期为 12 个月。

（二）羊传染性脓疱皮炎

该病又名羊接触传染性脓疱性口炎、羊口疮，属于一种接触传染性、嗜上皮性传染病，以在口唇、舌、鼻、乳房等部位形成丘疹、水疱、脓疱和痂皮为特征。近年来，全国各养羊地区屡屡在羊场爆发该病。

1. 病原

本病病毒属于副痘病毒属，称为羊接触传染性脓疱性皮炎病毒，也称羊接触传染性脓疱性口炎病毒、羊口疮病毒。本病毒对干燥有极高的抵抗力，干燥痂皮内的病毒可以存活几个月乃至几年。实验室冰箱保存的病毒，活力可维持 15 年之久。但痂皮内的病毒在夏季暴晒一到两个月即可丧失致病力。本病毒对乙醚和氯仿敏感，可耐 55℃ 加热 30 分钟，灭活该病毒需要在 60℃ 加热下 30 分钟，或者煮沸 3 分钟。

2. 临床症状

临床上分为唇型、蹄型和外阴型，有时可见混合型。唇型病羊首先在口角、上唇或鼻镜上出现分散的小红斑，逐渐变为丘疹或小结节，继而形成水疱或脓疱破溃后形成黄色或棕色的疣状硬痂，若为良性经过时，硬痂逐渐扩大、加厚、干燥，1～2 周内痂皮脱落而恢复正常。严重病例，患部继续发生丘疹、水疱、脓疱、痂垢、痂垢下伴生肉芽组织，整个嘴唇肿大外翻呈桑葚状突起，严重影响采食，病羊日趋消瘦而死亡，病程可达 2～3 周，若继发感染，则脓疱和烂斑可波及唇内面、齿龈、颊、舌和整个口腔，或愈合而康复，或蔓延至深部组织内脏器官而死亡。蹄型病羊常在蹄、蹄冠或系部皮肤上水疱或脓疱，破溃后形成由脓疱覆盖的溃疡。外阴型母羊表现为阴道流出黏性或脓性分泌物，阴唇肿胀并有溃疡，乳房和乳头上发生脓疱、烂斑和痂垢，公羊表现为阴茎肿胀并有小脓疱和溃疡。

病羊全身症状一般不明显，严重者体温升高至 41℃，食欲和精神不佳。口腔病变和唇部病变严重的病例，则采食困难，膘情下降，逐渐消瘦。少数母羊因羔羊发病吃奶而感染，其乳头可见有水疱、脓疱、结痂等病变。

3. 流行病学

通过直接与间接接触传染，病毒存在于污染的圈舍饲槽、栏杆、垫草、饲草等，通过受伤的皮肤黏膜而感染。圈舍潮湿和拥挤，饲喂带芒刺的饲草，羔羊的出牙均可导致本病的发生。在新引进的易感羊群中，本病在短期内可使大多数羊感染，发病率达 30％～50％。在育肥羔羊中可达 90％以上，死亡率不同，饲养和环境卫生较差的羊群，羔羊死亡率可高达 20％。饲喂草料的优劣对羊口疮的发病影响很大，草料优良营养全面，母羊膘情好、奶水足，羔羊口疮病的发病明显减少；草料品质低劣，营养不足，母羊膘情差，奶水不足，羔羊体质弱，羊口疮病的发病率增高。圈舍阴暗潮湿,寒冷,通风不良,采光不足,导致羔羊的抵抗力下降,口疮病的发病率增高。产房与育羔舍饲养密度大,羊拥挤相互密切接触,一旦有 1 只发病很容易波及全群。

4.病理变化

主要病理变化为痂皮下的桑葚状肉芽组织。病变皮肤冰冻切片通过苏木素染色镜检验,可见上皮细胞变得扁平,细胞核着色良好,有多核白细胞浸润。根据流行病学、临床症状和病理特征诊断为羊传染性脓疱。

5.诊断

该病传播迅速,其病变特征是病羊口周围具有增生性桑葚状痂垢。一般不难诊断,但易与羊痘混淆。临床上二者的鉴别要点是,本病病变通常局限于口唇眼鼻周围,病羊不显示全身症状。而羊痘病羊的痘疹或者痘疱呈全身性分布,痘疹开始为红斑,1～2 天形成痘疹,突出皮肤表面,随后痘疹逐渐扩大变成灰白色或淡红色的半球状隆起结节,结节在几天之内变成水泡,水泡内容物起初呈浆液性,后变成脓性,一周后形成干痂脱落,将变成永远的麻点留在身上,全身反应重,且有明显的体温变化。

6.防治

(1)预防

①本病主要通过受伤的皮肤和黏膜传染,因此,保护皮肤与黏膜不要损伤极其重要。尽量不喂给羊干硬的饲草,要挑出其中的芒刺。给羊加喂适量食盐,以减少羊啃土啃墙,保护皮肤、黏膜;②不要从疫区引进羊及其产品,对引进的羊只隔离观察半月以上,确认无病后再混群饲养。③在本病流行地区,用羊口疮弱毒疫苗进行免疫接种。接种时每只羊在口腔下唇内侧黏膜内注射或者划痕接种0.25 毫升疫苗。

(2)治疗

方法 1:①先用 0.2% 高锰酸钾溶液冲洗,待痂垢软化后剥去,再用 3% 双氧水清洗,最后用煮沸过的温水加冰片配成 8% 的溶液擦洗,洗净后涂上冰硼散,每日 2 次。②肌注聚肌胞(聚肌苷酸)2 毫升/只,隔一天再用 1 次。③体温升高的病羊肌肉注射青霉素钾 160 万单位/只,每日 2 次,连用 3 天不能采食的病羊用 50% 葡萄糖 30 毫升或 5% 葡萄糖 500 毫升静注,每日 2 次。

方法 2:病毒唑 100 毫克/毫升、地塞米注射液 5 毫克/毫升,按 2:1 配比混合肌注,成年羊 3 毫升,并用紫药水涂擦患处。一般感染的羊 2～3 天可治愈。重症者用镊子去掉痂皮、脓疱皮,用洁尔阴清洗创面,将冰硼散粉末(冰片)50克、硼砂 500 克、元明粉 500 克、朱砂 30 克,研末,混匀(市场上一般有成品的冰硼散),兑水调成糊状,涂抹在患部,隔日一次,且至患部痂皮或结痂脱落,效果十分明显。

方法 3：①隔离病羊，对圈舍、运动场进行彻底消毒。②给病羊柔软、易消化、适口性好的饲料，保证充足清洁饮水。③先将病羊口唇部的痂垢剥除干净。用淡盐水或 0.1%高锰酸钾水充分清洗创面，然后用紫药水或碘甘油（将碘酊和甘油按 1∶1 的比例充分混合）涂抹创面，每天 1～2 次，直至痊愈。④药物治疗用病毒灵 0.1 克/千克、青霉素钾或钠盐 4～5 毫克/千克，每日 1 次，连用 3 日为 1 个疗程，间隔 2～3 日进行第 2 个疗程，一般 2～3 个疗程即可，配合维生素 C 0.5 毫升、维生素 B$_{12}$ 0.025 毫升，进行肌肉注射，每日 2 次，3～4 天为 1 个疗程，连用 2 个疗程。

附：羊传染性脓包皮炎（羊口疮）活疫苗说明书

【兽药名称】通用名：羊传染性脓包皮炎活疫苗

【成分含量】本品含羊传染性脓包皮炎病毒 HCE 弱毒株，每 0.1 毫升疫苗含羊传染性脓包皮炎病毒 HCE 弱毒株毒 TCID$_{50}$≥10^5。

【性状】本品为乳白色海绵状疏松团块，加稀释液后迅速溶解。

【作用用途】用于预防绵阳、羊传染性脓包皮炎，免疫期为 3 个月。

【用法与用量】在口腔下口唇黏膜划痕接种，剂量均为 0.2 毫升，对于有本病流行的羊群，均可以用本疫苗在股内侧划痕接种，剂量为 0.2 毫升。

【不良反应】一般无可见不良反应。

【注意事项】①应在兽医指导下使用。②仅限于本病流行地区使用。③首次使用本疫苗的地区，应选择一定数量的羊，进行小范围接种试验，无不良后果，方可扩大注射面。④在疾病发生时，免疫接种应该从安全区到受威胁区，最后到疫区。⑤患病动物及临产母羊和初生羔羊不宜接种。⑥给怀孕母羊接种时，应注意保定以免引起流产。⑦疫苗稀释时应该充分溶解，混匀、稀释后的疫苗须当天用完。⑧本疫苗为活毒苗，在使用时应注意防止病毒散布，用过的器具、疫苗瓶等均应消毒处理。

【贮藏与有效期】—10℃以下保存，有效期为 10 个月；2～8℃保存，有效期为 5 个月。

【规格与包装】10 头份/瓶、20 头份/瓶、50 头份/瓶。10 瓶/盒。300 瓶/件。

（三）羊痘

羊痘是由羊痘病毒引起的羊的一种急性、热性传染病。羊痘又名羊"天花"，是各种家畜痘病中危害最严重的一种热性、接触性传染病。其特征是无毛或少毛部位皮肤和黏膜上发生特异的痘疹,可见到典型的斑疹、丘疹、水疱、脓包和结痂脱落等病理过程。羊痘的发病率达50%～80%,病死率达20%～75%,这给养殖业带来较大的危害。目前羊痘发病率在世界各国有增多的趋势。2007年至今我国的新疆、甘肃、宁夏、青海、陕西、福建、贵州等地频繁地发生羊痘疫情。

1.病原

引起湖羊羊痘的病毒可分类为痘病毒科羊痘病毒属羊痘病毒。该病毒形态多样,外膜完整或不完整,呈C型或花瓣状;病毒中央有的存在电子透明的空腔;中央或偏中央有致密的类核体;两面凹陷呈哑铃形的核蛋白复合体。该病毒对乙醚敏感,对热、直射阳光、碱和大多数常用消毒药均较敏感,在58℃下存活5分钟或37℃下24小时可使其失去感染力,在3%的石炭酸、5%的甲醛、2%～3%的硫酸、10%高锰酸钾中几分钟即可被杀死。该病毒耐干燥,可在干燥状态下存活几个月。冻融对其活性影响不明显,对10%漂白粉、2%的硫酸锌溶液有一定的抵抗力。寒冷和干燥的抵抗力较强,冻干至少保存3个月以上;在痂皮中的痘病毒能耐受干燥,自然环境中能存活6～8周;在动物毛中保持活力2个月。

2.临床症状

该病潜伏期为7天左右。病羊体温升高达42℃。病羊精神沉郁,食欲减退乃至废绝,精神不振,眼结膜潮红、有脓性分泌物,有浆液、黏液或脓性分泌物从鼻孔流出,呼吸和脉搏加快,经1～4天出现痘疹。病羊出现痘疹时,首先在无毛或少毛区表现红斑,1～2天颜色变淡,形成丘疹突出于皮肤表面,呈结节状,结节在几天之内变成水疱,水疱液如无继发感染则几天干燥成棕色痂块,如有继发感染,则形成脓疱、溃烂。非典型病例,仅出现体温升高或卡他性炎症,或者痘疹呈硬结状,在几天内干燥后脱落,不形成脓疱,称为"石痘",有的病例由于脓疱内出血,呈黑色痘,称"黑痘"。还有的病例痘疱发生化脓或坏死,形成很深的溃疡,发出恶臭,常为恶性病死率高达20%～50%。

3.流行病学

羊痘全球分布广泛,羊痘病毒主要存在于病羊的痘疱、浆液及水泡皮内。羊痘病毒在自然界传播的潜伏期为6～12天。该病毒耐在干燥的泡皮内能生存数年,在干燥的羊舍可存活8个月。本病主要通过接触传染及呼吸道感染,羔羊比成年羊更易感染,发病率达50%～80%,死亡率达20%～75%。妊娠母羊感染后极易流产。传播途径主要是皮肤接触、呼吸和蚊蝇叮咬等,病毒也可通过损伤的皮肤及消化道感染。丘疹中含大量病毒,黏膜上的丘疹破溃后可从鼻、口分泌物和泪液排泄病毒。乳汁、尿液和精液也可成为病毒传播的重要来源。被病羊污染的用具、饲料、垫草,病羊的粪便、分泌物、皮毛和体外寄生虫(如羊虱)都可成为传播媒介。该病可发生于全年任何季节,但以春秋两季多发,主要在冬末春初流行,常呈地方性流行或广泛流行。气候严寒、雨雪、霜冻、枯草和饲养管理不良等因素,都会导致本病的发生和加重病情。新疫区往往呈暴发性流行。

4. 病理变化

死亡病例主要表现为体表病变,气管及支气管黏膜充血水肿,可见有水疱样大小不等的痘疹,肺表面或切面有白色结节病灶,肺门淋巴结肿胀,切面多汁;口腔内齿龈、舌面、咽喉黏膜分布有大小不等、圆形或椭圆形丘疹,有的破溃、出血、化脓,瘤胃和真胃的黏膜和浆膜可见豌豆大小质地坚硬的石头痘。

5. 诊断

临床诊断可见患羊体表呈典型的痘斑病变,口唇、舌面、鼻镜、乳房、会阴及尾根无毛处可见大小不等的痘疹,较为严重的有溃疡灶。尸检可见胃黏膜上往往有大小不等的圆形或半圆形坚实的结节,严重的引起前胃黏膜糜烂或溃疡,肠道黏膜少有痘疹变化,咽和支气管黏膜也常有痘疹,呼吸道黏膜有出血性肺炎症,气管及支气管内充满混有血液的浓稠黏液,肺部干酪样结节和卡他性肺炎区,淋巴结肿大。此外常见细菌性败血症变化,如肝脂肪变性、心肌变性、淋巴结急剧肿胀等。

实验室诊断试验用羊睾丸细胞,接种病毒后 4～5 天产生病变,连续传代 3 次后可见规律性细胞病变。Western 印迹试验利用羊痘病毒的抗原和待检血清反应,发现其具有较高的敏感性和特异性;琼脂扩散试验简单易行但敏感性不高;ELISA 抗原检测方法具有较好的敏感性和较高的特异性,这是世界卫生组织推荐的用于羊痘诊断的方法。

6. 防治

接种疫苗是主要的预防措施。一株痘苗病毒免疫后,可以抵抗所有田间毒株的感染。羊痘有多种弱防治疫苗毒疫苗和灭活疫苗,弱毒活疫苗免疫效果较好,有的疫苗免疫后保护力达 1 年以上,有的甚至终生免疫。灭活苗往往只能提供暂时性的保护(5 个月),而且灭活疫苗通常不能有效激活细胞免疫,所以灭活苗的效果常常不是很好。通常,同源的标准疫苗混合当地流行的羊痘和绵羊痘的弱毒株,联合使用可更有效地预防羊痘病。活弱毒疫苗虽有较高的免疫力,但接种后会刺激痘疹反应,严重时还会引起已患其他疾病的动物死亡,因此,它的应用受到一定的限制。

尽管羊痘是一类传染病,但对于新疫区许多基层兽医防疫人员以及一些饲养户来说,对该病的认识程度明显不足,或者说只有理论认识,而无实践经验,因而在平时工作中一定要提高警惕。

①加强疫情监控,做到防疫及时发现。在产地检疫或牲畜交易市场以及在兽医诊疗活动中,若发现有类似有羊痘症状的病例时,一定要立即上报,以便迅

速确诊,有利于果断采取措施。一经发现,要严格按照一类传染病的处理原则,立即采取严厉的扑灭措施,迅速控制疫情。

②加强检疫,严把传入传出关。对于无该病发生的地区,禁止患有本病的羊与血清学呈阳性的羊群进入本地区,其中包括与本病有关的一切产品及用具。

③增强隔离消毒及免疫意识。目前规模饲养户限于各种条件,极少数能全进全出,因此一定要增强消毒隔离观念,对新引进的羊只切不可直接混群饲养,以免疫情发生。预防接种是防止疫病发生和发展养殖业的主要措施,切不可抱有打或不打无所谓的侥幸心理,也不能为了节省费用而使防疫质量大打折扣.

④一旦发生疫情,对病死羊只全部进行无害化处理,禁止流入市场,并对圈舍、用具、场地等作全面而彻底地消毒;对假定健康和受威胁区羊群全面接种羊痘弱毒苗,能有效防止本病的发生。

附:羊痘活疫苗说明书

【兽药名称】通用名:羊痘活疫苗

【主要成分与含量】疫苗中含羊痘病毒弱毒株,每头份病毒含量不少于 $1.0 \times 10^{3.5} TCID_{50}$。

【性状】微黄色海绵状疏松团块,易与瓶壁脱离,加稀释液后迅速溶解。

【作用与用途】用于预防羊痘及绵羊痘。接种后 4～5 日产生免疫力,免疫期为 12 个月。

【用法与用量】尾根内侧或股内侧皮内注射。按瓶签注明头份,用生理盐水(或注射用水)稀释为每头份 0.5 毫升。无论羊只大小,每只 0.5 毫升。

【不良反应】注射本苗后,个别羊可能伴有体温反应、精神食欲欠佳等现象,多随时间的延长,症状逐渐减轻直至消失。

【注意事项】①本疫苗使用前应严格检查,并在专职兽医人员指导下使用,须防晒、防热、防破损,疫苗加稀释液后限当日用完。②本疫苗可用于不同品系和不同年龄的羊及绵羊。也可用于孕羊,但给怀孕羊注射时,应避免抓羊引起的机械性流产。③在有羊痘流行的羊群中,可对未发痘的健康羊进行紧急接种。④本疫苗必须采用皮内注射,如皮下接种效果不确切。⑤接种时,应做局部消毒处理。每只羊必须更换针头,严禁打"飞针"。⑥纯种羊应该慎重处理,接种前应做小范围实验。

【规格与包装】25 头份/瓶、50 头份/瓶、100 头份/瓶。

【贮藏与有效期】—15℃以下保存,有效期为 24 个月;2～8℃保存,有效期为 18 个月。

(四)小反刍兽疫(羊瘟)

小反刍兽疫又叫小反刍兽瘟,俗称"羊瘟",是由小反刍兽疫病毒引起的小反刍动物的一种急性、烈性、高度接触性传染病。该病主要感染羊、绵羊及一些野生小反刍动物。该病的临诊表现与牛瘟相似,故也被称为伪牛瘟,其特征是发病急剧,高热稽留,眼鼻分泌物增加,口腔糜烂、腹泻与肺炎。该病发病率高达100%,严重暴发时致死率达100%,是国际动物卫生组织(OIE)及我国规定的重大传染病之一,其危害相当严重,能造成巨大的经济损失。目前对于该病尚无有效治疗方法,主要通过早期诊断和疫苗免疫进行控制。未见有人类感染该病的报道。

该病于1942年在非洲的象牙海岸发生以来,随后扩散到东非,经中东传至亚洲。目前,该病在全球广泛流行,流行的国家和地区包括位于撒哈拉沙漠到赤道的诸多非洲国家,保加利亚、约旦、印度等西南亚国家,位于阿拉伯半岛的以色列、伊拉克等10个中东国家,以及亚洲的尼泊尔、巴基斯坦、阿富汗、孟加拉国、哈萨克斯坦等国家。

2007年7月26日,中国西藏阿里地区日土县热帮乡龙门卡村发生疫情。从2007年7月9日到11月15日,先后在阿里地区革吉、日土、札达、改则4个县,共出现20个疫点,发病羊6 122只,死亡1 888只。2008年6月,在那曲市尼玛县双湖区再次发现小反刍兽疫疫情,病羊及同群羊合计6 690只。之后2007年10月至2014年,在西藏的阿里、那曲市,新疆的哈密、伊犁、阿克苏地区,甘肃的武威,内蒙古的巴彦淖尔,宁夏的盐池、陕西的定边等地相继发生疫情。其临床症状与牛瘟类似,以高热、腹泻及呼吸道症状为主,成年羊、羔羊均可发病、死亡。羊较绵羊易感,羔羊较成年羊易感。尤其是羔羊的临床症状及病理变化最明显,羔羊也最易发病死亡。根据对边境地区羊病发生的记载及相关血清样品的检测,证实早在2005年冬天,西藏阿里地区最西部的热角村就发生过小反刍兽疫,之后按当地地理状况、畜牧模式及人文生态相适应的特定方式,由山谷向东缓慢传播。由于热角村位于中印边境,且存在边境放牧现象及大量野生小反刍动物,另外,对中国分离到的流行毒株与印度来源的毒株基因序列比较相似性为97.6%,与其第4基因群毒株相似性为89.6%~97.3%,由此初步推断该病毒是由印度传入中国的。2008年2月,中国发生野生动物感染PPR的情况,证实了PPR具有传播新途径,也给PPR病的扑灭带来困难。

1.病原

小反刍兽疫病毒(Peste des petits ruminants virus PPRV)属于副粘病毒科(Paramyxoviridae)麻疹病毒属(*Morbillivirus*),同属同对于其他成员还有牛瘟

病毒(RPV)、犬瘟热病毒(CDV)、海豹瘟病毒(PDV)和麻疹病毒(MV)。PPRV与牛瘟病毒(RPV)相互之间有血清学相关性,能产生交叉保护,过去曾认为是牛瘟病毒的变异株,临床上也有利用麻疹疫苗成功预防牛瘟的报道,这足以证明其血清相关性。也正是这种特性,免疫小反刍兽疫活疫苗,会给牛瘟的检测和净化带了干扰,所以有些国家反对免疫活疫苗。20世纪70年代证明PPRV为副粘病毒科麻疹病毒属新的成员。PPRV只有一个血清型,分四个基因谱系,其中只有Ⅳ系来源于亚洲,Ⅰ、Ⅱ、Ⅲ系全部来源于非洲。由不同谱系制成的疫苗有交叉保护作用,接种任何一种PPR疫苗易感动物即可得到保护。Nigeria75/1疫苗免疫保护期3年,Sungri96疫苗免疫保护期6年。小反刍兽疫病毒的抵抗力不强,在50℃条件下半个小时即死亡。在4℃条件下12个小时和pH值在6.7~9.5之间的条件下最稳定。试验感染羊的尸体,在4℃条件下保存8天后,从淋巴结内仍然可以找到PPRV,但是滴度显著降低。

2.流行病学

该病传染源主要为患病动物和隐性感染动物,处于亚临床型的病羊尤其危险。病畜的分泌物和排泄物均可传播本病。传播PPRV途径主要以直接、间接接触或以其他方式传播经呼吸道感染为主要的感染途径,其中多以飞沫传播经呼吸道感染。病畜的眼、鼻和口腔分泌物以及粪便中均含有病毒,可通过咳嗽或打喷嚏时的分泌物向空气中释放病毒,一旦其他动物吸入就会感染。此外,被污染的饲料、饮水和垫料可成为传播媒介,但昆虫不会成为媒介。病毒也可经受精及胚胎移植而传播,亦可通过哺乳传染给幼畜。易感动物PPRV主要感染羊、绵羊等小反刍兽,但是不同品种的羊的敏感性有显著差别,通常羊比绵羊更易感,其中欧洲品系的羊更易感,西非的矮小羊发病症状比较严重,而西非长脚羊症状则比较温和。幼龄动物易感性较高,哺乳期的动物抵抗力较强。在野生动物中,小鹿瞪羚、努比亚野羊、长脚羚以及美国白尾鹿均易感。另外,猪和牛也可感染PPRV,但通常无临床症状,也不能够将其传染给其他动物。但值得注意和警惕的是,这种非靶动物的感染也有可能导致小反刍兽疫病毒血清型的改变。有报道称印度水牛曾发生因PPRV导致牛瘟一样的病例,这可能是由于PPRV致病毒株在牛淋巴细胞中增殖的缘故,研究有考虑到PPRV的免疫抑制效应,推测该病毒可能会偶然突破大反刍兽的天然抵抗力,从而导致其出现与牛瘟一样的临床症状。本病一年四季均可发生,但在多雨季节和干燥寒冷季节多发。在非洲小反刍兽疫有3个高发季节:活畜集市贸易旺盛期(如穆斯林节日),很容易传染;西非在低温、干燥和有风沙的季节(1~2月),容易发生细菌和PPRV混合感染;旱季和雨季交替季节,经历长时间的旱季后,家畜营养状况差,进入雨季后,温、湿度的骤变会造成家畜的应激反应,导致抵抗力下降,容易发生本病。

临诊症状由于动物品种、年龄差异以及气候和饲养管理条件不同而出现的敏感病不一样,主要表现以下几个类型:

(1)最急性型 常见于羊,在经过平均 2 天的潜伏期后,出现高烧(40～42℃),精神沉郁,感觉迟钝,不食,毛竖立。同时出现流泪及浆液、黏性鼻液。口腔黏膜出现溃烂,或在出现之前死亡。但是常见齿龈充血,体温下降,突然死亡,整个病程 5～7 天。其染病耐过羊只生产的小羊,感染后仅表现肺炎,腹泻症状,易于传染性胸膜肺炎混同,防疫注意鉴别诊断。

(2)急性型 该病潜伏期为 3～4 天,症状和最急性的一样,但病程较长。自然发病多见于羊和绵羊,患病动物发病急剧,高热 41℃ 以上,稽留 3～5 天,初期精神沉郁,食欲减退,鼻镜干燥,口鼻腔流黏液脓性分泌物,并很快堵塞鼻孔,呼出恶臭气体。口腔黏膜和齿龈充血,进一步发展为颊黏膜出现广泛性损害,导致涎液大量分泌排出。从发病第 5 天起,黏膜出现溃疡性病灶,感染部位包括下唇,下齿龈等处,严重病例可见坏死病灶波及齿龈、腭、颊部及乳头、舌等处。舌被覆盖一层微白色浆液性恶臭的浮膜,当向外牵引时,即露出鲜红和很容易出血的黏膜。后期常出现带血的水样腹泻,病羊严重脱水、消瘦、常有咳嗽、胸部啰音以及腹式呼吸表现。死前体温下降。幼年动物发病严重,发病率与死亡率都很高。母畜常发生外阴阴道炎,伴有黏液脓性分泌物,孕畜可发生流产。病程 8～10 天,病羊有的并发其他病而死亡,有的痊愈,也有的转为慢性型。

(3)亚急性型或慢性型 病程延长至 10～15 天,常见于急性期之后。早期的症状和上述的相同。口腔和鼻孔周围以及下颌部发生结节和脓疱是本型晚期的特有症状,易与传染性脓疱混同。

3.病理变化

机体病变与牛瘟相似。本病最特殊的病变是结膜炎、坏死性口炎、大叶性肺炎、胃肠黏膜脱落等。急性病例,口腔黏膜和消化道出现大面积坏死,开始为白色点状的小坏死灶,直径数微米。待数目增多即汇合成片,形成底面红色的糜烂区,上覆以脱落的上皮碎片。但是瘤胃、网胃和瓣胃却很少损伤,皱胃常出现有规则的出血坏死糜烂。回肠、盲肠、结肠以及直肠表面有严重出血。盲肠结肠交界处表现为特征的线状条带出血。鼻腔黏膜、鼻甲骨、喉和气管等处可见小淤血点。PPRV 对胃肠道淋巴细胞和上皮细胞有特殊的亲和力,故能引起特征性病变。一般在感染细胞中出现嗜酸性胞浆包涵体及多核巨细胞。在淋巴组织中,可引起淋巴细胞和上皮细胞坏死,脾脏肿大、坏死等病理变化在诊断上有重要意义。患畜肺部出现暗红色或紫色区域,触摸手感较硬,这些症状也可能由支气管肺炎、支原体肺炎、巴氏杆菌病等引起,临床上应注意区分。

4. 诊断

根据该病的流行病学、临诊表现和病理变化可作出初步诊断,确诊需要进行实验室检查。

5. 防治

(1)预防措施　该病的危害相当严重,是 OIE 及我国规定的重大传染病之一,受威胁区可注射小反刍兽疫活疫苗预防。

(2)扑灭措施　防疫人员一旦发现疫情,要立即报告,并采样送国家参考实验室确诊,严格按照《小反刍兽疫防控技术规范》要求,按照一类动物疫情处置方式扑灭疫情。

附:小反刍兽疫(羊瘟)活疫苗说明书

【兽药名称】通用名:小反刍兽疫活疫苗

【主要成分与含量】每头份疫苗含有的小反刍兽疫弱毒病毒至少为 10^3 TCID$_{50}$。

【性状】本品为乳白色或淡黄色海绵状疏松团块,易与瓶壁剥离,加稀释液后迅速溶解。

【作用与用途】用于预防羊的小反刍兽疫,免疫持续期为 36 个月。

【用法与用量】按瓶签注明头份,用稀释液稀释为 1 头份/毫升,每只羊颈部皮下注射 1 毫升。

【不良反应】接种后个别羊可能出现过敏反应外,一般无可见不良反应。

【注意事项】①稀释后的疫苗应避免阳光直射,气温过高时在接种过程中应冷水浴保存,稀释后的疫苗应限 3 小时内用完。②用过的疫苗瓶,剩余疫苗及接种注射器应消毒处理。③仅用于健康动物接种。

【规格与包装】50 头份/瓶、100 头份/瓶、10 瓶/盒。

【贮藏与有效期】在 -20℃ 以下保存,有效期为 24 个月。

(五)伪狂犬病

伪狂犬病是由伪狂犬病毒引起家畜和多种野生动物的一种急性传染病。除猪以外的其他动物发病后通常具有发热、奇痒及脑脊髓炎等典型症状,均为致死性感染,但呈散发形式。该病在 1813 年发现于美国牛群,因其症状和狂犬病相似,故称为伪狂犬病。目前本病广泛分布于世界各地,我国 1948 年报道首例猫伪狂犬病以来,已陆续有猪、牛、貂、狐狸等也被可自然感染。

1. 流行病学

病牛羊、带毒牛羊以及带毒鼠类,是本病重要传染源,猪是 PRV 的原始宿主和贮存宿主。

牛羊自然感染本病是经鼻腔和口腔,也可通过交配、精液、胎盘传播。被伪狂犬病毒污染的工作人员和器具,吸血昆虫等也可传播本病。病鼠和死鼠可能是犬猫的感染源,犬、猫常因吃病鼠、病畜内脏经消化道感染。牛羊可因接触病猪而感染,但病牛羊之间不会传染。

伪狂犬的发生具有一定季节性,多发生在寒冷的冬、春季节。伪狂犬病毒对动物的致病作用依赖于许多因素,包括年龄、毒株、感染量以及感染途径等。

2.临床症状

该病潜伏期一般为3～6天,牛羊对本病特别敏感,感染后病死率高、病程短。病畜主要表现呼吸加快,体温升高达41.5℃,精神沉郁,肌肉震颤,目光呆滞。症状比较特殊,体表任何部位病毒都可以增殖,寄生部位奇痒,并因瘙痒而出现各种姿势。如鼻黏膜受感染,则用力摩擦鼻镜和面部;结膜感染时,以蹄子拼命搔痒,有的因而造成眼球破裂塌陷;有的呈犬坐姿势,使劲在地上摩擦肛门和阴部;有的在头颅、肩甲、胸壁、乳房等部位发生奇痒,奇痒部位因强烈瘙痒而脱毛、水肿、甚至出血。因此还可出现某些神经症状如磨牙,流涎,强烈喷气,狂叫,转圈,运动失调,甚至神志不清,但无攻击性,后期多因为麻痹而死亡。个别病例无奇痒症状,数小时后死亡。绵羊病程短,多于1天内死亡。羊病程2～3天。该病的死亡率很高,接近100%。

3.病理变化

牛主要是体表皮肤局部擦伤、撕裂、皮下水肿,肺充血、水肿,心外膜出血,心包积水。羊主要表现为奇痒部位皮下组织有浆液性出血浸润,皮肤擦伤处脱毛、水肿。组织学病变主要表现为神经节炎或中枢神经系统呈弥散性非化脓性脑膜脑脊髓炎,广泛的神经节细胞及胶质细胞坏死,同时有明显的血管套及弥散性局部胶质细胞反应。

4.诊断

根据病畜典型的临诊症状和病理变化,流行病学资料,以及较高的死亡率,可以做出初步诊断。如若确诊需要进行实验诊断。

5.防控措施

防控时要加强饲养管理及检疫。防止将野生动物引入健康动物群是控制伪狂犬病的一个非常重要的措施。严格灭鼠,控制犬、猫、家禽、野鸟及蝙蝠进入圈舍,禁止将牛、羊、猪和犬类混养,控制人员往来。

6.预防

病牛羊直接淘汰。对于健康牛、羊每年秋天定期接种伪狂犬疫苗 Bucharest 株(没有条件的或选用 Bartha-K61 株)双基因缺失弱毒苗,可预防本病。本病临床上容易与狂犬病混淆,注意区别,无条件鉴别可注射狂犬病兽用活疫苗(ERA弱毒株)进行预防。

对于治疗我们也要采取有效措施。发病早期可用白细胞干扰素对发病畜进行治疗,有很好效果。

附:伪狂犬病活疫苗(Bartha-61 株)使用说明书

【兽药名称】通用名:伪狂犬病活疫苗(Bartha-61 株)

【主要成分与含量】本品含伪狂犬病病毒(Bartha-61 株),每头份不低于 5 000 $TCID_{50}$。

【性状】本品为微黄色海绵状疏松团块,加 PBS 液后迅速溶解,呈均匀的混悬液。

【作用与用途】用于预防猪、牛和绵羊伪狂犬病,注射疫苗后第 6 日产生免疫力,免疫期为 12 个月。

【用法与用量】肌内注射。①按标签所注明头份,用 PBS 液稀释为每毫升含 1 头份。②绵羊:4 月龄以上者,接种 1 毫升。③猪:妊娠母猪及成年猪接种 2 毫升/头;乳猪,第一次接种 0.5 毫升,断奶后再接种 1 毫升。④牛:一岁以上牛,接种 3 毫升/头;5～12 月龄牛,接种 2 毫升/头;2～4 月龄牛,第一次接种 1毫升,断乳后再接种 2 毫升。

【不良反应】注射后可能有体温升高、减食或者停食等反应,但经 1～3 日即可恢复正常。注苗后,如出现过敏反应,应加强护理并注射肾上腺素等抗过敏药物。

【注意事项】①用于疫区及受到疫病威胁的地区,在疫区、疫点内,除已发病家畜外,对无临床表现的家畜亦可进行紧急预防注射。②妊娠母猪分娩前 3～4周注射为宜,其所生仔猪的母源抗体可持续 3～4 周,此后的乳猪或断奶乳猪仍需注射疫苗;未用本疫苗免疫的母猪,其所生仔猪,可在生后 1 周内注射,并在断乳后再注射 1 次。③稀释后须在当日用完。④用过的疫苗瓶、器具和未用完的疫苗等进行消毒处理。

【规格与包装】10 头份/瓶,50 头份/瓶

【贮藏与有效期】2～8℃保存,有效期为 9 个月,—24℃保存,有效期为 18个月。

(六)羊肺腺瘤病

本病是由绵羊肺腺瘤病病毒引起绵羊及山羊的传染病。该病的主要特征为潜伏期长和肺脏癌病变。

1.病原

绵羊肺腺瘤病病毒,是一种反转录病毒,不易在体外培养,而只能依靠人工接种易感绵羊来获得。病毒抵抗力不强,56℃条件下30分钟可以灭活,对氯仿和酸敏感。在−20℃下保存的病肺细胞内可存活数年。

2.流行病学

病羊是传染源。病源通过飞沫经呼吸道传播。羊只拥挤或密闭圈养有易于传播。天气寒冷或在冬季,病情加重,死亡增多,并易继发细菌性肺炎。

3.症状

自然感染的潜伏期在半年以上,甚至几年。成年羊以虚弱、消瘦、呼吸困难为主要特征。病情可因放牧中赶路而加重,故称"驱赶病"。听诊和叩诊有湿啰音和肺实变区,尤其是下部更为明显。该病发病率为 2%～4%,死亡率为 100%。

4.病理变化

一侧或双侧肺出现大量灰白色结节,质地坚实,切面呈明显的颗粒状突起物,反光强。继而病肺出现肿瘤组织所构成的大小不同的结节,细支气管周围淋巴结显著肿大。后期肺的切面有水肿液流出。

5.诊断

本病毒很难分离培养,用病料经鼻或气管接种绵羊,经 3～7 个月的潜伏期后出现症状,在肺脏及其分泌物中含有较多的病毒。血清学诊断可作病毒中和试验、琼脂扩散试验、补体结合试验、免疫荧光和 ELISA 等。

6.治疗

尚无有效的治疗方法。

7.防控措施

平时加强羊群的防疫工作,建立无本病的羊群,严禁从疫区引进羊只。一旦发生本病,病羊应立即隔离、淘汰或屠宰。

(七)梅迪－维斯纳病

本病是由梅迪－维斯纳病毒引起成年绵羊的接触性传染病。该病主要特征是经过漫长的潜伏期之后,表现间质性肺炎或脑膜炎,病羊衰弱、消瘦,最后终归死亡。

梅迪和维斯纳原来是用来描述绵羊两种症状不同的慢性增生性传染病,梅迪是一种增进性间质性肺炎,维斯纳则是一种脑膜炎。当确定了病因后,我们则认为梅迪和维斯纳是由特性基本相同的病毒所引起,但二者具有不同病理组织学和症状的疾病。

1. 病原

梅迪—维斯纳病毒,是两种在许多方面具有共同特性的病毒,属于反转病毒科慢病毒属,含有单股 RNA,纤突从病毒囊膜伸出。

病毒对乙醚、氯仿、乙醇、过碘酸盐和胰酶敏感,能被 0.1％福尔马林、4％酚和乙醇灭活。

2. 流行病学

病羊是传染源、终身带毒,随唾液、鼻汁和粪便排出体外。通过飞沫经呼吸道感染,也可能经胎盘和乳汁垂直传播。吸血昆虫可能是传播媒介的一种。多见于 2 岁以上的绵羊,山羊也可感染。四季均可发生。该病多呈散发性。

3. 症状

潜伏期为 2 年或更长时间。是以呼吸道症状为主的病例,病羊发生进行性肺部损害,症状发展缓慢,经过数年或数月逐渐加重。当病情恶化时,呼吸次数达 80～120 次/分钟,但仍有食欲,体温一般正常。听诊肺背侧有啰音。病羊最后因缺氧和并发细菌性肺炎而死亡。

以神经症状为主的病例、病羊病初表现步态不稳,后肢发软易失足摔倒,而后关节不能伸直,后肢轻瘫,行走困难、易疲劳,唇和眼睑等颜面肌肉震颤,头稍微偏向一侧。最后全身瘫痪,麻痹而死亡。病羊体温无明显变化。病程由数月至数年不等,病情发展常呈波浪式。

4. 病理变化

病变主要见于肺和肺淋巴结。肺体积膨大 2～4 倍,打开胸腔时肺塌陷,各叶之间以及肺和胸壁粘连,肺重量增加,颜色呈淡灰色或暗红色,质地坚实,略似橡皮,肺的前腹区坚实,支气管淋巴结增大,切面均质发白。胸膜下常可见许多针尖大、半透明、暗灰白色的小点,严重时突出于表面。过小看不清楚时,可以用 50％～98％的醋酸涂擦于肺表面,2 分钟后,于灰黄色背景上出现十分明显的乳白色小点。

5. 诊断

胸膜下的点状病灶具有诊断参考价值。采取病羊的肺及其淋巴结,接种于绵羊的脉络丛或肾细胞进行分离培养,可用已知特异性抗血清做病毒中和试验进行鉴定。血清学方法包括病毒中和试验、琼脂凝胶免疫扩散试验、补体结合试验、间接血凝试验、免疫荧光、ELISA 等。在诊断时注意与肺腺瘤病、蠕虫性肺炎、肺脓肿和其他肺部疾病相鉴别。

6. 治疗

尚无有效的治疗方法。

7. 防控措施

本病的防控关键在于防止感染羊接触健康羊。加强进口检疫,引进的羊必须隔离观察,确认健康时才能混群。要定期对羊群做血清学调查。感染羊群全部扑杀,尸体要深埋处理对污染物要彻底销毁。

(八)绵羊痒病

本病是由朊病毒引起绵羊的缓慢发展的中枢神经系统传染病。又称驴跑病、瘙痒病、慢性传染性脑炎。该病主要特征为潜伏期长,剧痒,运动失调,终归死亡。

1. 病原

朊病毒,它仅是一种大分子,不含核酸,无免疫反应。病毒对不良的理化影响很稳定,脑组织中的病原能耐高温和消毒药。该病毒对氯仿、乙醇、乙醚、高碘酸钠和次氯酸钠敏感,pH 值为 2.5～10 的酸和碱溶液对其无影响。病原主要存在于中枢神经系统、脾脏和淋巴结中。

2. 流行病学

传染源为病羊。传播途径还不完全清楚,一般认为主要通过接触传播,也可通过垂直传播。主要发生于 2～4 岁的成年绵羊。多呈散发性,羊群一旦被感染则很难清除。该病发生无季节性。发病率可达 20%。病死率 100%。

3. 症状

该病潜伏期很长,可达 18～60 个月,甚至更长,主要表现奇痒和共济失调两种明显症状。后期机体衰弱,卧地不起,昏迷,死于衰竭。体温始终保持正常。病程为 6 周到 8 个月,甚至更长。

4. 病理变化

剖检时可见皮肤创伤、脱毛、消瘦,但内脏器官常无眼观可见变化。

5. 诊断

主要发生于成年绵羊,表现以剧痒和运动失调为主的神经症状,病理组织学在脑干和脊髓神经元空泡变性和灰质海绵状病变具有诊断意义。尚无分离培养病毒的方法,病原学诊断主要靠病理组织学和免疫组化法。感染的羊无免疫应答反应,因此尚无血清学诊断方法。注意与螨病和虱病相鉴别,虽然都出现擦痒、抓伤、咬伤、皮炎,但可找到螨与虱。

6. 治疗

目前尚无有效疗法。

7. 防控措施

因本病具有潜伏期长,病情发展缓慢,无免疫应答等特征,普通的预防措施无效。对此唯一的办法是迅速确诊,立即隔离、封锁,对发病羊群进行扑杀,尸体立即焚烧,严禁食用,不能制成饲料。从可疑地区引进的羊只应隔离5年,每6个月检查一次。

(九)蓝舌病

本病是由蓝舌病病毒引起的绵羊传染病。该病主要特征为发热、消瘦,口、鼻和胃黏膜溃疡性炎症变化。

1.病原

蓝舌病病毒,属于呼肠孤病毒科环状病毒属。病毒粒子呈圆形,20面体对称,无囊膜,双层衣壳,核酸为双股RNA。已知病毒有24个血清型,各型之间无交互免疫力。

病毒抵抗力强,能耐受干燥,抵抗氯仿、乙醚和去氧胆酸钠,对胰酶、2%～3%氢氧化钠敏感。

2.流行病学

病羊及病愈后4个月内的带毒绵羊是主要传染源。尤以1岁左右的绵羊最易感,哺乳的羔羊有一定的抵抗力。牛和山羊以及其他反刍动物症状轻缓或不明显,以隐性感染为主。天然传播媒介为库蠓,因此常发生于湿热的夏季和早秋,特别是池塘、河流较多的低洼地区。

3.症状

该病潜伏期3～10天,常呈现急性型。病初体温升高至40～42℃,稽留5～6天。以口腔黏膜和舌充血后呈蓝色,发绀(蓝舌),随后出现黏膜上皮坏死、溃疡为特征。病羊迅速消瘦,全身衰弱。急性病程通常达6～14天,致死性病例在此期间死亡。若不死亡,则这种虚弱情况可持续数周。

4.病理变化

该病病理主要变化见于口腔、瘤胃、心脏、肌肉、皮肤和颈部。口腔黏膜和舌充血后发绀呈蓝色,随后出现黏膜上皮坏死、溃疡。

5.诊断

该病主要侵害绵羊,1岁左右的最易感,哺乳羔羊有抵抗力,发生与库蠓的分布习性和生活史密切相关,口腔黏膜和舌充血后呈蓝色。诊断时可用已知抗血清做病毒中和试验鉴定分离该病毒。琼脂扩散试验、补体结合反应、免疫荧光抗体技术具有群特异性,可用于病的定性,微量血清中和试验具有型特异性。

6.治疗

本病尚无特效疗法,可对口唇等发炎部位局部处理。

7. 防疫措施

消灭库蠓的各种措施均能降低发病率。及时检测并淘汰急性发病期及患病毒血症的病羊,血清阳性的无症状羊应隔离饲养。常发地区采用与当地血清型相符的毒株制苗或多价苗。

Ⅱ 湖羊的细菌性疾病

(一)羊传染性胸膜肺炎

羊传染性胸膜肺炎又称羊支原体性肺炎,是由羊支原体羊肺炎亚种所引起的一种高度接触性传染病,其临床特征为高热,咳嗽,流浆液性鼻涕,纤维素性肺炎和胸膜炎。该病呈急性和慢性经过,病死率很高。羊传染性胸膜肺炎是严重的呼吸道传染病,现已成为危害养羊业的主要疫病之一,发病率很高,其危害不容忽视。

1. 病原

羊传染性胸膜肺炎病原是丝状支原体簇中的一员,称作羊支原体羊肺炎亚种。该病原形态细小、呈球状、杆状、丝状、螺旋状、球杆状、星芒状等,菌落呈明显的煎蛋状。在液体培养基培养传代时,该病毒呈现轻微混浊,需要做空白对照管对比观察。革兰氏染色阴性。用姬姆萨、卡斯坦奈达氏或美兰染色,着色良好。该病毒对理化因素抵抗力很弱。生化培养特性为:葡萄糖产酸,分解甘露醇,水解精氨酸试验阴性,还原四氮唑,磷酸酶活性试验阴性,液化凝固血清,酪蛋白消化试验阳性。该病毒对红霉素高度敏感,该病毒对四环素和氯霉素中等敏感。

2. 临床症状

病初病羊体温升高至 $41\sim42℃$,咳嗽,流鼻涕,呼吸困难,有时发出痛苦的鸣叫,常躺卧于僻静之处。胸部听诊时病羊肺泡音减弱,有湿性啰音和胸膜摩擦音,胸部叩诊局部呈完全浊音,按压肋间有疼痛,鼻、眼黏膜发绀,鼻孔有灰白色黏液外流。随着病程的发展,病羊大多出现胃肠炎症状,伴发下痢,饮水增多,尾部和后肢粪便污染严重,严重时呼吸极度困难,常有心力衰竭、脉搏细弱而快,最后多因窒息而死亡,死亡率约为 $15\%\sim25\%$。

3. 流行病学

本病流行病学特点为主要侵害 3 岁以内的青年羊,这对诊断具有指导意义。通过血清学调查证实,青年羊和成年羊带菌现象比较普遍,往往不表现症状,从而成为主要的传染源,一旦饲养管理不当及环境气候突变都能导致本病的发生和流行。

本病主要经接触和呼吸道感染,发生于绵羊、羊,尤以 3 岁以下的羊最敏感,其他畜禽不感染。人工感染羊一般只限于胸腔和气管注射,皮下注射可引起少数羊发生体温反应和局部肿胀,但不能引起肺部病变;肌内注射可引起局部肿胀,呈湿性坏死,最后死亡;静注可引起典型的临床症状和病变;喷雾感染可使一部分羊在5～18天发病,并能引起肺、肝样变;器官注射的潜伏期为3～7天,发病率95％;接触感染羊在20天后大多数可以发病。冬春枯草季节,羊只消瘦、营养缺乏以及寒冷潮湿、羊群拥挤等因素常诱发本病。该病多呈地方性流行,一旦发病将在羊群中迅速传播开来。

在自然条件下,羊传染性胸膜肺炎疫情常呈地方性流行。阴雨连绵、寒冷潮湿,羊群密集、拥挤等因素利于疾病的传染和发生。旧疫区主要因冬季和早春枯草季节,羊只营养缺乏,机体抵抗力降低而发病。新疫区疫病的爆发几乎都是由引进病羊或带菌羊引起,运输应激、饲养管理改变、草料更换、气候、水土差异等因素都是发生本病的诱因。病毒在羊群中传播迅速,20天左右可波及全群,健康羊群可能由于混群而受害。

4. 病理变化

典型的病理变化多局限在胸腔,呈现一侧纤维素性胸膜肺炎的变化,常见一侧肺、肝样变,胸腔纤维素性液体渗出,胸膜与肺严重粘连。感染的肺肿大,实质化,呈现灰红相间的颜色,但肺的间质并没有增宽。心包积液,心肌松弛变软。肝、脾肿大,胆囊肿胀,肾脏肿大。病程长的羊,肝变区突出于肺表,结缔组织增生,甚至有形成包囊的坏死灶。

5. 诊断

临床诊断:①最急性型:羊群有一只或几只羊突然发病,体温高达41～42℃,呼吸急促,结膜发绀,多于24～36小时内死亡;②急性型:病羊体温升高至41～42℃,呆立一隅,食欲减退,腰背拱起,腹肋紧缩,被毛粗乱,战栗,随之出现短而湿性咳嗽,呼吸加快,有浆液性鼻漏。数日变成粘脓性并呈铁锈色,附于鼻孔和唇,结成干硬痂皮。后期病羊食欲废绝,呼吸极度困难,听诊肺部有实音区,呈支气管呼吸音和摩擦音,流有黏液性眼泪。孕羊大部分流产。病羊死前体温下降,病程一般7～10天,病死率高达50％～60％;③慢性型:多由急性病例转变而来,病羊体温40℃左右,全身症状较轻,病羊鼻漏时有时无,时有咳嗽和腹泻,被毛粗乱,体况衰弱,饲养管理不当,常导致死亡。

区分本病和丝状支原体丝状亚种LC型引起的疾病区分很困难,因为后者感染羊后,病羊也呈现肺炎,但是后者引起的肺炎肺小叶间隔明显增宽,有点类似于牛传染性胸膜肺炎。本病主要与巴氏杆菌病进行区分,巴氏杆菌病引起两侧肺的损伤,肺的边缘容易感染,感染肺色泽均一。其他支原体的感染,主要症状是肺炎并伴随关节炎、乳房炎、角膜炎。

实验室诊断：采集胸腔渗出液，在无菌条件下，接种于血清琼脂平板上，置于37℃培养箱中，经24小时生长出透明露珠状、中央有乳头突起的典型菌落。刮取此菌落涂片，染色、镜检，见革兰氏染色阴性和姬姆萨、瑞特氏染色较好的多形病原体。

6.防治

（1）预防　免疫接种是预防本病的有效措施。我国目前较常用的疫苗有羊传染性胸膜肺炎氢氧化铝苗，国际上采用皂角苷灭活疫苗。本病自然耐过的羊可获得免疫力。最早的预防 CCPP 的实验性疫苗，是用高代次 Mccp 活菌制成的，气管内接种证明无害，并可保护羊抵抗病原体的攻击。我国于1985年研制成功氢氧化铝组织灭活疫苗，这对控制羊传染性胸膜肺炎的流行起到了很大作用，该疫苗保护率达75％以上。羊皮下或肌内注射，6月龄羊5毫升，6月龄以内羔羊3毫升，免疫期是1年。鸡胚化弱毒疫苗是通过鸡胚培养传代致弱而研制的弱毒疫苗，给羊接种后免疫效果良好，但对孕母羊不够安全，会引起孕母羊流产。

（2）治疗　立即将育成羊群隔离饲养，并且扑杀症状明显的病羊，其余病羊进行投药治疗。用磺胺嘧啶钠溶液注射，每千克体重为0.02～0.04克（日量），分早、晚2次或早、午、晚3次肌内进行注射。纯松节油0.6～0.8毫升，一次缓慢注射于静脉（成年羊）。注射后，羊只可能稍有不适反应，一般在16～18小时以后即可消失。治疗本病也可选用泰妙菌素、泰乐菌素、红霉素或甲砜霉素、四环素等药物，不宜用青霉素和链霉素。

附：羊传染性胸膜肺炎灭活疫苗使用说明书（绵羊用）

【兽药名称】通用名称：羊传染性胸膜肺炎灭活疫苗

【主要成分与含量】本品含灭活的羊传染性胸膜肺炎病料组织0.1克/毫升。

【性状】本品静置后，上层为浅棕色或淡黄色澄明液体，下层为灰白色沉淀，振摇后呈均匀混悬液。

【作用与用途】用于预防羊传染性胸膜肺炎。免疫期为12个月。

【用法与用量】皮下或肌内注射。成年羊，每只5.0毫升；6个月以下的羔羊，每只3.0毫升。

【不良反应】一般无可见不良反应，个别有轻微反应。出现局部肿胀、轻度跛行、食欲减退、在短期内体温升高属于正常现象。

【注意事项】①切忌冻结，冻结后的疫苗严禁使用。②使用前，将疫苗恢复至室温，并充分摇。③接种时应做局部消毒处理。每只羊用一个灭菌针头。

④用过的器具、未使用完的疫苗、疫苗瓶等必须及时消毒处理。

【规格与包装】100毫升/瓶,100瓶/箱。

【贮藏与有效期】2～8℃保存,有效期为18个月。

（二）羊败血性链球菌

羊败血性链球菌病是C群马链球菌兽疫亚种引起的一种急性、热性、败血性传染病,也称羊链球菌病。该病以咽喉部及颌下淋巴结肿胀、大叶性肺炎、浆液性肺炎、纤维素性胸膜肺炎、呼吸异常困难、全身出血性败血症、局部化脓灶、胆囊肿大为特征。绵羊最易感,羊次之。1910年德国Weimann首先报道了绵羊败血性链球菌病,1952年我国从青海省分离出该菌,经鉴定为C群马链球菌兽疫亚种;20世纪50年代,该病在青海西藏新疆甘肃四川等地广泛流行,20世纪60年代接种疫苗后,该病基本得到控制。随着羊的饲养量从牧区向农区转移,由放牧到舍饲过度,该病又出现新的流行态势。

1. 病原

羊链球菌（ *Streptococcus ovis* ）属于链球菌属（ *Streptococcus* ）的马兽疫链球菌亚种（ *Streptococcus equi* subsp. *zooepidemicus* ）。国际上对比统一血清型分类。目前,我国将所分离的病原菌命名为羊败血性链球菌,根据其类M蛋白抗原性的差异,至少可分为15个血清型。其中,从四川分离的代表株ATCC35246已被美国菌种保存中心收藏。

2. 流行病学

病羊和带菌羊是本病的主要传染源,该病主要经呼吸道或损伤的皮肤传播,菌通常存在于病羊的各个脏器以及各种分泌物、排泄物中,在鼻液、气管分泌物和肺中含量很高,经呼吸道排出病原体,容易造成该病的呼吸道传播。另外,损伤的皮肤、黏膜,吸血昆虫叮咬也是该病的传播途径。病死羊的肉、骨、皮、毛等可以散播病原,在本病传播中同样具有重要作用。

羊链球菌主要发生于绵羊,肉羊次之。新疫区多呈流行性发生,危害严重;老疫区则呈地方性或散发性流行。本病的发生于气候变化有关。在冬春季节易发病,发病率为15%～25%,死亡率达到80%以上。

3. 症状

本病的潜伏期,自然感染为2～7天,少数长达10天。

（1）最急性型　病羊初发症状不易被发现,常于24小时内死亡,或在清晨检查圈舍时发现死于圈内。

（2）急性型　病羊体温升高到41℃以上,精神委顿、垂头、弓背、呆立、不愿走动;食欲减退或废绝,停止反刍;结膜充血,流泪,随后出现浆液性分泌物;腔流出浆液性脓性鼻汁;喉肿胀,咽背和颌下淋巴结肿大,呼吸困难,咳嗽;便有时带有黏液或血液。怀孕羊阴门红肿,多发生流产。最后病羊衰竭倒地。多数病羊窒息死亡,病程2～3天。

（3）亚急性型　病羊体温升高,食欲减退,流黏液性透明鼻液,咳嗽,呼吸困难,粪便稀软带有黏液或血液,嗜卧、不愿走动,走时步态不稳。该病病程7～14天。

（4）慢性型　病羊一般轻度发热、消瘦、食欲不振、腹围缩小、步态僵硬、掉群。有的病羊咳嗽,有的出现关节炎。病程一个月左右,病羊转归死亡。

4. 病理变化

特征性病理变化以败血症为主;可见各个脏器泛发性出血、淋巴结肿大、出血,鼻、咽喉和气管黏膜出血;肺水肿或气肿,出血,出现肝变化区,胸腔、腹腔液及心包积液增量,心冠沟及心内外包膜有小点状出血。肿大呈泥土色,边缘钝厚,包膜下有出血点,胆囊肿大2～4倍,胆汁外渗。肾脏质脆,变软,出血梗死,包膜不易剥离。各个器官浆膜面附有黏稠的纤维素性渗出物。

5. 诊断

该病原可以引起人的感染,因此,在临诊诊断和实验室取样检测过程中要做好个人防护。

根据发病地区的流行情况,查看是否有链球菌病的发病历史。临诊见咽喉肿胀,咽背和颌下淋巴结肿大,有呼吸困难等呼吸道症状,剖检见到全身败血性变化,各脏器浆膜面常覆盖有黏稠、丝状的纤维素样物质,胆囊肿大等变化,可以初步诊断。

羊链球菌病与羊巴氏杆菌、羊梭菌病、羊大肠杆菌病、羊炭疽等病有很多相似之处,应注意鉴别。羊巴氏杆菌属于革兰氏阴性杆菌,患病羊鼻孔出血,有恶臭血便。羊链球菌为革兰氏阳性球菌。羊梭菌为革兰氏阳性菌梭菌,多为散发,并且没有高热,肺炎,全身广泛性出血变化。羊大肠杆菌病多发生于羔羊,呼吸道症状和病变不典型,消化道症状典型。

6. 预防

对于该病的防控,预防是关键。首先要注射羊败血性链球菌灭活疫苗或羊败血性链球菌活疫苗,每年秋天免疫一次,也可在该病爆发前紧急接种。疫区羊群全群普防羊败血性链球菌灭活疫苗或羊败血性链球菌活疫苗,必要时每年秋、冬或秋春,秋免疫两次。发生疫情时,应对健康羊紧急注射,隔离病羊,参照细菌感染及败血症进行治疗。对于羊群要加强饲养管理,做好抓膘、防寒保暖工作,不从疫病区购进羊和羊肉、皮毛等产品,定期对环境、污染圈舍进行彻底消毒。

7. 治疗

治疗要考虑对症辅助治疗,在应用抗链球菌药物的同时,还要采取退热、强心、补液等辅助疗法,这样可以明显提高治疗效果。羊群一旦发病,应立即隔离,病羊及早治疗。早期病羊可以选用抗生素治疗,防止继发感染;重症羊可以注射尼可刹米缓解呼吸困难等对症疗法。对于局部脓肿的病例可配合局部疗法,将脓肿切开,清除脓汁,然后清洗消毒,缝合创口,防止继发感染,按照化脓灶处理。

8. 疫情应急措施

羊群发现该病后要立即隔离病羊,健康羊立即用抗生素预防 3 天,之后注射羊败血性链球菌灭活疫苗或羊败血性链球菌活疫苗紧急预防,对发病羊尽早进行治疗,被污染的圈舍、围栏、场地、器具等用 20%生石灰、3%的来苏尔等彻底消毒。

附 1:羊败血性链球菌病活疫苗使用说明书

【兽药名称】通用名羊败血性链球菌病活疫苗

【成分含量】本品用马链球菌兽疫亚种羊源弱毒 F60 株,接种培养,培养物加稳定剂冷冻干燥制成。每头份活菌应不少于 2×10^6 CFU.

【性状】本品为淡黄色海绵状疏松团块,易脱壁,加稀释液后迅速溶解。

【作用用途】用于预防绵羊和羊败血性链球菌病。免疫期为 12 个月。

【用法与用量】尾根皮下(不得在其他部位)注射。按瓶签注明的头份,用生理盐水稀释。6 月龄以上羊,每只 1.0 毫升。

【注意事项】一般无明显反应,个别反应轻微。出现局部肿胀、轻度跛行、食欲减退、在短期内体温升高属于正常现象。

【注意事项】①须采取冷藏运输。②注射部位要严格消毒,每只动物用一个灭菌针头。注射后如有严重反应,可用抗生素治疗。③正在流行疫病的畜群不得使用。有病、体质瘦弱、怀孕、产后不久等牲畜不能注射,如发现不良反应,应使用肾上腺素急救。④如油瓶破裂、封口不严、色泽不正常或过有效期的均不应使用。⑤本品不宜肌内注射。⑥菌苗经稀释后必须在 6 小时内用完,稀释用过的注射器针头等器具、疫苗瓶和未用完的疫苗等应进行无害化处理。

【规格与包装】200 头份/瓶、250 头份/瓶、300 头份/瓶。

【贮藏与有效期】2~8℃保存,有效期为 24 个月。

附 2:羊败血性链球菌病灭活疫苗使用说明书

【兽药名称】通用名:羊败血性链球菌病灭活疫苗

【成分含量】本品用马链球菌兽疫亚种羊源弱毒 F60 株,接种适宜培养基培养,收获培养物,经甲醛溶液灭活后制成或灭活后加氢氧化铝胶制成。

【性　状】本品静置后上层为浅棕色或浅黄色澄明液体,下层为灰白色沉淀,振摇后呈均匀混悬液。

【作用与用途】用于预防绵羊和羊败血性链球菌病。

【用法用量】皮下注射。每只 2.0 毫升。免疫期为 12 个月。

【不良反应】一般无明显反应,个别有轻微反应。出现局部肿胀、轻度跛行、食欲减退、在短期内体温升高等属正常现象。

【注意事项】①切忌冻结,冻结后的疫苗严禁使用。②使用前应将疫苗恢复至室温,并充分摇匀。③接种时,应作局部消毒处理,每只接种动物用一个灭菌针头。

【包装规格】100 毫升/瓶、250 毫升/瓶。

【贮藏与有效期】2～8℃保存,有效期为 18 个月。

(三)羊快疫

羊快疫是腐败梭菌所致的一种羊急性传染病,临床是以突然发病,急性死亡及真胃发生出血性炎症、坏死性炎症为特征。

1. 病原

羊快疫病原菌为腐败梭菌(*Clostridinm septicum*),属于梭菌属(*Clostridinm*)的成员,旧称腐败杆菌、腐败弧菌。梭菌属有致病菌 11 种,多为人畜共患病病原,本菌可以致人患恶性水肿。本菌与气肿疽梭菌有许多相同的抗原成分。一般消毒药均能杀灭腐败梭菌繁殖体,但其芽孢抵抗力强,用 20%漂白粉、3%～5%氢氧化钠进行消毒,效果较好。此菌可产生 4 种毒素。α毒素是一种卵磷脂酶,具有坏死、溶血和致死作用;β毒素是一种脱氧核糖核酸酶,具有杀白细胞作用;这些毒素可增进毛细血管的通透性,引起肌肉坏死并使感染沿肌肉的筋膜面扩散。毒素及组织崩解产物的全身作用,能在 2～3 天内导致致死性毒血症。

2. 流行病学

腐败梭菌常以芽孢形式存在于土壤、牧草、饲料、饮水、湿地及沼泽之中,是一种地区性的土壤传染病。羊只采食了被病菌污染的食物、水源后,芽孢便经口进入羊体内,存在于消化道中,但是并不发病。当机体受到不良因素作用如秋冬和初春气候突变、阴雨连绵之际羊只受寒感冒或者采食冰冻、带霜饲料或者机体受到刺激时,对病原的抵抗力就会下降,导致腐败梭菌大量繁殖,并产生外毒素。毒素作用于消化道黏膜,特别是真胃黏膜,引起消化道黏膜的坏死和炎症,同时毒素进入体内,刺激中枢神经系统,引起急性休克,使病羊急速死亡。其中绵羊最易感羊快疫。发病羊的营养多在中等以上,年龄多在 6～18 个月之间。一般经消化道感染（如果经伤口感染则引起各种家畜的恶性水肿）。

3. 临诊症状

（1）最急性型 潜伏期尚不明确。病羊突然停止采食和反刍，出现磨牙、腹痛、呻吟等症状。四肢分开，后驱摇摆，呼吸困难，口鼻流出带泡沫的液体。痉挛倒地，四肢呈游泳状运动，在出现症状 2～6 小时后死亡。

（2）急性型 病羊初期精神沉郁，食欲减退，行走摇摆不稳，离群喜卧，排粪困难，继之卧地不起，腹部肿胀，呼吸迫促，眼结膜充血，呻吟。粪便中混有黏稠炎症产物或者脱落的黏膜，粪便稀软，呈黑绿色。心动过速，在濒死时呼吸困难。当体温上升到 40℃ 以上时，不久即死亡。

4. 病理变化

羊死后，尸体迅速腐败膨胀。特征病变为急性弥散性出血性皱胃炎，可见皱胃黏膜弥散性出血，常伴有坏死、脱落，重者发生溃疡，黏膜下层明显发生水肿，浆膜呈纤维素性炎症变化。其他病变：病羊有可视黏膜发绀；肠道黏膜充血、出血、坏死或发生溃疡；胸腔、腹腔、心包腔积液，有大量纤维素渗出；肺充血、出血；肾、肝等实质器官有不同程度的淤血、变性；颈部和胸部皮下组织胶样水肿，肌肉也有同样变化；全身淋巴结肿大，切面浸润、多汁，可见出血。

5. 诊断

本病生前诊断很困难，死后剖检的真胃及十二指肠出血、坏死性炎症具有诊断意义，确诊依赖实验室诊断。

6. 鉴别诊断

羊快疫通常与羊肠毒血症和羊黑疫等类似疾病相鉴别。羊快疫与羊肠毒血症的鉴别：羊快疫与羊肠毒血症的临诊症状很相似，可以通过以下几方面进行区别：①羊快疫多发于早春和秋冬，多见于阴冷潮湿地区，诱因常为气候突变，阴雨连绵，风雪交加，特别在采食了冰冻带霜草料时多发。羊肠毒血症在牧区多发于春夏之交和秋季，农区则多发于夏秋收割季节，羊采食过量谷物或青贮多汁及富含蛋白质草料时。②发生羊肠毒血症时病羊常有血糖和尿糖升高现象，羊快疫则无。③羊快疫有明显的真胃出血性炎症，羊肠毒血症则多见肾脏软化。④羊快疫病例肝切面触片可见无关节长丝状的腐败梭菌；羊肠毒血症病例肾脏等实质器官可检出 D 型产气荚膜梭菌；羊快疫与羊黑疫的鉴别：羊黑疫的发生常与肝片吸虫病的流行有关。羊黑疫病真胃损害较轻，肝脏多见坏死灶。羊黑疫病例可检出诺维氏梭菌；羊快疫病例则可检出腐败梭菌，且可观察到腐败梭菌呈无关节长丝状的特征。

7. 预防措施

由于本病病程短促，病羊往往来不及治疗已经死亡。因此，必须制定防控计划。每年定期注射羊三联、羊三联四防、羊梭菌四联、羊梭菌五联疫苗。严重疫区,在发病前 1 个月注射,可以有效预防本病发生。

(四)羊猝狙

羊猝狙是 C 型产气荚膜梭菌引起的一种毒血症,以急性死亡、腹膜炎和溃疡性肠炎为特征。

1.病原

产气荚膜梭菌(*Clostridium perfringens*)以前名为魏氏梭菌(*C.welchii*)或者产气荚膜杆菌(*Bacillus perfringens*),分类上属于梭菌属(*Clostridium*)。本菌在自然界分布极其广泛,可见于土壤、污水、饲料、食物、粪便以及人、畜肠道中。在一定条件下,可引起多种疾病。因分解肌肉和结缔组织中的糖,产生大量气体,导致组织严重气肿,又能在体内形成荚膜,故名产气荚膜梭菌。产气荚膜梭菌主要产生 α 和 β 两种毒素,具有良好的免疫原性,可制成类毒素疫苗。常用消毒药均可杀死本菌的繁殖体,但内生芽孢抵抗力极强,对于干燥、热、辐射、消毒剂均有抵抗力。

2.流行病学

(1)传染源　发病羊或者带菌羊以及被本菌污染的牧草、饲料和饮水都是传染源。本病病原菌在污水、垃圾、土壤、人和动物粪便、昆虫以及食品中广泛存在。

(2)传染途径　病菌随着羊只采食和饮水经口进入消化道,在肠道生长繁殖并产生毒素,致使动物患毒血症而死亡。

(3)易感动物　主要侵害绵羊,也感染羊,不分年龄、品种、性别均可感染,但以 6 个月至 2 岁的羊发病率最高,营养较好的绵羊多发。鹿也会感染本病。

3.流行特征

本病发生于成年绵羊,以 1～2 岁的绵羊发病较多,常流行于低洼、潮湿地区和冬春季节,呈地方性流行。许多羊的消化道平时就有细菌存在,但并不发病;当有不良诱因,特别是秋、冬和初春气候骤变、阴雨连绵之际,羊只受寒感冒或采食冰冻带霜的草料,机体遭受刺激,抵抗力降低时,本菌大量繁殖,产生外毒素,引起发病死亡。

4.临床症状

C 型产气荚膜梭菌随污染的饲料或饮水进入羊只的消化道后,在小肠特别是十二指肠和空肠内繁殖,主要产生 α 和 β 毒素,引起羊只发病。病程短促,多未见到症状就突然死亡。有时发现病羊掉群、卧地、表现不安、衰竭或痉挛,于数小时内死亡。

5.病理变化

病理变化主要出现在消化道和循环系统。剖检可见十二指肠黏膜严重充血糜烂,个别区段可见大小不等的溃疡灶。腹腔、胸腔和心包大量积液,暴露于空气易形成纤维素絮块。浆膜上有小点出血。死后骨骼肌肌间积聚有血样液体,肌肉出血,有气性裂孔,这种变化与气肿疽的病变十分相似。

6.诊断

本病病程较短,生前确诊较难。但是根据本病突然发病,迅速死亡,散发,结合剖检可见十二指肠和空肠黏膜充血糜烂,腹膜炎,体腔积液等症状和病理变化可做出初步诊断,确诊需从体腔渗出液、脾脏等取病料作细菌分离和鉴定,以及从小肠内容物里检查有无 C 型肉毒梭菌所产生的毒素。

7.预防

由于该病广泛存在于自然界,应加强饲养管理,保持良好的环境卫生。做到定期、彻底消毒,尽可能避免诱发疾病的因素,切忌多食谷物,尤其是初春时不能多喂青草和带有冰雪的饲草。根据报道,在饲料中添加微量元素硒,适当提高饲料酸度,有利于预防本病。放牧时尽可能选择高坡地,不到低洼地。对病死羊要及时焚烧或深埋;对假定健康羊进行紧急预防注射,或用抗毒血清进行预防。除了坚持每年春秋两季正常防疫羊梭菌外,在有疫病的场,母羊产前一个月皮下注射羊三联、羊三联四防、羊梭菌四联、羊梭菌五联疫苗,可预防羊猝狙病。

8.疫情应对措施

(1)放牧羊要紧急转移牧场,从低洼潮湿地转移到高坡干燥地。隔离病羊、严格消毒、消除病原。将羊群中表现异常的羊挑选隔离,病羊要销毁并进行无害化处理,清理圈舍粪便,对羊舍及饲养用具进行全面消毒。

(2)对未发病的羊注射羊三联、羊三联四防、羊梭菌四联、羊梭菌五联疫苗,可预防羊猝狙病。也可对羊全群普遍投服 10％生石灰溶液,大羊 200 毫升/只,小羊 50～80 毫升/只,连用 3 天。

(五)羊肠毒血症

羊肠毒血症是由 D 型产气荚膜梭菌引起的严重危害羊群的一种急性肠毒血症传染病。以发病急、病程短、肾软化为特征,故又称"软肾病""过食症""类快疫",俗称"血肠子病"。病羊临床表现为腹泻、惊厥、麻痹和突然死亡。

1.病原

羊肠毒血症病原为 D 型产气荚膜梭菌。在健康动物肠道内菌群保持相对平衡,该菌的数量变化处于一个较小的范围;当外界环境发生变化或饲料突然改变时,该菌就会在胃肠道内大量繁殖,同时,产生各种毒素,导致宿主发病。目前发现的毒素有 12 种之多,这些毒素通过协同和辅助等方式造成宿主动物发病,直至死亡。

2.流行病学

本病与品种、性别、年龄无关,所有的羊均可感染,其中 1～24 个月的绵羊最易感染,育肥羊发病率高,羊、牛和鹿也可感染。D 型产气荚膜梭菌为土壤常在菌,也存在于饲料、食物、污水、粪便及肠道中。羊只采食病原菌芽孢污染的饲料与饮水而经口感染。经口感染后,随着草料等进入消化道的 D 型产气荚膜梭菌,在良好的条件下迅速繁殖,产生大量毒素,造成肠毒血症,导致感染动物死亡。

羊肠毒血症多呈散发状,具有明显的季节性和条件性。在牧区,多发于春末夏初青草萌发和秋季牧草结籽后的一段时期;在农区则常常是在收获季节,羊采食了多量菜根菜叶,或收了庄稼后羊群抢茬吃了大量谷物而发病。春季多吃嫩草,秋天多吃小麦等淀粉和蛋白质丰富的谷物时也容易诱发本病,故其有"过食症"之称。

3.临诊症状

本病突然发生,很快死亡,很少能见到症状,经常清晨检查时,膘情良好的羊已死在圈中,有时偶尔看到病羊背部和四肢肌肉发抖,强烈跳跃,运动不协调;卧地,头颈、四肢僵硬伸开,眼球转动,嘴流水,肌肉痉挛,触地时惊厥持续 5～15 秒钟;有的感染羊不痉挛,呼吸浅表,下痢卧地四肢滑动,最后昏迷虚脱死亡。

临诊上可分为两种类型:一类是以抽搐为特征,在倒地前四肢出现强烈的划动;另一类以昏迷和安静的死亡为特征,病程不太急,早期症状为步态不稳,然后倒地。上下颌"咯咯"作响,继而昏迷,角膜反射消失。有的病羊发生腹泻,通常在 3～4 小时内安静地死去,体温一般不升高。血尿常规检查有血糖尿糖升高现象。

4.病理变化

死羊腹部膨大,口鼻流出泡沫状液体或黄绿色胃内容物,肛门周围沾有稀便或黏液。病变常见于消化道、呼吸道和心血管系统。肠道(尤其是小肠)黏膜充血、出血,肠腔充满气体,严重者整个肠壁呈血红色,有时出现黏膜脱落或溃疡。胸腔、腹腔、心包有大量渗出液,易凝固。心脏扩张,心肌松软,心内外膜、腹膜、胸膜有出血点。肺充血,水肿,肝肿大,胆囊肿大 1～3 倍。胸腺有出血点。全身淋巴结肿大、出血。肾脏肿大,表面充血,实质软化如泥样,稍微触碰即碎烂。

5.诊断

本病病程极短,多突然死亡,无明显症状,故生前较难诊断。但是根据本病多散发于饱食之后,死亡快,剖检肾脏软化,胆囊肿大,胸腔、腹腔及心包积液,出血性肠炎及溃疡等,可疑为本病。

6.防控措施

由于致病性梭菌广泛存在于自然界,感染的机会多,且发病快、病程短,不仅来不及诊断,而且治疗效果也不好,因此应在平时采用疫苗预防。例如选用羊三联、羊三联四防、羊梭菌四联、羊梭菌五联等,可有效预防本病的发生。注意饲养管理保持环境卫生,尽量避免诱发疾病的因素,如换饲料时逐渐改变,勿使之吃过多谷物,初春不吃过多的青草及带冰雪的草料等。

在发生疫病后,应尽快诊断,用疫苗紧急接种。羔羊可用血清预防,转移放牧地区,由低洼潮湿转向干燥地区,给以粗饲料等。同时防止病原扩散,进行适当的消毒隔离,对死羊及时焚烧或深埋。

(1)免疫接种　羊的梭菌病种类较多,且往往混合感染,在自然界流行范围又很广泛,再加上发病急,病程短,病死率高等特点,故多以羊三联、羊三联四防、羊梭菌五联等疫苗接种来预防本病的发生,特别是在流行前1个月注射疫苗可有效预防本病的发生。

(2)治疗　羊肠毒血症,发现症状一般来不及治疗就已经死亡。一般药物和抗生素不能中和毒素,没有治疗效果。抗毒素疗法,在发病初期有一定的治疗效果。一旦出现神经症状,表明毒素已经与神经结合,就难以发挥治疗作用了。

附:羊快疫、猝狙(或羔羊痢疾)、肠毒血症三联灭活疫苗说明书(羊三联)

【兽药名称】通用名称:羊快疫、猝狙(或羔羊痢疾)、肠毒血症三联灭活疫苗

【主要成分与含量】本品含免疫原性良好的腐败梭菌(C551-1)和产气荚膜梭菌B型(58-2)、产气荚膜梭菌D型(C60-2),接种于适宜培养基培养,将培养物经甲醛溶液灭活脱毒后,加氢氧化铝胶配制而成。灭活前毒素测定,其最小致死量应该不低于以下标准:腐败梭菌0.005~0.011毫升;B型产气荚膜梭菌0.001~0.002毫升;D型产气荚膜梭菌0.005~0.000 75毫升。

【性状】静置后,上层为黄褐色澄明液体,下层为灰白色沉淀,振摇后呈均匀混悬液。

【作用与用途】用于预防羊快疫,猝狙(或羔羊痢疾)和肠毒血症。免疫期:羊快疫、羔羊痢疾、猝狙为12个月;肠毒血症为6个月。

【用法与用量】肌内或皮下注射。无论羊只大小,每只5.0毫升。

【不良反应】一般无可见不良反应。个别有轻微反应。出现局部肿胀、轻度跛行、食欲减退、在短期内体温升高属于正常现象。

【注意事项】①切忌冻结,冻结后的疫苗严禁使用。②使用前,将疫苗恢复

至室温,并充分摇匀。③正在流行疫病的畜群中不得使用,有病、体质弱、怀孕、产后不久等牲畜不能注射,如发现不良反应,应使用肾上腺素急救。④发现有瓶子破裂、封口不严、色泽不正常或过有效期的均不得使用。⑤打开的疫苗,须当日用完,次日不得再使用。⑥接种时应做局部消毒处理,每只动物用一个灭菌针头。

【规格与包装】100 毫升/瓶,100 瓶/箱。

【贮藏与有效期】2～8℃保存,有效期为 24 个月。

(六)羔羊痢疾

羔羊痢疾是初生羔羊的一种急性毒血症,以剧烈腹泻和小肠发生溃疡为特征。本病常可使羔羊发生大批死亡,给养羊业带来重大损失。

1. 病原

为 B 型产气荚膜梭菌,羔羊出生后数日内 B 型产气荚膜梭菌可以通过羔羊吮乳、饲养员的手和羊的粪便而进入羔羊消化道。在外界不良诱因的影响下,羔羊抵抗力减弱,细菌在小肠(特别是回肠)里大量繁殖,产生毒素(主要是 β 毒素),引起发病。

促使羔羊痢疾发生的不良诱因,主要有:母羊怀孕期间营养不良,羔羊体质虚弱;天气寒冷,特别是大风雪后,羔羊受冻;哺乳不当,羔羊饥饱不均等。草差而又没有搞好补饲的年份,羔羊痢疾常易发生;气候最冷和变化最大的月份,发病最严重;纯种羊的适应性差,发病率和死亡率最高,杂交羊则介于纯种羊和土羊之间,其中杂交代数愈高者,发病率和病死率也愈高。

本病主要危害 7 日龄以内的羔羊,以 2～3 日龄的发病最多,7 日龄以上的很少患病。传染途径主要是通过消化道,也可能通过脐带或创伤。

2. 症状

自然感染的潜伏期为 1～2 天。病初精神委顿,低头拱背,不吃奶。不久就发生腹泻,恶臭,有的稀如面糊,有的稀薄如水,到了后期有的还含有血液,直到成为血便。患病羔羊逐渐虚弱,卧地不起。若不及时治疗,常在 1～2 天内死亡,只有少数病轻的可能自愈。

有的病羊,腹胀而不下痢,或者只排少量稀便(也可能带血或呈血便),其主要是表现神经症状,四肢瘫软,卧地不起,呼吸急促,口流白沫,最后昏迷,头向后仰,体温降至常温以下。病情严重,病程很短,若不加紧救治,常在数小时到十几小时内死亡。

3. 病理变化

尸体脱水严重。最显著的病理变化是在消化道。第四胃内往往存在未消化的凝固乳块。小肠(特别是回肠)黏膜充血发红,常可以见到直径为1～2毫米的溃疡,溃疡周围有一出血带环绕;有的肠内容物呈血色。肠系膜淋巴结肿胀充血。心包积液,内心膜有时有出血点。肺常有充血区域或瘀斑。

4.诊断

在常发地区,依据流行病学、临床症状和病理变化一般可以作出初步诊断。确诊需要进行实验室检查,以鉴定 B 型产气荚膜梭菌及其毒素的存在。沙门氏菌、大肠杆菌和肠球菌也可以引起初生羔羊下痢,应注意区别。

5.防治

本病发病因素复杂,应综合实施接种疫苗、抓膘保暖、合理哺乳、消毒隔离和药物防治等措施才能有效地予以防控。

每年春天和秋天接种羊三联、羊三联四防、羊梭菌四联、羊梭菌五联等疫苗,母羊产前 2～3 周再接种一次。

羔羊痢疾的治疗方法很多,各地应用效果不一,应根据实际条件和实际效果试验选用。同时还应针对其症状进行对症治疗。

附1:羊快疫、猝狙(或羔羊痢疾)、肠毒血症三联四防灭活疫苗说明书(羊三联四防)

【兽药名称】通用名:羊快疫、猝狙、羔羊痢疾、肠毒血症三联四防灭活疫苗

【主要成分与含量】本品含免疫原性良好的腐败梭菌(C551-1)和产气荚膜梭菌 B 型(58-2)、产气荚膜梭菌 D 型(C60-2),接种于适宜培养基培养,将培养物经甲醛溶液灭活脱毒后,加氢氧化铝胶配制而成。灭活前毒素测定,其最小致死量应该不低于以下标准:腐败梭菌 0.005～0.010 毫升;B 型产气荚膜梭菌 0.001～0.002 毫升;D 型产气荚膜梭菌 0.005～0.007 5 毫升。

【性状】静置后,上层为黄褐色澄明液体,下层为灰白色沉淀,振摇后呈均匀混悬液(腐败梭菌如用胰酶消化牛肉汤生产,可允许有活性炭成分)。

【作用与用途】用于预防羊快疫,猝狙(或羔羊痢疾)和肠毒血症。免疫期:羊快疫、羔羊痢疾、猝狙为 12 个月;肠毒血症为 6 个月。

【用法与用量】肌内或皮下注射。无论羊只大小,每只 5.0 毫升。

【不良反应】一般无可见不良反应。个别有轻微反应。出现局部肿胀、轻度跛行、食欲减退、在短期内体温升高属于正常现象。

【注意事项】①切忌冻结,冻结后的疫苗严禁使用。②使用前应将疫苗恢复至室温,并充分摇匀。③正在流行疫病的畜群中不得使用,有病、体质瘦弱、怀孕、产后不久等牲畜不能注射,如果发生不良反应,应使用肾上腺素急救。接种时,应作局部消毒处理,每只接种动物用一个灭菌针头。④如有瓶破裂、封口不

严、色泽不正常或过有效期的均不得使用。⑤打开的疫苗,须当日用完,次日不得再使用。

【规格与包装】100 毫升/瓶、100 瓶/箱。

【贮藏与有效期】2~8℃保存,有效期为 24 个月。

附 2:羊梭菌病[羊快疫、猝狙、羔羊痢疾、肠毒血症、肉毒梭菌(C 型)中毒症] 多联干粉灭活疫苗(羊梭菌五联苗)使用说明书

【兽药名称】通用名:羊梭菌病[羊快疫、猝狙、羔羊痢疾、肠毒血症、肉毒梭菌(C 型)中毒症]多联干粉灭活疫苗(羊梭菌五联苗)

【主要成分与含量】本品系用腐败梭菌(C551-1),产气荚膜梭菌 B 型(C58-2)、产气荚膜梭菌 C 型(C59-2)、产气荚膜梭菌 D 型(C60-2)型,C 型肉毒梭菌(C62-4)分别接种于适宜培养基培养,收获培养物,经甲醛溶液灭活脱毒后,用硫酸铵提取,经冷冻干燥制成单苗,再按比例制成多联苗,灭活前毒素测定,其最小致死量分别为:腐败梭菌≤0.01 毫升;B 型产气荚膜梭菌和 C 型产气荚膜梭菌≤0.002 5 毫升;D 型产气荚膜梭菌≤0.000 5 毫升;C 型肉毒梭菌≤0.000 02 毫升。

【性状】本品为灰褐色或淡黄色粉末。

【作用与用途】用于预防绵羊或山羊快疫、猝狙、羔羊痢疾、肠毒血症、肉毒梭菌(C 型)中毒症;免疫期为 12 个月。

【用法与用量】肌注或皮下注射,按瓶签注明头份,用 20%氢氧化铝胶生理盐水 1.0 毫升每头份稀释,充分摇匀后,不论羊只大小,每只 1.0 毫升。

【不良反应】一般无可见不良反应。个别有轻微反应,出现局部肿胀、轻度跛行、食欲减退、在短期内体温升高属于正常现象。

【注意事项】①正在流行疫病的畜群中不得使用,有病、体质瘦弱、产后不久等牲畜不宜注射,以免发生不良后果。②如有瓶破裂、封口不严、色泽不正常、有摇不散的凝块等情况或过有效期的均不应使用。③打开的疫苗,须当日用完,次日不得再使用。④接种时应做局部消毒处理,每只动物用一个灭菌针头。⑤用过的器具、疫苗瓶和未使用完的疫苗应进行无害化处理。

【规格与包装】20 头/瓶、50 头/瓶、100 头/瓶。

【贮藏与有效期】2~8℃保存,有效期为 60 个月。

附 3:羊梭菌病多联干粉灭活疫苗使用说明书(羊梭菌四联苗)

【兽药名称】通用名:羊梭菌病多联干粉灭活疫苗

【主要成分与含量】本品系用免疫原性良好的腐败梭菌(C551-1)和产气荚膜梭菌 B 型(C58-2)、产气荚膜梭菌苗 D 型(C60-2)型菌种,接种于适宜培养基

培养,收获培养物,经甲醛溶液灭活脱毒后,用硫酸铵提取,经冷冻干燥制成单苗,在按比例制成多联苗,灭活前毒素测定,其最小致死量分别为:腐败梭菌≤0.01毫升;B型产气荚膜梭菌和C型产气荚膜梭菌≤0.002 5毫升;D型产气荚膜梭菌≤0.000 5毫升。

【性状】本品为灰褐色或淡黄色粉末。

【作用与用途】用于预防绵羊或山羊快疫、羔羊痢疾、猝狙、肠毒血症;免疫期为12个月。

【用法用量】肌肉或皮下注射。按瓶签注明头份,用20%氢氧化铝胶生理盐水1.0毫升每头份稀释,充分摇匀后,不论羊只大小,每只1.0毫升。

【不良反应】一般无可见不良反应。个别有轻微反应。出现局部肿胀、轻度跛行、食欲减退、在短期内体温升高属于正常现象。

【注意事项】①正在流行疫病的畜群中不得使用;有病、体质瘦弱、产后不久等牲畜不宜注射,以免发生不良后果,如果发生不良反应,应使用肾上腺素急救。②如有瓶破裂、封口不严、色泽不正常、有摇不散的凝块等情况或过有效期的均不应使用。③打开的疫苗,须当日用完,次日不得再使用。④接种时应做局部消毒处理,每只动物用一个灭菌针头。

【规格与包装】20头/瓶、50头/瓶、100头/瓶。

【贮藏与有效期】2~8℃保存,有效期为60个月。

(七)羊黑疫(传染性坏死性肝炎)

羊黑疫又名传染性坏死性肝炎(Infectious necrotic hepatitis),是B型诺维梭菌引起的绵羊和羊的一种急性高度致死性传染性毒血症。以病羊尸体皮肤呈黑色外观和肝脏实质的坏死性病变为典型特征。

1.病原

羊黑疫病原菌为B型诺维梭菌,与羊快疫、羊猝狙、羊肠毒血症的病原菌一样,同属于梭状芽孢杆菌属。B型诺维梭菌曾称巨大杆菌(Bacillus gigas),芽孢可潜伏于动物肝、脾等器官,当寄生虫游走或其他因素造成组织损伤时,芽孢乘机发芽繁殖,产生强烈毒素而发病,主要引起全身皮下淤血变黑所致。也有牛、马、母猪分娩后突然死亡的病例。

2.流行病学

(1)传染源 带菌动物以及有发病历史地区存在的本菌芽孢是引起感染流行的主要病原来源。本菌发现于人和动物的感染部位,平时能以芽孢形式潜伏于动物肝、脾,在发病地区土壤中存活较长时间。

(2)传播途径 病原主要经消化道感染,当羊采食被芽孢污染的饲草后,病菌芽孢由胃壁感染进入肝脏。正常肝脏由于氧化还原电位高,不利于其芽孢变为繁殖体,仍以芽孢形式潜藏于肝脏中。当肝脏受未成熟游走的肝片吸虫损害发生坏死以致其氧化还原反应电位降低时,存在于该处的芽孢,即获得适宜条件,迅速生长繁殖,产生毒素,进入血液循环,发生毒血症,损害神经元和其他与生命活动有关的细胞,导致急性休克而亡。因此,本病的发生经常与肝片吸虫的感染密切相关。

(3)易感动物　B 型诺维梭菌能使 1 岁以上的绵羊感染,以 2～4 岁的绵羊发生最多。发病羊多为营养良好的肥胖羊只,羊也可感染,牛偶尔可以感染。

3.流行情况

该病发生、流行与肝片吸虫的感染有密切关系,主要在 4 月和 9～10 月份发生于肝片吸虫流行的低洼潮湿地区。该病死亡率极高,呈现区域性流行。由于 B 型诺维梭菌产生芽孢,因此,容易在发病地区呈现反复流行。该病在澳大利亚、新西兰、美国、法国、英国、智利、德国等世界很多国家都有流行报道,亚洲也有该病存在,我国青海、新疆、内蒙古、广西、浙江等地区均有发病的报道。

4.临床症状

该病临床上与羊快疫、羊肠毒血症类似,病程十分急促,绝大多数情况是未见有症状而突然发生死亡。少数病例病程稍长,可拖延 1～2 天,但没有超过 3 天的。病羊主要表现为掉群,食欲不振,反刍停止,呼吸困难,精神委顿,体温升高到 41℃以上,俯卧,昏睡,无痛苦的突然死亡。

5.病理变化

病羊尸体皮下静脉显著充血,其皮肤呈暗黑色外观(黑疫之名即由此而来)。胸部皮下组织经常水肿。浆膜腔有液体渗出,暴露于空气中易于凝固,液体常呈黄色但腹腔液体略带血色。胸腹腔中的液体容量可以达 100 毫升或更多,心包腔积液约有 60 毫升。左右心室内膜下常出血。真胃幽门部和小肠充血和出血。肝脏充血肿胀,从表面可看到或摸到有一个到多个凝固性坏死灶,坏死灶的界限清晰,灰黄色,不整圆形,周围常有一鲜红色的充血带围绕,坏死灶直径可达 2～3 厘米,切面呈半圆形。羊黑疫肝脏的这种坏死变化是很特别的,具有很大的诊断意义。这种病变和未成熟的肝片吸虫通过肝脏造成的病变不同,后者为黄绿色,弯曲似虫样的带状病痕。

6.诊断

结合当地疾病流行情况,辅助判断。在肝片吸虫流行地区发现急性死亡或昏睡状态下死亡的病羊,剖检见特殊的肝脏坏死变化,有助于诊断。必要时可以作细菌学检查和毒素检查确诊。

羊黑疫、羊快疫、羊猝狙、羊肠毒血症等梭菌性疾病由于病程短促,病状相似,在临床上不易区分和相互区别,同时这一类疾病在临床上与羊炭疽也有相似之处,因此,应注意类症区别。

7. 防治

全群注射羊梭菌病多联干粉灭活疫苗(羊黑疫单联苗)1头份,每年一次,疫病流行前可紧急预防。将羊群转场在地势较高较干燥的牧场放养,驱杀肝片吸虫,保护肝脏,降低发病率。病羊可用抗诺维梭菌血清治疗,也可以对症治疗缓解症状。

附:羊梭菌病多联干粉灭活疫苗(羊黑疫苗)使用说明书

【兽药名称】通用名:羊梭菌病多联干粉灭活疫苗(羊黑疫苗)

【主要成分与含量】本品系用诺维氏梭菌(C61-4)接种于适宜培养基培养,收获培养物,将培养物经甲醛溶液灭活脱毒后,用硫酸铵提取,经冷冻干燥制成单苗,灭活前毒素测定,其最小致死量≤0.000 5毫升。

【性状】本品为灰褐色或淡黄色粉末。

【作用与用途】用于预防绵羊或山羊黑疫。免疫期12个月。

【用法用量】肌肉或皮下注射。按瓶签注明头份,临时以20%氧化铝胶生理盐水1.0毫升每头份稀释,充分摇匀后,不论羊只大小,每只1.0毫升。

【不良反应】一般无不良反应。个别有轻微反应。出现局部肿胀、轻度跛行、食欲减退、在短期内体温升高属于正常现象。

【注意事项】①正在流行疫病的畜群中不得使用;有病、体质瘦弱、产后不久等羊不宜注射,以免发生不良后果,如果发生不良后果,应使用肾上腺素急救。②如有瓶破裂、封口不严、色泽不正常、有摇不散的凝块等情况或过有效期的均不应使用。③打开的疫苗,须当日用完,次日不得再使用。④接种时应做局部消毒处理,每只羊用一个灭菌针头。

【规格与包装】20头/瓶、50头/瓶、100头/瓶。

【贮藏与有效期】2~8℃保存,有效期为60个月。

(八)羊大肠杆菌病

大肠杆菌病是 Escherich 于 1885 年发现的,直到 20 世纪中叶,人们才认识到该菌某些血清型具备致病性或者条件致病性,是引起动物和人败血症或严重腹泻的病原之一。依据致病机理的差异,可以将致病性大肠杆菌分为致病性大肠杆菌、侵袭性大肠杆菌、肠产毒性大肠杆菌和肠出血性大肠杆菌4种。随着大型集约化畜牧业的发展,致病性大肠杆菌对养殖业造成的损失日益明显,一般以侵袭羔羊为主,故又称羔羊大肠杆菌病。

1.病原

羊大肠杆菌病病原属肠杆菌科,埃希菌属中的大肠埃希菌种,此菌在羊肠道正常寄居,构成固定的细菌群,当羊正常生理机能受到破坏,致使羊肠道内微生态环境发生改变时,大肠杆菌的生物特性发生变化而由正常菌群转变成本病的主要致病菌群,在出生不久、机体功能不健全、以及抵抗力不强的羔羊上体现得更为明显。

2.特性

本菌抵抗力中等,但是各个菌株之间可能有差异。一般均可被巴氏消毒剂杀死。常用消毒药在数分钟内即可将其杀死。在潮湿阴暗的环境中存活不超过1个月,在寒冷而干燥的环境中存活较久,各地分离的大肠杆菌对抗菌药物的耐药性差异较大,并且极易产生耐药性。

3.流行病学

患病动物和带菌动物是本病的主要传染源,通过粪便排出的病菌,散布于外界,污染水源饲料以及母畜的乳头和皮肤。当幼畜吮乳、舔毛时经消化道而感染。某些血清型菌株也可以经鼻咽部黏膜侵入动物体,并导致脑膜炎;或经子宫、产道、脐带、输卵管等感染。本病既可水平传播又可垂直传播,所以加强消毒及卫生管理和母羊配种前接种大肠杆菌疫苗是预防本病的关键所在。

4.流行特征

本病一年四季均可发生,多发生于出生数日至6周龄的羔羊,有些地方3～8月龄的羊也有本病发生的案例;肠型多见于7日龄以内的初生羔羊。呈地方性流行,也有散发,该病的发生与气候不良、营养不足、场地潮湿污秽等有关系。放牧季节很少发生,冬春舍饲期间常发。集约化养殖场,羊群密度过大、通风换气不良、饲养器具及环境消毒不彻底,可以加速本病流行。另外,营养失调,如缺乏维生素、矿物质、蛋白质或蛋白质饲料偏高,母乳不足等也可导致羔羊发生大肠杆菌病。

5.临诊症状

羊大肠杆菌病潜伏期为数小时至2天。根据症状不同可将其分为肠炎型和败血型两种。

(1)肠炎型 又称大肠杆菌性羔羊痢疾,多发于7日龄内的羔羊。病初体温升高至40～41℃,不久即下痢,体温降至正常或略高。粪便开始呈黄色或灰色半液状,后呈液状,含气泡,有时混有血液和黏液,肛门周围、尾部和臀部皮肤被粪便污染。病羔羊腹痛、弓背、虚弱、严重的脱水、衰竭、卧地不起,有时候出现痉挛。如治疗不及时,可在24～36小时内死亡,病死率15%～75%。

(2)败血型 主要发生于2～6周龄的羔羊,病羔体温升高至41～42℃、精神委顿、四肢僵硬、迅速虚脱、运动失调、头常弯向一侧或向后仰、视力障碍、磨牙等。有的出现关节疼痛等关节炎症状，个别发生胸膜肺炎，听诊有啰音，还有的濒死期从肛门流出稀便，呈急性经过，多于 4～12 小时内死亡，死亡率可达到 80％以上。

另外，近年来也有育肥羊和成年羊感染大肠杆菌的报道。有些地区 3～8 月龄育肥羊发生败血性大肠杆菌病，发病急，死亡快。成年羊感染大肠杆菌的一般临诊症状主要表现为腹泻，很少死亡。

6.病理变化

（1）肠炎型　肠型患病羔羊剖检可见到尸体严重脱水，真胃、小肠和大肠内容物呈黄灰色半液状。黏膜充血，肠系膜淋巴结肿胀发红；胃膨胀，黏膜充血。有的肺脏呈初期炎症病变。有时可见化脓性、纤维素性关节炎。从肠道各部可分离到致病性大肠杆菌。

（2）败血型　患病羊急性死亡时，一般无明显肉眼可见病变。病程稍长者可从多个内脏分离到致病性大肠杆菌。剖检病变可见胸、腹腔和心包大量积液，内有纤维素；某些关节部位，尤其是肘、腕关节肿大，滑液混浊，内含纤维素性脓性絮片。脑膜充血，有很多小出血点，大脑沟常有多量脓性渗出物。实质性器官变化明显：肝脏淤血肿大、质脆，包膜下有小点出血；肺的心叶、尖叶及隔叶均有较大面积的充血、出血性病变，水肿明显，边缘增厚；脾脏出血、淤血，呈紫黑色；大肠内粪便干燥，肠淋巴结水肿、出血；肾皮质小点出血，髓质充血，有时切面有泡沫样液体流出，甚至有肾软化现象。

羔羊大肠杆菌病症状有时与羊传染性胸膜肺炎、B 型产气荚膜梭菌引起的羔羊痢疾相似，诊断时注意区别。

7.治疗

本病呈急性经过，患病羊往往来不及救治即死亡。加之由于抗菌药物滥用，目前真正敏感的抗菌药物并不多，根据需要，采集样本，进行药敏试验筛选。也可以用改善肠道菌群的活菌制剂治疗。

8.预防

用羊大肠杆菌病灭活疫苗进行疫苗接种，全群普防，每年接种 3 次或者两年接种 5 次，疫情严重场圈，母羊配种前接种一次，对绵羊、羊败血型大肠杆菌都有较好的免疫效果。

附：羊大肠杆菌灭活疫苗使用说明书

【兽药名称】通用名：羊大肠杆菌灭活疫苗

【主要成分】本品系用大肠杆菌接种于适宜培养基培养，收获培养物，经甲醛溶液灭活后制成或灭活后加氧氧化铝胶溶液制成。

【性状】本品静置后上层为浅棕色或浅黄色澄明液体,下层为灰白色沉淀,振摇后呈均匀混悬液。

【作用与用途】用于预防绵羊和山羊大肠杆菌病。

【用法与用量】皮下注射。3月龄以上的绵羊和山羊,每只2.0毫升;3月龄以下的绵羊和山羊,如需接种,每只0.5~1.0毫升。免疫期为五个月。

【不良反应】一般无明显反应,个别有轻微反应。出现局部肿胀、轻度跛行、食欲减退、在短期内体温升高等属正常现象。

【注意事项】①切忌冻结,冻结后的疫苗严禁使用。②使用前应将疫苗恢复至室温,并充分摇匀。③接种时,应做局部消毒处理,每只接种动物用一个灭菌针头。④正在流行疫病的畜群中不得使用,有病、体质瘦弱、产后不久等牲畜不宜注射,以免发生不良后果,如发现不良反应,应使用肾上腺素急救。⑤严禁接种怀孕羊。⑥如有瓶破裂、封口不严、色泽不正常、有摇不散的凝块等情况或过有效期的均不应使用。⑦打开的疫苗须当日用完,次日不得使用。⑧用过的器具、疫苗瓶和未用完的疫苗等应进行无害化处理。

【包装规格】20毫升/瓶、50毫升/瓶、100毫升/瓶、250毫升/瓶。

【贮藏与有效期】2~8℃保存,有效期为18个月。

(九)气肿疽

气肿疽又称黑腿病或乌疽。是由气肿疽梭菌引起的反刍动物的一种急性、发热性传染病。其特征为肌肉丰满部位(如臀部、股部、腰部、肩部、颈部及胸部)发生炎性气性肿胀,按压有捻发音,并常有跛行。本病最初由 Bollinger 于 1875 年发现,遍布世界各地,新中国成立初期在中原地区发生过较大的流行,由于采取疫苗接种预防措施,现在基本得到控制,目前个别地区有少量流行病例发生。

1.病原

气肿疽梭菌(*Clostriddum chauvoei*),属于梭状芽孢杆菌属(*Clostriddum*)。为圆端杆菌,有周身鞭毛,能运动,在体内外均可以形成中立或近端芽孢,呈纺锤状,专性厌氧,革兰氏染色呈阳性。

本菌的繁殖体对理化因素的抵抗力不强,而芽孢的抵抗力则极大,在土壤内可以存活5年以上,干燥病料内芽孢在室温中可以存活10年以上,在液体中芽孢可以耐受20分钟的煮沸。0.2%的升汞中10分钟能杀死芽孢,3%福尔马林中15分钟能杀死芽孢,芽孢在盐腌肌肉中能存活2年以上,在腐败的肌肉中可以存活6个月,病料中8年,土壤中25年。

2.流行病学

本病多发生在潮湿的山谷牧场及低湿的沼泽地区。较多病例见于夏天,常呈地方性流行,舍饲牲畜饲喂了疫区的饲料而发病。在自然情况下,气肿疽梭菌极易感染黄牛,6 个月至 2 岁的牛最易感染,小于 6 个月的犊牛有抵抗力,成年牛较少发病,肥壮牛比瘦弱牛更易罹患。绵羊对此细菌的抵抗力比牛强,绵羊源株的毒力比牛源株的毒力更强。羊、鹿及骆驼发病较少,猪可以感染但是更少见。本病传染源为病畜,但并不是由病畜直接传染给健康家畜的,主要传递因素是土壤。即病畜体内的病原体进入土壤,以芽孢形式长期生存与土壤中,动物采食被这种土壤污染的饲料或饮水,经口腔和咽喉创伤浸入组织,也可以由松弛或微伤的胃黏膜侵入血液。绵羊气肿疽多为创伤感染,即芽孢随泥土通过产羔、断尾、剪毛、去势等创伤进入组织而感染。若草场或放牧地被气肿疽梭菌污染,此病将会年复一年地在易感动物中有规律地重新出现。

3.发病机理

病原体常以芽孢形态进入机体,在混有腐败物质的无氧肠腺中出芽繁殖,再通过淋巴结及血液循环散播于肌肉及肝脏组织中潜伏,直到肌肉受伤或其他原因发生改变,给病原体生长繁殖提供适宜环境。气肿疽梭菌与腐败菌产生的毒素相同,包括 α 毒素(最主要的致死性毒素、穿孔毒素、耐氧溶血素和气溶素72%同源,结合于糖磷脂酰肌醇蛋白受体)、β 毒素(DNA 酶、杀白细胞素)、γ 毒素(透明质酸酶)、δ 毒素(对氧敏感溶血素,巯基激活)和神经氨酸酶。这些毒素可增进毛细血管的通透性,引起肌肉坏死并使感染沿肌肉的筋膜面扩散。由于毒素及组织崩解物的作用,表现为出血、水肿、坏死,捻发音,局部血流阻滞致使皮肤温度降低,2~3 天内产生毒血症致死。

本病在绵羊中常发生在产羔、断尾及剪毛之后,似是创伤感染。病原体繁殖部位,由于 α 毒素及透明质酸酶的作用促使发生典型的肌肉坏死,由于碳水化合物分解,产生酸臭的有机气体,使受损害部位有捻发音及海绵结构。由于蛋白质和红细胞分解形成硫化氢及含铁血黄素等致使肌肉颜色由暗红色至黑色。循环系统的毒素及组织损坏物导致心肌及实质器官变性的致死性毒血症。本病后期也有菌血症。动物死后,细菌还能借尸体温度繁殖,分解实质器官中的碳水化合物及蛋白质。因为肝脏含糖较多,所以产生膨胀的现象也较为明显。

4.症状

潜伏期一般为 3~5 天,最短 1~2 天,最长 7~9 天。人工感染 4~8 小时即有体温反应及明显局部炎性肿胀。黄牛发病多为急性经过。体温升高至 41~42℃,早期即出现跛行。相继出现本病特征性肿胀,即在多肌肉部位发生肿胀,初期热而痛,后来中央变冷、无痛。患部皮肤干硬呈暗红色或黑色,有时候形成坏疽。触诊有捻发音,叩诊有明显鼓音。切开患部,从切口流出污红色的带泡沫的酸臭液体。此等肿胀多发生在腿上部、臀部、腰部、荐部、颈部及胸部。此外,局部淋巴结肿大,触之坚硬。食欲反刍停止,呼吸困难,脉搏快而弱,最后体温下降或再稍回升,随即死亡。一般病程1～3天,也有延长至10天的。若病灶发生在口腔,鳃部肿胀有捻发音,发生在舌头部位则舌头肿大伸出口外,有捻发音。老牛患病,其病势常较轻,中等发热,肿胀也较轻,有时疝痛臌气,的的可能康复。

绵羊患病多创伤感染,即染病部位肿胀。非创伤感染病例多与牛症状相似,即体温升高、食欲不振、跛行,患部(常为颈部和胸部)发生肿胀,触之有捻发音。皮肤蓝红色至黑色,有时有血色浆液渗出(血汗)和表皮脱落。常在1～3天内死亡。骆驼患病后,病程短促,常在37～63小时内死亡。幼驼死亡更快。病初体温升高,食欲反刍停止,步态僵硬,不愿站立。肿胀发生在肩部和臀部,开始不甚明显,逐渐增大,呼吸困难,痛苦呻吟,死前体温下降。

本病在未发生过的地方出现,其发病率可达40％～50％,病死率近于100％。

5.病变

因本病而死亡的尸体只表现轻微腐败变化,但尸体因为皮下结缔组织气肿及瘤胃臌胀而显著臌胀。肺脏在濒死期水肿,鼻孔流出血样泡沫,肛门与阴道口也有血样液体流出。在肌肉丰厚部位如臀、肩、腰等有捻发音性肿胀,肿胀可以从患部肌肉扩散至邻近的广大面积,但是也有的只局限于身体任何部位的骨骼肌。患部皮肤或正常或表现部分坏死。皮下组织呈红色或金黄色胶样浸润,有的部位有出血或小气泡。肿胀部的肌肉潮湿或特殊干燥,呈现海绵状有刺激性酪酸样气体,触之有捻发音,切面呈一致的污棕色或有灰红色、淡黄色和黑色条纹,肌纤维束为小气泡胀裂。如病程较长,患部肌肉组织坏死性病变明显。这种捻发音性肿胀,也可偶见于舌肌、肉肌、喉肌、咽肌、膈肌、肋间肌等。胸腹腔有暗红色浆液,心包液体暗红而增多。心脏内外膜有出血斑,心肌变性,色淡而脆。肺小叶间水肿,淋巴结急性肿胀和出血浆性浸润。脾常无变化或被小气泡所胀大,血呈暗红色。肝切面有大小不等棕色干燥病灶,这种病灶,死后仍能继续扩大,由于产气结果,形成多孔的海绵状态。肾脏也有类似变化,胃肠有时有轻微出血性炎症。

6.诊断

根据流行病学资料、临床症状和病理变化,可以做出初步诊断。进一步确诊需要采取肿胀部位的肌肉、肝、脾及水肿液,作细菌分离培养鉴定和动物实验。动物试验时可用厌氧肉汤中生长的纯培养物接种豚鼠,豚鼠在6～60小时内死亡。

气肿疽易与恶性水肿混淆,也与炭疽、巴氏杆菌有相似之处,应注意鉴别。恶性水肿多因创伤引起,病畜无年龄区别,气肿不显著,发生部位不定,肌肉无海绵状病变,肝表面触片染色镜检,可见有特征的长丝状的腐败梭菌。炭疽可使各种动物感染,局部肿胀为水肿,没有捻发音,脾高度肿大,取末梢血涂片镜检,可见到竹节状的炭疽杆菌,炭疽沉淀实验(阿斯柯里氏反应)阳性。巴氏杆菌的肿胀部位主要见于咽喉和颈部,为炎性水肿,顽固热痛,但不产气,无捻发音,常伴有急性纤维素性胸膜炎的症状与病变,血液或实质脏器涂片镜检,可见到两极着色的巴氏杆菌。

7.预防

本病的发生有明显的地区性。疫苗预防接种是控制本病的有效措施,用气肿疽灭活疫苗皮下注射,不论年龄大小,每只羊 1 毫升。采取土地耕种或植树造林等措施,可使气肿疽梭菌污染的草场变为无害。病畜应立即隔离治疗,死畜严禁剥皮吃肉,应深埋或焚烧,以减少病原的散播。病畜圈栏,用具以及被污染的环境用消毒剂彻底消毒。粪便、污染的饲料和垫草等均应焚烧销毁。

8.治疗

早期可用抗气肿疽血清,静脉或腹腔注射,同时应用青霉素和四环素类药物,有较好效果。局部治疗,可用普鲁卡因青霉素于肿胀部位分点注射。

附:气肿疽灭活疫苗使用说明书

【兽药名称】通用名:气肿疽灭活疫苗

【主要成分与含量】本品系用气肿疽梭菌接种于适宜培养基培养,收获培养物,经甲醛溶液灭活后制成或灭活后加明矾配制而成。

【性状】本品静置后,上层为棕黄色或淡黄色澄明液体,下层为灰白色沉淀,振摇后呈均匀混悬液。

【作用与用途】用于预防牛、羊气肿疽。

【用法与用量】皮下注射。不论年龄大小,每只羊 1.0 毫升。

【不良反应】一般无可见不良反应。个别有轻微反应。出现局部肿胀、轻度跛行、食欲减退、在短期内体温升高属于正常现象。

【注意事项】①切忌冻结,冻结后的疫苗严禁使用。②使用前,将疫苗恢复至室温,并充分摇匀。③接种时应做局部消毒处理,每只动物用一个灭菌针头。④用过的器具、疫苗瓶等必须及时消毒处理,未使用完的疫苗也应进行无害化处理。

【规格与包装】100 毫升/瓶,50 瓶/箱。

【贮藏与有效期】2~8℃保存,有效期为 24 个月。

（十）羊布氏菌病

本病是由布氏菌引起的人兽共患的慢性传染病。在家畜中，牛、羊、猪最常发生，且可由牛、羊、猪传染给人和其他家畜。其特征是引起生殖器官和胎膜炎症，引起流产、不育和各种组织的局部病灶，故又称传染性流产病；雄性动物则出现睾丸炎、附睾炎。本病是世界动物卫生组织（OIE）规定应强制报告的 B 类动物疫病之一，我国《动物防疫法》把该病定为二类传染病。本病广泛分布于世界各地，我国目前在人畜间仍有发生，动物一旦发病即丧失种用价值，整群报废。兽医、养殖场饲养员、牧工、羊毛加工人员等都易感染本病，表现为长期发热、多汗、关节痛、神经痛及肝、脾脏肿大等症状。给畜牧业和人类的健康带来严重危害。

1. 病原

布氏菌属有 6 个种，即马耳他布氏菌（*Brucella melitensis*）、流产布氏菌（*Br. abortus*）、猪布氏菌（*Br. suis*）、沙林鼠布氏菌（*Br. neotomae*）、绵羊布氏菌（*Br. suis*）和狗布氏菌（*Br. canis*）。其中马耳他布氏菌有 3 个生物型；流产布氏菌有 8 个型；猪布氏菌有 4 个型。这 6 种以及其生物型的特征，相互之间有些差别。习惯上称马耳他布氏菌为羊布氏菌，流产布氏菌为牛布氏菌。各个种与生物型之间，形态及染色特征等方面无明显差别。布氏菌的抵抗力和其他不能产生芽孢的细菌相似。例如，巴氏灭菌法 10~15 分钟杀死，0.1% 升汞数分钟，1% 的来苏儿或 2% 福尔马林或 5% 生石灰乳 15 分钟，而直射日光需要 0.5~4.0 小时。在涂片上室温干燥 5 天，在干燥土壤内 37 天死亡，在阴暗处或胎儿体内可活 6 个月。

2. 流行病学

本病的易感动物范围很广，如羊、牛、猪、水牛、野牛、牦牛、犏牛、羚羊、鹿、骆驼、野猪、马、狗、猫、狐狸、狼、野兔、猴、鸡、鸭以及一些啮齿动物等，但是主要是羊、牛、猪。

流产布氏菌主要宿主是牛，而羊、猴、豚鼠有一定易感性，猪、马、狗、骆驼、鹿、鸡及小鼠、大鼠、兔、人也可感染。马耳他布氏菌，主要宿主是羊和绵羊，也可以由羊传入牛群，也可由牛传播于牛，而其他动物对它的易感性则与流产布氏菌相同。猪布氏菌主要宿主是猪，绵羊布氏菌主要引起公绵羊附睾炎，也可侵犯怀孕母绵羊导致胎盘坏死，而对未孕母绵羊常是一过性。

本病的传染源是病畜及带菌者（包括野生动物）。最危险的是受感染的妊娠母畜，他们在流产或分娩时将大量的布氏菌随着胎儿、胎水和胎衣排出。本病的主要传播途径是消化道，即通过污染的饲料与饮水而感染。动物的易感性随着性成熟年龄接近而增高,如犊牛在配种年龄前比较不易感染。人的传染源主要是患病动物,在我国人布氏菌病最多的地区是羊布氏菌病严重流行的地区,从人体分离的布氏菌大多数是羊布氏菌,布氏杆菌病在人与人之间不传播,目前为止没有相关报道和文献。所以羊以接种布氏菌病活疫苗 M5(羊 5 号)或猪型 S2 苗为宜。

3.发病机理

布氏菌侵入机体后,在几日内到达侵入门户附近的淋巴结内,由此再进入血液中发生菌血症。菌血症引起体温升高,其时间长短不等,菌血症消失,经过长短不等间歇后,可再发生菌血症。侵入血液中的布氏菌散布至各个器官中,可在停留器官中引起病理变化,同时可能有细菌由粪、尿中排出。布氏菌进入绒毛膜上皮细胞内增殖,产生胎盘炎,并在绒毛膜与子宫黏膜之间扩散,产生子宫内膜炎。在绒毛膜上皮细胞内增殖时,使绒毛发生渐进性坏死,同时产生一层纤维素性脓性分泌物,逐渐使胎儿胎盘与母体胎盘之间松离,由此引起胎儿营养障碍和胎儿病变,使母畜可能发生流产。流产胎儿消化道及肺组织内可以找到布氏菌,其他组织通常则无菌。一般认为细菌进入胎儿可能是通过胎儿吞咽羊水而不是通过血流。

4.症状

绵羊及羊潜伏期 2 周至 6 个月。常不表现症状,而首先被注意到的症状是流产。流产前,食欲减退,口渴,精神委顿,阴道流出黄色黏液等,流产发生在妊娠后第 3 或第 4 个月。有的羊流产 2～3 次,有的则不发生流产,但是也有报道羊群中流产 40%～50%者。其他症状可能还有乳房炎、支气管炎、关节炎及滑囊炎而引起跛行。公羊睾丸炎、乳羊的乳房炎常较早出现,乳汁有结块,乳量可能减少,乳腺组织有结节变硬。绵羊布氏菌可引起绵羊附睾炎。

5.病理变化

胎衣呈现黄色胶冻样浸润,有些部位覆有纤维蛋白絮片和脓液,有的增厚而掺杂有出血点。绒毛叶部分或全部贫血呈黄色,或覆盖灰色或黄绿色纤维蛋白或脓液絮片或覆有脂肪状渗出物。胎儿特别是第四胃中有淡黄色或白色黏液絮状物,胃肠和膀胱的浆膜下可能见有点状或线状出血。浆膜腔有微红色液体,腔壁可能覆有纤维蛋白凝块。皮下呈现出血浆液性浸润。淋巴结、脾脏和肝脏有程度不等的肿胀,有的散有炎性坏死灶。脐带常呈浆液性浸润、肥厚。胎儿和新生羔羊可能见有肺炎病灶。公畜生殖器官精囊内可能有出血点和坏死灶,阴囊肿大,睾丸和附睾可能有炎性坏死灶和化脓灶。

6.诊断

流行病学资料,流产、胎儿胎衣的病理损害,胎衣滞留以及不育等都有助于布氏菌病的诊断,但是只有通过实验诊断才能确诊。布氏菌病的明显症状是流产,须与发生相同症状的疾病鉴别,如弯杆菌病、胎儿毛滴虫病、钩端螺旋体病、乙型脑炎、衣原体病、沙门氏菌病以及弓形体病等都可能发生流产。

7.预防

应当着重体现"预防为主"的原则。在未感染畜群中,控制本病传入的最好办法是自繁自养,必须引进种畜或补充畜群时,要在产地进行严格检疫。将牲畜引进后要隔离饲养两个月,同时再进行布氏菌病的实验室检测,全群两次免疫生物学检查阴性者,才可以与原有牲畜接触或混群。清净的畜群,还应定期布氏杆菌病的监测(至少一年一次),一经发现,应立即扑杀和无害化处理。畜群中如果发现流产,应尽快做出诊断。确诊为布氏菌病或补充畜群检测中发现本病,均应采取强制措施,将其消灭。消灭布氏菌病的主要措施是检疫、隔离、控制传染源、切断传播途径、培养健康畜群及主动免疫接种,也就是采取"杀、处、检、免、消"(病羊全部扑杀;扑杀后的病羊、流产胎儿、胎衣全部无害化处理;健康羊群全检;检测后阴性羊群全部免疫;环境全部消毒)综合防控措施。关于消灭布氏菌病的办法,世界各地曾有不少成功经验,我国也有很多成果,都可因地制宜的参考实施。

培养健康畜群由幼畜着手,成功机会较多。培养健康羔羊群则在羔羊断乳后隔离饲养,一个月内做两次免疫生物学试验,如有阳性除扑杀并无害化处理外再继续检疫一个月,至全群阴性,则可认为健康羔羊群。

疫苗接种是控制本病的有效措施。已经证实,布氏菌病的免疫机理是细胞免疫。在保护宿主抵抗流产布氏菌的细胞免疫作用是,特异的T细胞与流产布氏菌抗原反应,产生淋巴因子,此淋巴因子提高巨噬细胞的免疫作用使特异的T细胞与流产布氏菌抗原反应,产生淋巴因子,此淋巴因子提高巨噬细胞活性战胜其细胞内细菌。因而在没有严格隔离条件的畜群,可以接种疫苗以预防本病的传入,也可以用疫苗接种作为控制本病的方法之一。

目前国际上多采用活疫苗,如牛流产布氏菌B19号苗、马耳他布氏菌Rev I苗等都是接种一次,保护终生。在我国,主要使用猪布氏菌S2号弱毒活疫苗、马耳他布氏菌M5号和A19号弱毒活疫苗,免疫期3~6年不等。

猪布氏菌S2号弱毒活疫苗(简称S2苗)是我国选育的一种优良的布氏菌疫苗。它对山羊、绵羊、牛都有较好的免疫力,并且毒力稳定,使用安全,免疫力强,效果良好。马耳他5号弱毒活疫苗(M5)是我国选育的一种布氏菌苗,可用于山羊、绵羊、牛和鹿的免疫。

应当指出的是,上述弱毒疫苗,仍有一定的剩余毒力,因此,在使用中工作人员应做好自身保护。

8. 治疗

布氏菌是兼性细胞内寄生菌，致使化学药物疗效不易生效。因此对病畜一般不做治疗，应立即扑杀和无害化处理。

附1：布氏菌病活疫苗(S2)使用说明书(猪2号)

【兽药名称】通用名：布氏菌病活疫苗(S2)

【主要成分与含量】本品系用猪种布氏菌病 S2 株接种适宜培养基培养，收获培养物，加适宜稳定剂，经冷冻干燥制成。每头份含布氏菌活菌数至少 1.0×10^{10} CFU。

【性状】本品为淡黄色海绵状疏松团块，易与瓶壁脱离，加稀释液后迅速溶解。

【作用与用途】用于预防羊、猪和牛布氏菌病。免疫期：羊为 36 个月；牛为 24 个月；猪为 12 个月。

【用法与用量】口服接种，亦可注射。怀孕母畜口服后不受影响，畜群每年接种一次。长期使用，不会导致血清学的持续阳性反应。

口服：羊不论大小，每只 1 头份(100 亿 CFU 活菌)。

皮下或肌内注射：山羊每只 25 亿 CFU 活菌；绵羊每只 50 亿 CFU 活菌。注射免疫易引起怀孕母畜流产。

【不良反应】一般无明显反应，个别反应轻微。出现局部肿胀、轻度跛行、食欲减退、在短期内体温升高属于正常现象。

【注意事项】①注射法不能用于孕畜、牛和小尾寒羊。②本疫苗对人有一定的致病力，使用疫苗时，应注意个人防护。如有不适，尽早就医。③正在流行疫病的畜群不得使用，有病、体质瘦弱、怀孕、产后不久等牲畜不能注射，如发现不良反应，应用抗生素急救。④用前应检查疫苗，如有瓶破裂、封口不严、色泽不正常或过有效期的均不应使用。⑤疫苗稀释后限当日用完，次日不得使用。⑥拌水饮服或灌服时，应注意用凉水。若拌入饲料中，应注意避免使用含有抗生素的饲料、发酵饲料或热饲料。动物在接种前、后 3 日，应停止使用抗生素添加剂饲料和发酵饲料。⑦采取注射途径接种时，应作局部消毒处理，每只接种动物用一个灭菌针头。注射后如有严重反应，可用抗生素治疗。⑧稀释用过的注射器针头等器具、疫苗瓶和未用完的疫苗等应进行无害化处理，用过的水槽可用日光消毒。

【规格与包装】40 头/瓶、80 头/瓶、160 头/瓶。

【贮藏与有效期】2～8℃保存，有效期为 12 个月。

附2:布氏菌病活疫苗(M5)使用说明书(羊5号)

【兽药名称】通用名:布氏菌病活疫苗(M5)

【主要成分与含量】本品含羊种布氏菌病 M5 株(CVCC18)。每头份含活菌数量不少于 1×10^9 CFU。

【性状】微黄色海绵状疏松团块,易与瓶壁脱离,加稀释液后迅速溶解。

【作用与用途】用于预防牛、羊布氏菌病。免疫期为 36 个月。

【用法与用量】皮下注射、滴鼻或口服接种。免疫期为 36 个月。羊:皮下注射 1 头份、滴鼻 1 头份或者口服 25 头份。

【注意事项】①配种前 1~2 个月免疫接种较好,妊娠期母畜及种公畜不宜进行预防接种。②接种时,要做局部消毒处理。③本疫苗对人有一定的致病力,制苗及接种工作人员,应注意个人防护,避免感染或引起过敏。④稀释用过的注射器、针头等器具,疫苗瓶和未用完的疫苗等应进行无害化处理。

【规格与包装】100 头/瓶、200 头/瓶、300 头/瓶。

【贮藏与有效期】2~8℃保存,有效期为 12 个月。

附3:布氏菌病虎红平板凝集试验抗原使用说明书

【主要成分及含量】含灭活的布氏菌菌株

【性状】红色均匀悬浮液,久置后,上部澄清,底部有少量红色菌体沉淀。

【作用与用途】用于琥红平板凝集试验诊断布氏菌病。

【用法与判定】取被检血清 0.03 毫升与抗原 0.03 毫升相混合,4 分钟内观察结果,凡出现"+"以上反应者判为阳性。对出现阳性反应的动物,需进一步做试管凝集试验或酶联免疫吸附试验。

凝集反应判定标准:

++++ 凝集块呈菌丛状,凝块间液体明显清凉。

+++ 凝集反应较强,液体较清亮。

++ 形成较明显卷边,凝集块间液体稍清亮。

+ 稍能查到凝集,稍有卷边形成,凝集物间液体呈红色。

— 无凝集,呈均匀粉红色。

【不良反应】一般无可见的不良反应。

【注意事项】①使用前应充分摇匀,出现污染或有摇不散的凝块时不得使用。②抗原和血清应在室温中放置 30~60 分钟后,再进行试验。

【贮藏及有效期】2~8℃保存,有效期为 12 个月。

（十一）肉毒梭菌（C型）中毒症

肉毒梭菌中毒症是由于摄入含有肉毒梭菌的食物或饲料而引起的多种动物的一种中毒性疾病。以运动神经麻痹为特征。本病广泛分布于世界各地，在我国北方地区发生较多。

1. 病原

肉毒梭菌为梭菌的成员，为腐物寄生性专性厌氧菌。在适宜条件下可以产生一种蛋白神经毒素——肉毒梭菌毒素，肉毒素是迄今所知的所有毒物中毒力最强的神经毒素，其毒性是氰化钾的1万倍。10个A型芽孢能迅速致鸡死亡，1毫克肉毒素可杀死100万只豚鼠，2 000万只小鼠。肉毒梭菌对人的致死量约为0.1微克，1克就可以致1 000万人死亡。所以肉毒梭菌被美国疾病控制中心认为是最危险的6种A类生物恐怖因子之一，多个国家将其作为生物武器。肉毒梭菌毒素合成时和其他蛋白形成肉毒素复合体，保护毒素耐过胃酸环境。毒性亚单位被吸收进入血液循环，但并不透过血脑屏障，而是以未知机制作用于脑神经核、外周神经肌肉接头处及自主神经末梢，阻断乙酰胆碱的释放，引起运动神经末梢功能失调，导致肌肉麻痹。肉毒梭菌对高温也有很强抵抗力，毒素经100℃、15～30分钟才能被破坏，在动物尸体、骨头、腐烂植物、青贮饲料、发霉饲料及发霉的青干草中，毒素能保存多月。

2. 流行病学

肉毒梭菌芽孢广泛存在于自然界，土壤为其提供居留场所，动物肠道内容物、粪便腐败尸体、腐败饲料及各种植物中经常含有。自然发病主要是由于摄食了含有毒素的食物或饲料，病畜一般不能将疾病传给健康者，就是说病畜作为传染源的意义不大，食入肉毒梭菌也可以在体内增殖并产生毒素而引起中毒。牛、马较多见，绵羊、羊次之。本病的发生除有明显的地域分布外，还与土壤类型和季节有关。在温带地区，肉毒梭菌发生于温暖季节，因为在22～37℃范围内，饲料中的肉毒梭菌才能大量产生毒素。在缺钙、磷的草场放牧的牲畜有啃尸骨的异食癖，更容易发生中毒。饲料中毒时，因毒素分布不均匀，故不是吃了同批饲料的所有动物都会发病，在同等情况下，以膘肥体壮、食欲良好的动物发生较多。放牧盛期的夏季、秋季较多。

3. 症状

本病的潜伏期随着动物种类不同和摄入毒素量多少等变化。一般多为4～20小时，长的可达数天。表现为神经麻痹，由头开始，迅速向后发展，直至四肢，也主要表现肌肉软弱和麻痹，不能咀嚼和吞咽，垂舌，下颌下垂，半闭眼，瞳孔散大，对外界刺激无反应。波及四肢时，则共济失调，以至于卧地不起，头部如产后轻瘫弯于一侧。肠音废绝,粪便秘结,有腹痛症状,呼吸极度困难,直至呼吸麻痹而死。死前体温、意识正常,严重的数小时死亡,病死率达70%～100%,轻者尚可恢复。

4.发病机理与病变

肉毒梭菌主要作用于神经肌肉接头点,阻止胆碱能神经末梢释放乙酰胆碱,而阻断神经冲动传导,导致运动神经麻痹,毒素还损害中枢神经系统的运动中枢,致使呼吸肌肉麻痹,动物窒息死亡。剖检无特殊的变化,所有器官充血,肺水肿,膀胱内可能充满尿液。

5.诊断

依据特征性症状,结合发病原因进行分析,可作出初步诊断。鉴别诊断:应注意与其他中毒、低钙血症、低镁血症、黑葡萄穗霉中毒以及其他急性中枢神经系统疾病相鉴别。

6.防制

每年春天接种,肉毒梭菌(C型)中毒症灭活疫苗、羊梭菌病多联肉毒梭菌(C型)单联灭活疫苗或羊梭菌多联,能有效预防本病发生。清除牧场畜舍中的腐败饲料,不使羊食入。禁止喂腐烂草料、青菜等,调制饲料要防止腐败,缺钙磷地区应多补钙磷。发病时,应查明和清除毒素来源。

附1:肉毒梭菌(C型)中毒症灭活疫苗使用说明书

【兽药名称】通用名:肉毒梭菌(C型)中毒症灭活疫苗

【主要成分与含量】本品系用C型肉毒梭菌接种于适宜培养基培养,收获培养物,经甲醛溶液灭活后加氢氧化铝胶配制而成。

【性状】本品静置后,上层为橙色澄明液体,下层为灰白色沉淀,振摇后呈均匀混悬液。

【作用与用途】用于预防牛、羊、骆驼及水貂的C型肉毒梭菌中毒病。免疫期为12个月。

【用法与用量】皮下注射。常规疫苗:每只羊4.0毫升;每头牛10.0毫升;每头骆驼20.0毫升;每只水貂2.0毫升。透析培养苗:每只羊1.0毫升;每头牛2.5毫升。

【规格与包装】20毫升/瓶、50毫升/瓶、100毫升/瓶、250毫升/瓶。

【贮藏与有效期】2～8℃保存,有效期为36个月。

附 2:羊梭菌病多联干粉灭活疫苗[肉毒梭菌(C 型)单联苗]使用说明书

【兽药名称】通用名:羊梭菌病多联干粉灭活疫苗(肉毒梭菌(C 型)单联苗)

【主要成分与含量】本品系用 C 型肉毒梭菌(C62~4),接种于适宜培养基培养,收获培养物,将培养物经甲醛溶液灭活脱毒后,用硫酸铵提取,经冷冻干燥制成单苗,灭活前毒素测定,其最小致死量≤0.000 02 毫升。

【性状】本品为灰褐色或淡黄色粉末。

【作用与用途】用于预防牛、羊的肉毒梭菌中毒病。免疫期 12 个月。

【用法与用量】肌内或皮下注射。按瓶签注明头份,临时以 20%氢氧化铝胶生理盐水1.0毫升每头份稀释,充分摇匀后,不论大小,每只羊 1.0 毫升;每头牛 2.5 毫升。

【不良反应】一般无不良反应。个别有轻微。出现局部肿胀、轻度跛行、食欲减退、在短期内体温升高属于正常现象。

【规格与包装】20 头/瓶、100 头/瓶。

【贮藏与有效期】2~8℃保存,有效期为 60 个月。

(十二)炭疽

炭疽是由炭疽杆菌引起的一种人畜共患的急性、热性、败血性传染病,其病变的特点是脾脏显著肿大,皮下及浆膜下结缔组织出血性浸润,血液凝固不良,呈煤焦油样。

1.病原

炭疽杆菌(*Bacillus anthracis*),革兰氏染色阳性,菌体两端平直,呈竹节状,无鞭毛。在病畜体内和未剖开的尸体中形不成芽孢,但是暴露于充足的氧气和适当温度下能在菌体中央处形成芽孢。炭疽杆菌菌体对外界理化因素的抵抗力不强,而芽孢却有坚强的抵抗力,在干燥的状态下可存活 32~50 年,150℃干热 60 分钟方可杀死。现场消毒常用 20%的漂白粉,0.1%升汞,0.5%过氧乙酸,5%的福尔马林。来苏尔、石碳酸和酒精的杀灭作用较差。

2.流行病学

本病的主要传染源是患畜,当患畜处于菌血症时,可通过粪、尿、唾液及天然孔出血等方式排菌,如尸体处理不当,则使大量病菌散播于周围环境,若不及时处理,则污染土壤、水源或牧场,尤其是形成芽孢,可能形成长久疫源地。

本病主要通过采食污染的饲料、饲草和饮水经消化道感染,但经呼吸道和吸血昆虫叮咬而感染的可能性也存在。自然条件下,草食兽最易感,以绵羊、羊、马、牛易感性最强,骆驼和水牛及野生草食动物次之,猪易感性较低。人对炭疽普遍感染,但是主要发生于那些与动物及畜产品接触机会较多的人员。

本病呈地方性流行,干旱或多雨、洪水涝积、吸血昆虫等都是促使炭疽暴发的因素,例如干旱季节,地面草短,放牧时牲畜易于接近受污染的土壤;河水干枯,牲畜饮用污染的河底浊水或大雨后洪水泛滥,易使沉积在土壤中的炭疽芽孢泛起,并随洪水扩大污染范围。此外,从疫区输入病畜产品,如骨粉、皮革、羊毛等也常引起本病暴发。

3. 发病机理

炭疽芽孢杆菌的毒力主要取决于荚膜多肽和炭疽素。有毒力的炭疽芽孢进入动物机体后,再侵入局部的组织发育繁殖。同时,宿主本身也动员其防御机制来抑制病菌繁殖,并将其部分杀死,当宿主抵抗力较弱时,有毒力的炭疽菌能及时形成一种保护作用的荚膜,保护菌体不受白细胞吞噬和溶菌酶的作用,使细菌易于扩散和繁殖。炭疽菌还能产生一种能引起局部水肿的毒素,菌体可在水肿液中繁殖,并经淋巴管进入局部淋巴结,最后侵入血液大量繁殖,从而导致败血症发生。

本病的发生和致死与炭疽毒素有直接关联。炭疽毒素是外毒素蛋白复合物,由于水肿因子(EF)、保护抗原(PA)和致死因子(LF)三种成分构成,其中任何单一因素无毒性作用,这三种成分必须协同作用才对动物致病,他们的整体作用是损伤及杀死吞噬细胞,抑制补体活性,激活凝血酶原,致使发生弥漫性血管内凝血,损伤毛细血管内皮,使液体外漏,血压下降,最终引起水肿、休克及死亡。用特异性抗血清可中和这种作用。

4. 症状

本病潜伏期一般为1~5天,最长的可达14天。按其表现不一,可以分为以下几种类型:

(1)最急性型 常见于绵羊和羊,偶尔也见于牛、马,表现为脑卒中的经过(卒中型)。外表完全健康的动物突然倒地,全身战栗,摇摆,昏迷,磨牙,呼吸极度困难,可视黏膜发绀,天然孔流出带泡沫的暗色血液,常于数分钟内死亡。

(2)急性型 常见于牛、马。病牛体温升高至42℃,表现为兴奋不安,吼叫或顶撞人、畜、物体,然后变为虚弱,食欲、反刍、泌乳减少或停止,呼吸困难,初期便秘后期腹泻带血,尿暗红,有时混有血液,乳汁量减少并带有血,常有中度程度的鼓气,孕牛多迅速流产,一般1~2天死亡。马的急性型与牛相似,还常伴有剧烈的腹痛。

(3)亚急性型 也多见于牛、马,症状与上述急性型相似,除急性热性病征外,常在颈部、咽部、胸部、腹下、肩胛或乳房等部的皮肤、直肠或口腔黏膜等处发生炭疽痈,初期坚硬有热痛,以后热消失,也可发生坏死,有时形成溃疡,颈部水肿常与咽炎和喉头水肿相伴发生,致使呼吸空难加重。一般 2～5 天后死亡,病程长的可达 1 周后死亡。

5.**病变**

急性炭疽为败血病变,尸僵不全,尸体极易腐败,天然孔流出带泡沫的黑红色血液,黏膜发绀,剖检时血凝不良,黏稠如煤焦油样,全身多发性出血,皮下、肌腱浆膜下结缔组织水肿,脾脏变性、淤血、出血、水肿,肿大 2～5 倍,脾髓呈暗红色,煤焦油样,粥样软化。

6.**诊断**

依据本病流行病学调查、临床症状,结合实验室诊断结果做出综合判定。随动物种类不同,本病的经过和表现多样,最急性病例往往缺乏临诊症状,严禁在非生物安全条件下进行疑似患病动物、患病动物的尸体剖检,因此最后诊断一般要依靠微生物学及血清学方法。

7.**预防**

(1)预防措施　在疫区或常发地区,每年对易感动物进行预防注射,常用的是Ⅱ号炭疽芽孢疫苗和无荚膜炭疽芽孢疫苗,接种 14 天后产生免疫力,免疫期为一年。另外,要加强检疫和大力宣传有关本病的危害性及防治办法,特别是告诫农牧民不可食用病死动物,不能使用动物皮毛制品等。

(2)疫情报告　任何单位和个人发现患有本病或者疑似本病的动物,都应立即向当地动物防疫监督机构报告。当地动物防疫监督机构接到疫情报告后,按国家动物疫情报告管理的有关规定执行。

(3)疫情处理　依据本病流行病学调查、临床症状,结合实验室诊断做出的综合判定结果可作为疫情处理依据。

①当地动物防疫监督机构接到疑似炭疽疫情报告后,应及时派员到现场进行流行病学调查和临床检查,采集病料送符合规定的实验室诊断,并立即隔离疑似患病动物及同群动物,限制移动。对病死动物尸体,严禁进行开放式解剖检查,采样时必须按规定进行,防止病原污染环境,形成永久性疫源地。

②确诊为炭疽后,必须按下列要求处理。由所在地县级以上兽医主管部门划定疫点、疫区、受威胁区。

a.疫点　指患病动物所在地点。一般是指患病动物及同群动物所在畜场(户组)或其他有关屠宰、经营单位。

b.疫区　指由疫点边缘外延 3 公里范围内的区域。在实际划分疫区时,应考虑当地饲养环境和自然屏障(如河流、山脉等)以及气象因素,科学确定疫区范围。

c.受威胁区　指疫区外延 5 公里范围内的区域。

③本病呈零星散发时,应对患病动物作无血扑杀处理,对同群动物立即进行强制免疫接种,并隔离观察 20 天。对病死动物及排泄物、可能被污染饲料、污水等按技术规范的要求进行无害化处理;对可能被污染的物品、交通工具、用具、动物舍进行严格彻底消毒。疫区、受威胁区所有易感动物进行紧急免疫接种。对病死动物尸体严禁进行开放式解剖检查,采样必须按规定进行,防止病原污染环境,形成永久性疫源地。

④本病呈暴发流行时(1 个县 10 天内发现 5 头以上的患病动物),要报请同级人民政府对疫区实行封锁;人民政府在接到封锁报告后,应立即发布封锁令,并对疫区实施封锁。

⑤疫点、疫区和受威胁区采取的处理措施如下:

a. 疫点　出入口必须设立消毒设施。限制人、易感动物、车辆进出和动物产品及可能受污染的物品运出。对疫点内动物舍、场地以及所有运载工具、饮水用具等必须进行严格彻底的消毒。患病动物和同群动物全部进行无血扑杀处理。其他易感动物紧急免疫接种。对所有病死动物、被扑杀动物,以及排泄物和可能被污染的垫料、饲料等物品产品按技术规范要求进行无害化处理。动物尸体需要运送时,应使用防漏容器,须有明显标志,并在动物防疫监督机构的监督下实施。

b. 疫区　交通要道建立动物防疫监督检查站,派专人监管动物及其产品的流动,对进出人员、车辆须进行消毒。停止疫区内动物及其产品的交易、移动。所有易感动物必须圈养,或在指定地点放养;对动物舍、道路等可能污染的场所进行消毒。对疫区内的所有易感动物进行紧急免疫接种。

c. 受威胁区　对受威胁区内的所有易感动物进行紧急免疫接种。

d. 封锁令的解除　最后 1 头患病动物死亡或患病动物和同群动物扑杀处理后 20 天内不再出现新的病例,进行终末消毒后,经动物防疫监督机构审验合格后,由当地兽医主管部门向原发布封锁令的机关申请发布解除封锁令。

e. 处理记录　对处理疫情的全过程必须做好完整的详细记录,建立档案。

8. 流行病学调查

进行疫源分析与流行病学调查

9. 免疫接种

各地根据当地疫情流行情况,按农业部制定的免疫方案,确定免疫接种对象、范围。使用国家批准的炭疽疫苗,并按免疫程序进行适时免疫接种,建立免疫档案。

附1：Ⅱ号炭疽芽孢疫苗使用说明书

【兽药名称】通用名：Ⅱ号炭疽芽孢疫苗

【成分与含量】本品系炭疽杆菌Ⅱ号菌株（CVCC40202株）的铝胶混悬液，活芽孢数量为每毫升至少为$(2.0\times10^7)\sim(3.0\times10^7)$CFU。

【性状】本品静置后，上层为橙色澄明液体，下层为灰白色沉淀，振摇后呈均匀混悬液。

【作用与用途】用于预防大动物、绵羊、山羊、猪的炭疽。免疫期，羊为6个月，其他动物为12个月。

【用法与用量】羊每只皮内注射0.2毫升；其他动物每头（只）皮内注射0.2毫升或皮下注射1毫升。

【不良反应】一般无可见不良反应。个别有轻微反应。出现局部肿胀、轻度跛行、食欲减退、在短期内体温升高属于正常现象。

【注意事项】①使用前，将疫苗恢复至室温，并充分摇匀。②羊、马慎用。③正在流行疫病的畜群中不得使用，有病、体质弱、怀孕、产后不久等牲畜不能注射，如发现不良反应，应使用肾上腺素急救。④如有瓶子破裂、封口不严、色泽不正常或过有效期的均不得使用。⑤本品宜秋季使用，在牲畜春乏或气候突变时不应使用，注射后的家畜，在七日内勿过度使役，并加强饲养管理，避免减低效能。⑥打开的疫苗必须当日用完，次日不得使用。⑦接种时应作局部消毒处理，每头（只）动物用一个灭菌针头。⑧用过的器具、疫苗瓶等必须及时消毒处理，未使用完的疫苗也应进行消毒处理。

【规格与包装】20毫升/瓶、50毫升/瓶、100毫升/瓶、250毫升/瓶。

【贮藏与有效期】2～8℃保存，有效期为24个月。

附2：无荚膜炭疽芽孢疫苗使用说明书(羊忌用、马慎用)

【兽药名称】通用名：无荚膜炭疽芽孢疫苗

【主要成分与含量】本品系炭疽杆菌无荚膜弱毒菌株（CVCC40～205株）的铝胶混悬液，活芽孢数量每毫升至少为$(2.5\times10^7)\sim(3.5\times10^7)$CFU。

【性状】本品静置后，上层为透明液体，下层为灰白色沉淀，振摇后呈均匀混悬液。

【作用与用途】用于预防马、牛、绵羊和猪的炭疽。免疫期为12个月。

【用法与用量】皮下注射。牛、马1岁以上每头（匹）1.0毫升；1岁以下的牛、马，每头（匹）0.5毫升；绵羊、猪每只0.5毫升。

【不良反应】一般无可见不良反应。个别有轻微反应。出现局部肿胀、轻度跛行、食欲减退、在短期内体温升高属于正常现象。

【注意事项】①使用前，将疫苗恢复至室温，并充分摇匀。②正在流行疫病的畜群中不得使用,有病、体质弱、怀孕、产后不久等牲畜不能注射,如发现不良反应,应使用肾上腺素急救。③羊忌用、马慎用。④如有瓶子破裂、封口不严、色泽不正常、有摇不散的凝块等情况或过有效期的均不得使用。⑤本品宜秋季使用,在牲畜春乏或气候突变时不应使用,注射后的家畜,在七日内勿过度使役,并加强饲养管理,以免减低效能。⑥打开的疫苗必须当日用完,次日不得使用。⑦接种时局部应消毒,每头(只)动物用一个灭菌针头。⑧用过的器具、疫苗瓶等必须及时消毒处理,未使用完的疫苗也应消毒处理。

【规格与包装】100 毫升/瓶,100 瓶/箱;250 毫升/瓶,40 瓶/箱。

【贮藏与有效期】2~8℃保存,有效期为 24 个月。

(十三)羊巴氏杆菌病

1. 病原

多杀性巴氏杆菌,G-杆菌,有荚膜,两极染色。流行特点及临床症状有:

(1)最急性型 多见于哺乳羔羊,突然发病出现寒战,虚弱,呼吸困难等症状,于数分钟至数小时内死亡。

(2)急性型 精神沉郁,体温升高到 41~42℃;咳嗽,鼻孔常有出血,有时混于黏性分泌物中;初期便秘,后期腹泻,有时粪便全部变为血水;病羊常在严重腹泻后虚脱而死,病期 2~5 天。

(3)慢性型 ①病羊消瘦不思饮食,流黏脓性鼻液咳嗽,呼吸困难;②有时颈部和胸下部发生水肿;③有角膜炎,腹泻;④临死前极度衰弱,体温下降。

2. 病理变化

皮下有液体浸润和小点状出血;胸腔内有黄色渗出物,肺有淤血、小点状出血、肝变,见有黄豆至胡桃大的化脓灶;胃肠道出血性炎症,其他脏器呈水肿和淤血,间有小点状出血,但脾脏不肿大;病期较长者尸体消瘦,皮下胶样浸润,常见纤维素性胸膜肺炎,肝有坏死灶。

3. 诊断

临床症状、病理变化结合细菌分离鉴定

4. 防制

(1)发现病羊和可疑病羊立即隔离治疗:①庆大霉素按 1 000~1 500 国际单位/千克体重,或四环素 5~10 毫克/千克体重,或 20%磺胺嘧啶钠 5~10 毫升,均肌内注射,每日 2 次;②使用复方新诺明或复方磺胺嘧啶,口服,每次 25~30 毫克/千克体重,1 日 2 次;直到体温下降,食欲恢复为止。

(2)预防本病平时应注意饲养管理,避免羊受寒。

(3)发生本病后,羊舍用 5%漂白粉或 10%石灰乳彻底消毒;必要时用高免血清或疫苗给羊作紧急免疫接种。

(十四)假结核棒状杆菌病

假结核棒状杆菌病是由假结核棒状杆菌引起多种动物的一类慢性传染病，其中主要为羊的假结核和马的溃疡性淋巴管炎。也有在骆驼、牛、鹿、巨角绵羊、猪、兔、豚鼠和小鼠中发生的报道。

1891年Preisz和1893年Nocard分别从绵羊类似结核的病变中分离出一种病原菌，被称为假结核棒状杆菌(*Corynebacterium pseudotuberculosis*)，并确定是羊假结核的病原菌。以后有人从马溃疡性淋巴管炎的病变中分离出这种菌，并确认为是马溃疡性淋巴管炎的病原菌。

1. 病原

假结核棒状杆菌是棒状杆菌属(*Corynebacterium*)的成员，是一种大小(0.5~0.6)μm×(1.0~3.0)μm、革兰染色阳性而非抗酸的多形性杆状菌，多呈棒状或梨状，不能运动，无荚膜，不形成芽孢。用苯胺蓝染料水溶液易于染色。它的分布很广，通常栖居于肥料、土壤和肠道中，也存在于皮肤上。

在有氧条件下培养，本菌在琼脂或凝固血清上形成灰色或赤白色菌落，菌落呈鳞片状，不易乳化于液体中。在肉汤中的管底能形成小团块，表面产生灰白色干硬菌膜，其后沉底。不产生靛基质。在马铃薯上不能生长，或只有在瘠薄的条件下生长，对牛乳不液化。

本菌对干燥的抵抗力极强，如无日光照射，在冻肉或粪便中能存活数月。日光直射、加热90℃和各种消毒剂均能迅速将其杀死。将本菌纯培养物注射于雄性豚鼠，即可引起伴有脓性纤维蛋白性渗出物的睾丸炎。

假结核棒状杆菌主要引起山羊和绵羊的干酪性淋巴结炎(Caseus lymphangitis of goat and sheep)。山羊和绵羊的干酪性淋巴结炎过去曾称山羊和绵羊的伪结核(Pseudotuberculosis in goat and sheep)，是由假结核棒状杆菌引起山羊和绵羊的一种慢性传染病。其主要特征是受害淋巴结肿大，呈现化脓性干酪性坏死，有的在肺、肝、脾和子宫角产生大小不等的结节，内含淡黄绿色干酪样物质。

2. 流行病学

本病在南美、澳大利亚及新西兰的绵羊中较多发生，常为散发，偶尔也有地方流行性。德国、法国、保加利亚及波兰均有本病发生的报道。在我国，本病多发生于山羊，主要侵害2~4岁的山羊，6月龄以内和5岁以上者较少发生。公、母山羊均受侵害，但以母羊占大多数。近年来绵羊感染本病的报道也越来越多。

本病的自然感染主要是通过创伤，少数病例也可能是经呼吸道及消化道感染。剪毛的损伤、去势及断尾等给本菌侵入造成有利条件。病羊粪便中的病原菌,可造成羊舍和牧地的污染。脐源性及血源性感染较少见。

3. 症状

患羊最初感染时表现局部发炎,逐渐波及邻近淋巴结,触摸无痛感,有坚韧感。之后淋巴结慢慢肿大至卵黄或核桃大,有的可肿大至拳,并呈现化脓,渐变为干酪样,切面常呈同心轮环状。以头部、颈部、肩前及股前等淋巴结较常见。一般病例没有全身症状,有些病例的体内淋巴结或内脏受到波及时,表现逐渐消瘦、衰弱、呼吸加快,有时咳嗽。后期除发生贫血症状外,还出现肩部和腹下水肿,最后陷于恶病质而死亡。有的发生于乳房,乳房表现肿大及凹凸不平,挤出的乳汁常含有少量黄红色的屑粒。羔羊发生本病时,常呈现腕关节及跗关节等的化脓性关节炎。有许多病例在生前不表现任何临床症状,只有在屠宰时才发现本病的病变。

4. 病理变化

剖检的病理变化常常仅局限于淋巴结,主要是胸腔淋巴结和体表淋巴结,而肠系膜淋巴结则很少出现病变。受侵害的淋巴结肿大并变成干酪样团块,或为含有大小不等的无臭味的干酪化病灶。病灶的切面呈灰绿色,黏滞如油脂状,切面常表现出呈同心轮层状纹理。在较陈旧的病灶中,由于钙质的沉积,使干酪块呈灰沙状。肺脏中常见有大小不等的灰色或灰绿色干酪状或胶泥状节形结节及小结节,有的呈油脂状硬结性大叶性和小叶性肺炎变化,其中含有浅棕色的干酪性软化灶,通常伴有粘连性的胸膜炎,支气管淋巴结或有相同的变化,其他脏器,如肝、脾、肾、乳房及睾丸等,也可能有干酪化或钙化的病灶。

5. 诊断

根据本病的特殊症状和病变,可做初步诊断。对某些缺乏明显临床症状的病例,只有在宰杀后见到淋巴结肿大、化脓,脓汁呈干酪样等,方可做出初步诊断。但确诊仍需自未破溃的脓肿采取脓汁,接种于血液琼脂平板上,作细菌分离培养,见有干燥、鳞片状及溶血的菌落长出后,再取典型菌落作生化特性试验,才可最后确诊。

对于羊群的检疫,可用本病的病原体作抗原,对羊血清进行微量平板凝集反应试验。本病鉴别诊断时应注意与结核病的鉴别。

6. 治疗

本病的病原菌对青霉素高度敏感。对体表出现化脓性干酪性淋巴结炎的患羊,早期应用青霉素治疗,可取得良好疗效。据报道乳山羊假结核,早期应用0.5%黄色素10毫升静脉注射,也可取得满意效果。

7.免疫

近年有人研制出第一代全细胞灭活疫苗,区域试验证明能减少本病的发生。接种疫苗的山羊,其假结核发病率低于 6%,未接种疫苗的山羊则达 12%左右;接种疫苗的绵羊的发病率为 6%,未接种疫苗的绵羊的发病率达 34%。但在区域试验中发现剂量为 5 毫克时,可使近 30%的山羊和 34%的绵羊的接种部出现肿块,为此在第一代疫苗中添加胞壁酰二肽免疫佐剂制成了第二代疫苗。通过区域试验证明,第二代疫苗既可以减少其使用剂量,又具有同样免疫效果而无任何副作用。

8.防制

平时应注意羊的皮肤和环境的清洁卫生,对皮肤损伤要及时地治疗,出现病畜要及时隔离。对有本病存在的羊群剪毛时,应先剪青年羊和健康成年羊,最后剪体表淋巴结肿大的羊,剪毛时不要损伤肿大的淋巴结,毛剪后应对剪刀进行消毒处理。

由于病原菌往往污染垫草和地面,因此,当羊群一旦出现本病时,应彻底消毒畜舍,对羊只的伤口及羔羊的脐带都应该严格消毒处理。

Ⅲ 湖羊的寄生虫病

(一)羊球虫病

球虫属于一种原虫类寄生虫。患球虫病的羊临床表现为下痢、消瘦、贫血、发育不良甚至死亡。本病主要危害羔羊,成年羊多数为带虫者,无临床表现。

1.病原学

羊球虫属于艾美耳属球虫。全世界报道 15 种,其中柯氏艾美耳球虫和艾丽艾美耳球虫致病力较强,阿氏艾美耳球虫最普遍。

2.流行病学

1～3 月龄羊羔的发病率和死亡率最高,成年羊多数是带虫者。羔羊的发病率为 100%,死亡率平均为 46.9%。发病高峰季节在 7～10 月份。多数病羊混合感染几种球虫。各种球虫的感染率在不同年龄的羊存在差异。柯氏艾美耳球虫和艾丽艾美耳球虫的感染率和优势率在 1～3 月龄羔羊高于其他年龄羊。饲养条件不良和应激是发病的诱因,如饲料和环境的改变,长途运输,重新组群,断奶和恶劣天气。

3.临床症状

本病在成年羊无症状。羔羊发病初期,病羊粪便变软不成形,3～5 天后,粪便变为糊状、水泻,颜色呈黄褐色或褐色,腥臭味,粪便中混有未被消化的饲料、黏液和血液。病羊食欲减退或废绝、精神萎靡、被毛粗乱、迅速消瘦、空嚼磨牙、黏膜苍白。后躯沾粪,体温正常或偏高。病情严重的病羊体温下降,衰竭死亡,2月龄左右的羔羊死亡率可达 60％以上。存活的病羊拉稀逐渐缓和,最后可以恢复,但生长发育受阻。

4.病理变化

肠壁水肿,肠腔充满黄白色黏液,肠黏膜充血或出血。从空肠浆膜外可以看到肠壁中有大小不一的黄白色小斑点。剖开肠道,在肠黏膜上可以看到 4 种类型的斑点变化:①肠黏膜上有针尖大到粟粒大突出的白色小点。②斑点圆形或椭圆形,边缘不整齐,不突出于黏膜表面,大小 1～3 毫米。压片检查,可见大量配子体和少量卵囊。③斑点呈白色或淡黄色,突出黏膜表面,大小和平斑相似。压片可见大量配子体和卵囊。④斑点呈现圆形或椭圆形,较大的白色或浅黄色突起,多有出血点。压片可见大量成熟或未成熟的配子体和卵囊。

小肠绒毛上皮细胞中可以看到不同发育阶段的球虫,绒毛萎缩或脱落,黏膜上皮坏死,肠腺破坏,固有层和黏膜下层水肿。肠系膜淋巴结肿胀,切面湿润,苍白色或浅黄色。部分病羊的盲肠有出血点,肠壁增厚。肝脏多轻度肿胀淤血,表面和实质有针尖大或粟粒大黄色斑点。胆囊壁增厚,黏膜坏死。

5.诊断

综合流行病学、临床症状和病理解剖结果,可以做出初步诊断。饱和盐水漂浮法检查粪便中的卵囊或刮取肠黏膜制成涂片,检查球虫卵囊、裂殖体或裂殖子等。在粪便中可发现大量卵囊或在病灶中发现大量不同发育阶段的虫体。

6.预防

采取隔离、消毒和治疗等综合措施。防止饲料和饮水被羊粪污染。隔离饲养成年羊和羔羊,羊圈保持清洁干燥,定期用 3％～5％的热碱水消毒。放牧羊群应常更换牧地。减少应激刺激,防止群体爆发球虫病。

治疗药物可以选用:①按照 1％比例将磺胺喹噁啉混入饲料,连续投服 3～5天;②10％磺胺氯吡嗪水溶液口服,按照 12 毫升/10 千克体重剂量,连服 3～5天;③氨丙啉:50 毫克/千克体重,连续投服 20 天;或按照 0.02％比例混在饲料中,连续饲喂 1～2 个月。氨丙啉和磺胺类药物可以迅速降低卵囊排出量,减轻症状。在流行李节,应当尽快采用氨丙啉、莫能菌素预防。

(二)肝片吸虫病

羊肝片吸虫病是片形吸虫寄生于羊肝胆管内引起的一种寄生虫病。

1.病原

肝片吸虫外观呈叶片状,俗称柳叶虫。自肝胆管取出时呈棕红色,长 20～

35毫米,宽5～13毫米。虫体前端有一个三角形锥状突,口吸盘位于锥状突的前端。锥状突后,虫体左右展开形成"肩"部。腹吸盘位于虫体腹面中线上的肩部水平位置。

虫体中部最宽,向后逐渐变窄。片形吸虫为雌雄同体。虫卵呈长卵圆形,黄褐色,窄端有明显的卵盖,卵内充满卵黄细胞和一个卵胚细胞。大片吸虫与肝片吸虫的区别在于:①虫体较长大;②肩部不明显;③虫体两侧缘比较平直,后端钝圆;④虫卵较大。

2.临床症状

急性型肝片吸虫病多发生在夏末和秋季,羊在短时间内集中地吞咽了大量囊蚴,幼虫在肝实质内移行时所致。病羊精神沉郁,体温经常升高;食欲消失,偶有腹泻现象;而后迅速发生贫血,黏膜苍白。常在3～5天内迅速死亡。

慢性型肝片吸虫病最为常见,主要是寄生在胆管中的成虫引起的。病羊贫血,黏膜苍白,眼睑、颌下、胸下及腹下水肿。被毛粗乱,无光泽,干枯易断,有部分脱毛现象。消化障碍,瘤胃蠕动无力,有卡他性肠炎。食欲减退或废绝,逐渐消瘦,最后由于极度衰竭而死亡。

3.病理变化

急性病例主要表现急性肝炎,肝肿大、出血等病灶。肝脏质软,挤压切面时,有黏稠污黄色液体流出,其中杂有尚未成熟的幼龄虫体。解剖可见腹腔内有血色的液体和有腹膜炎病变。

慢性病例主要呈现慢性增生性肝炎。病变的肝组织形成瘢痕性的淡灰白色条索,肝实质萎缩、褪色、变硬,小叶间结缔组织增生。胆管肥厚,扩张成绳索样突出于肝表面。胆管内壁粗糙而坚实,内含大量血性黏液和虫体以及黑褐色成粒状或块状的磷酸盐结石。

4.诊断

沉淀法检查虫卵可确诊。

5.预防

通常用丙硫苯咪唑(肠虫清)按羊每千克体重20毫克灌服。贫血严重、心律不齐、呼吸困难的病羊肌注板蓝根、复合维生素B、维生素B_{12}、血虫灭、卡那霉素;贫血较轻的可在饲料中添加硫酸亚铁,连用4～5日。

①驱虫的时间和次数与流行地区具体条件相结合。北方地区每年应有二次驱虫。一次在秋末冬初,预防动物冬季发病。另一次在冬末春初,减少动物散播病原。

②羊场粪便经发酵处理以杀死虫卵。

③选择地势高而干燥的地方作放牧地或建牧场。若在低洼潮湿的地方放

牧,应有计划地分地段放牧。

(三)羊多头蚴(脑包虫病)

多头蚴病,俗称脑包虫病。由多头带绦虫之幼虫寄生于羊脑和脊髓所引起。患羊几乎全是羔羊和 2 岁以内的年轻羊。

1.病原

多头带绦虫长 40～100 厘米,其幼虫(多头蚴)为鸡蛋大小的囊泡,直径约3～5 厘米,囊内充满透明液体。内膜上有许多点状头节。经 2～3 个月发育成多头蚴,随着血循环带到身体其他部位。

2.临床症状

六钩蚴幼虫从肠黏膜血管钻入后,随着血液循环带到脑部,由于移行期引起脑组织刺激,损伤,可能出现类似脑炎等其他精神症状,症状一般感染后 10～14天出现。病羊开始离群,行走笨拙,吃草减少,停顿,低头呆立,无目的运动,斜视,头颈向一侧弯曲,转圈,痉挛,倒地,仰头,磨牙,流涎,精神萎顿,前冲,3～5天后死亡。多数病羊耐过这个急性期,随着虫体的增大,在脑部移动较慢,最后停止移行,定位寄生部位。这时急性症状基本消失。外观表现基本像健康畜,随着虫体增大,压迫脑组织,引起脑的贫血,萎缩,继而因脑组织破坏加剧,出现一系列的神经症状。转圈运动,圈会越来越小,由于长期在一处转圈运动导致垫草形成许多圆坑;头下垂,向前做直线运动,脱离羊群,碰到障碍物,不能回转,把头顶在障碍物上静止不动;头高举,做后退运动,有时倒地后,头颈部肌肉强直性收缩,呈角弓反张;精神沉郁,嗜睡,机体严重消瘦,肋骨显露,眼结膜苍白无血色。

3.病理变化

虫体寄生部位骨质变软、变薄,皮肤稍隆起。解剖后可见脑膜充血、出血,脑表面有虫道,末端可发现幼小的多头蚴。

4.诊断

用药物鉴别诊断脑及脑膜炎,注射甘露醇、磺胺类药物,数小时后症状减轻或消失,基本可诊断为脑及脑膜炎。如果症状没有减轻,则患多头蚴病的可能性大。

5.预防

该病的重点在于预防。本病的治疗还没有特效药物,必须根据脑包虫的生活史制定出驱虫计划。脑包虫寄生在脑部或脊髓中,因存在血脑屏障,许多药物在安全剂量下进入脑部的分布较少,渗入多头蚴囊内的浓度就更小,难以达到杀虫效果。所以建议将病情严重的羊进行淘汰,并且对羊脑、脊柱、消化道等器官予以焚烧,并且深埋。对于有价值的羊,可以进行手术治疗结合全场药物治疗。

6.治疗

本病需在慢性过程中的早期进行。利用吡喹酮清除寄生在脑部和脊髓中的脑多头蚴,治愈率可达60%。可行2次用药法,第1次按体重总用药量的1/2给药,皮下或肌内分点注射,间隔48小时再进行第2次,将剩余的1/2药用完。用吡喹酮治疗期间,可按体重用青霉素、链霉素、安痛定或磺胺药类,以缓解脑膜及脑炎症状。用吡喹酮4~5天后,由于脑包虫被杀死,包内液体需在一定时间内被吸收,可用脱水剂,对体质衰弱等严重病例静脉注射25%到50%葡萄糖及维生素C注射液补体。解热镇痛和抗菌脱水剂可按10天为1个疗程,病畜需20~30天症状才能逐渐缓解。由于虫体在逐渐吸收过程中可再次引起脑炎和脑膜炎的发生,所以在第1个疗程用药后20天再用7天的抗菌素,以使病畜彻底痊愈。

(四)棘球蚴病(包虫病)

棘球蚴病也叫包虫病,是棘球绦虫的幼虫寄生于牛、羊、猪及人等多种哺乳动物的内脏器官引起的。棘球绦虫的幼虫主要寄生于肝脏,其次是肺,也可寄生于脾、肾、脑、纵隔、腹盆腔等处,由于幼虫呈囊包状,因而称为棘球蚴病或包虫病;成虫寄生于犬科动物的小肠中。包虫病是一种慢性人兽共患寄生虫病。人畜感染后,一般不易发现,但一旦察觉,人体健康已经严重受害,畜群也几乎全部感染。所以它比许多烈性传染病更具有危害性,造成的损失也更严重,故许多人把包虫病比作"寄生虫癌症"。包虫病分布于全世界,尤其是第三世界国家更为严重,全世界各地每年有成千上万的人因患包虫病而丧失劳动能力和生命。动物的感染不计其数。在我国,包虫病主要流行于西北华北及东北广大牧区,危害相当严重。

绦虫虫卵在外界环境中,对理化因素有很强的抵抗力。如酸碱和一般常用的消毒液:70%酒精、10%甲醛及0.4%来苏尔等均不能将其杀死。虫卵对低温的耐受力也很强,但在高温和干燥中很快死亡。

1.流行病学

羊、牛、猪、骆驼和马等家畜及野生动物和人对细粒棘球蚴均易感染,其中绵羊的感染率最高;鼠类及人对多头棘球蚴易感染,在牛、绵羊和猪的肝脏亦可发现有多头棘球蚴寄生,但不能发育至感染阶段。

患棘球绦虫病的狗、狼、狐、猫(少见)等肉食动物是主要的传染源。

动物与人主要通过与犬等感染棘球蚴的肉食动物接触,误食棘球绦虫卵,而经消化道感染。染虫动物把虫卵及孕节排到外界,在适宜的环境下,体节可保持其活力达几天之久。有时体节遗留在狗肛门周围的皱褶里。体节的伸缩活动,使狗瘙痒不安,到处摩擦,或以嘴啃舐,这样在狗的鼻部和脸上,就可沾染虫卵,随着狗的活动,可把虫卵散播到各处,从而增加了人和家畜感染棘球蚴的机会。此外,虫卵还可借助风力散布,鸟类、蝇、甲虫及蚂蚁也可机械搬运而散播本病。因此棘球蚴的传播与养犬密切相关。人的感染是由于直接或间接于犬或狐狸等接触,致使虫卵粘在手上经伤口感染,或因吞食了被虫卵污染的水、蔬菜、水果而引起,也可通过虫卵污染的生活用具而感染。猎人在处理和加工狼或狐狸的皮毛过程中易遭感染。

本病一年四季均可发生,但动物的死亡多发于冬季和春季。本病为世界性分布,但以牧区为多。在我国有20多省、自治区有报道,其中新疆最为严重,绵羊的感染率在50%以上,有的地区甚至高达100%;其次是青海、宁夏、甘肃、陕西、山西、内蒙古、西藏和四川等省区流行严重,其他地区仅有零星分布。

2.临诊症状

棘球蚴在家畜体内寄生时,由于虫体逐渐增大,对动物和人可引起机械性压迫,引起组织萎缩和机能障碍。随着寄生部位不同,出现的临疹症状也各异。当肝、肺寄生囊蚴数量多且大时,则实质受到压迫而高度萎缩,能引起死亡。囊蚴数量少且小时,则呈现消化障碍,呼吸困难,腹水等症状,患畜逐渐消瘦,终因恶病或窒息而死。棘球蚴的代谢物被吸收后,使周围组织发生炎症和全身过敏反应,严重者可致死。对人的危害尤其明显。

(1)细粒棘球蚴　绵羊对细粒棘球蚴较敏感,病死率也较高,严重感染者表现为消瘦,被毛逆立,脱毛,咳嗽,倒地不起。牛严重感染细粒棘球蚴者,常见消瘦,衰弱,呼吸困难或轻度咳嗽,剧烈运动时症状加剧,产奶量下降。各种动物都可因囊包破裂而产生严重的过敏反应,突然死亡。人患病后,呈慢性经过,常可数年无明显症状,其次严重性依寄生部位、棘球蚴的体积和数量而不同,寄生在脑、心、肾时危害最为严重。成虫对犬的致病作用不明显,甚至寄生数千条虫亦无明显表现。

(2)多头棘球蚴　多头棘球蚴的危害远比细粒棘球蚴严重,它的生长特点是弥散性浸润形成无数个小囊包,压迫周围组织,引起器官萎缩和功能障碍,如同恶性肿瘤一样,还可以转移到全身各个器官中。

3.病理变化

肝肺表面凹凸不平,寄生有大量的棘球蚴,有时也可以在皮下、肌肉、脾、肾、脑、脊椎管、骨、腹水等处发现。严重时可在腹腔见到很多游离的棘球蚴和附着于肠系膜的棘球蚴。切开棘球蚴可见有液体流出,将液体沉淀后,除不育囊外,可用肉眼或在立体显微镜下看到许多生发囊和原头蚴(即包囊砂);有时眼观也能见到液体中的子囊,甚至孙囊。另外,也偶然见到钙化的棘球蚴或化脓灶。

4.诊断

仅凭临诊症状很难确诊。诊断还需进行实验室检查。

5.治疗

对羊棘球蚴可用丙硫苯咪唑治疗,剂量为 90 毫克/千克体重,口服 1 次/天,连服用两次,对原头蚴的杀虫率为 82%～100%。吡喹酮的疗效也较好,剂量为 25～30 毫克/千克体重。其他动物可参考具体药物的说明。

6.预防

棘球蚴病的防控在国外一些流行比较严重的地区,取得了良好的效果。其主要措施为:

(1)对犬类进行定期驱虫,常用的药物有:吡喹酮,剂量为 5 毫克/千克体重,口服,疗效可达 100%;氢溴酸槟榔碱,剂量为 2 毫克/千克体重,口服。

(2)不让犬吃生的家畜内脏,宰杀家畜的内脏和死亡牲畜要无害化处理,防止被犬生吃。

(3)减少养犬数量,在城里禁止养犬,牧区要少羊犬,对患棘球绦虫的犬可用吡喹酮等药驱虫,驱虫要在隔离监督下进行,防止排出的虫卵或节片污染环境、饲料和饮水,造成新的传播。

(4)平时应保持环境清洁卫生。

(5)每年春天定期注射棘球蚴(包虫)病基因工程亚单位苗一头份,可有效预防该病的传染。

附:羊棘球蚴(包虫)病基因工程亚单位苗使用说明书

【兽药名称】通用名:棘球蚴(包虫病)基因工程亚单位苗

【主要成分与含量】本品每头份含棘球蚴(包虫) EG95 抗原 50 微克,免疫佐剂 Quil A 1 毫克。

【性状】真空冷冻干燥的疫苗外观呈白色疏松状,加灭菌生理盐水后迅速溶解。

【作用与用途】用于预防绵羊羊棘球蚴(包虫)病。

【配制】先将 5 毫升灭菌生理盐水加入疫苗瓶中,轻轻摇动让疫苗充分溶解,然后转入剩余 45 毫升灭菌生理盐水中,混匀即可,忌剧烈振荡。

【用法与用量】按瓶签注明头份,用灭菌生理盐水稀释,每只羊颈部皮下注射 1 毫升。未用本疫苗免疫过的羊,应间隔 4 周进行加强免疫;妊娠母羊可以进行免疫,以使羔羊获得良好免疫力;羔羊可以通过初乳可从免疫母羊获得免疫力,免疫母羊所产羔羊应该在 16 周龄进行首次免疫,20 周龄进行 2 次免疫;没有免疫母羊所生产羔羊应分别在 8 周龄和 12 周龄进行两次免疫;已经用本疫苗免疫过的羊每 12 个月需加强免疫 1 次。

【不良反应】羊接种疫苗后可出现一过性发热,精神沉郁,但是很快恢复。

【注意事项】①疫苗应避免日光直射。用后的疫苗、空瓶及其用具等应消毒处理,勿随意丢弃。②疫苗瓶破裂或失真空的疫苗禁止使用。③疫苗稀释后,如不能当日用完,可以在 −20℃ 冻存,但是只能冻融一次,不可反复冻融使用。④羊在接种本疫苗后,可能出现暂时的精神沉郁、嗜睡、行动迟缓、体温升高等症状,属正常反应,可在数日内消失,接种部位可能出现轻度肿胀,属于正常反应,可在四周内消失。⑤体弱或有病羊禁用。

【规格与包装】50 头/瓶。

【贮藏与有效期】2～8℃保存,有效期为 12 个月。

(五)羊疥螨病

羊疥螨病是由各种螨寄生在羊皮肤而引起的一种外寄生虫病,俗称"疥疮"或"癞",其病原体为螨虫,它是一种具有高度接触传染的人、畜共患病。

1.病原

螨的虫体很小,圆形或椭圆形,呈灰白色或黄色,头、胸和腹部分节融合在一起。虫体的腹面有四对腿,腿端有吸盘或具有毛。雌虫比雄虫大,而且数目也多。疥螨最常见的有痒螨、疥螨两种。

(1)痒螨　虫体大于疥螨,呈椭圆形,虫体大小为 0.5～0.9 毫米,腿大而粗长,两前腿更发达,口器呈圆锥状。雄虫是第 1、2、3 对腿有吸盘,第 4 对腿没有吸盘,其他腿都有吸盘。

(2)疥螨　寄生在皮肤内面,虫体很小,近似圆形,大小为 0.2～0.5 毫米,口器呈蹄状铁形状,四对腿粗而短。雄虫第 1、2、4 对腿有吸盘,而第 3 对腿有长毛。雄虫第 1、2 对腿有吸盘,第 3、4 对腿没有吸盘,有毛。

2.症状

剧痒是该病的主要特点。病羊不断在墙、栏柱等处摩擦,在阴雨天气、夜间、通风不良的圈舍表现尤为明显。在皮肤柔软且毛短的部位,如唇、口角、鼻孔四周、耳根、眼睛周围及四肢等部位,出现肿胀或有水泡,皮屑很多。水泡破裂后,结成干灰色疮痂,皮肤变厚、脱毛、干如皮革,内有大量虫体。病势严重时,可使羊的嘴全被疮痂所盖,不能张口,羔羊常因之饿死。

病羊把大部分时间用在擦痒上,以致吃草和休息时间减少,因此营养不良,身体衰弱,对其他病抵抗力减低。在寒冷季节里,由于皮肤脱毛常常引起死亡。

3.预防

(1)畜舍要保持通风、干燥、采光好,羊只不拥挤,加强饲养管理,可减少本病的发生率。

(2)对畜舍及用具做到定期消毒,可用 0.5％敌百虫水溶液喷洒墙壁、地面及用具,或用 80℃以上的 20％热石灰水洗刷墙壁和柱栏。

(3)治疗后的病畜应置于消毒过的畜舍饲养,治愈病畜应继续观察 20 天,如未复发,再一次用杀虫药处理后合群。在有螨病常发生的地区及单位,对羊定期检疫。一旦发现病羊,应进行严格隔离和治疗,并给以卫生管理及合理饲养。

4. 治疗

羊螨病的方法很多,一般对寒冷季节或个别发生的采取局部用药,对温暖季节或大群发病的,采用药浴疗法,在任何时间都可采用口服或注射伊维菌素。

(1)局部治疗　只有羊少数发病,或在寒冷季节不适合剪毛药浴治疗,可选择温暖环境进行局部涂药治疗。涂药前首先对患部外周适当剪毛,然后涂药。以毛刷蘸取药液刷拭患部,由于虫体主要集中在病灶的外围,所以一定要把病灶的周围涂好药,并要适当超过病灶范围。当患部有结痂时,要反复多刷几次,使结痂软化松动,便于药液浸入。可选用 0.05％的辛硫磷、戊酸氰菊酯(速灭菊酯),进行治疗,或者将烟草秆 0.5 千克,常水 10 千克放置锅内煮 1～2 小时。煮出的水用来擦皮肤。痒螨在缺乏湿气的情况下,容易死亡,因此也可用干燥粉剂撒布。将石灰硫黄粉剂(升华硫黄 30 份,石膏粉 30 份,漂白粉 30 份)撒布在患部,对羊痒螨的疗效很好。具体操作:将粉剂混合均匀,装入带有很多小孔的盒内,先逆毛方向用刷子将毛竖起来,再将药粉由小孔撒出,然后按顺毛方向将毛压平,使药品充分与患部皮肤接触,3 天一次,共治疗 3 次。

(2)全身治疗　常采用药浴疗法。氯苯脒有较强的杀螨卵的作用,可擦洗、喷淋或药浴,配成 0.1％～0.2％溶液,或者用戊酸氰菊酯(速灭菊酯)杀螨,羊 80～200 毫克/千克体重,喷雾、药浴均可。也可用升华硫(硫黄 2％,石灰 1％)加温药浴,治疗痒螨病每周一次,共两次;治疗疥螨病时,每周一次,需四次以上。

(六)羊绦虫病

1. 病原

主要是莫尼茨绦虫。粪便排出孕卵节片或虫卵→地螨吞食(六钩蚴)→似囊尾蚴→羊采食地螨→似囊尾蚴在肠壁发育成成虫。

2. 症状

食欲减退出现贫血与水肿;被毛粗乱无光,喜躺卧,起立困难,体重迅速减轻;有时病羊亦可出现转圈、肌肉痉挛或头向后仰等神经症状;后期患畜仰头倒地,经常作咀嚼运动,口周围有泡沫,对外界反应几乎丧失,直至全身衰竭而死。

3.病理变化

在小肠中发现数量不等的虫体;肠壁扩张,肠套叠及至肠破裂;肠系膜、肠黏膜、肾脏、脾脏甚至肝脏发生增生性变性过程;肠黏膜、心内膜和心包膜有明显的出血点;脑内可见出血性浸润和出血;腹腔和颅腔有渗出液。

4.诊断

用盐水漂浮法检查粪便中的孕卵节片或虫卵。

5.治疗

丙硫苯咪唑,剂量按 5～20 毫克/千克体重,做成 1‰的水悬液,口服;氯硝柳胺,剂量按 100 毫克/千克体重,配成 10‰水悬液,口服;硫双二氯酚,剂量按 75～100 毫克/千克体重,包在菜叶里口服,亦可灌服硫酸铜,将其配制成 1‰水溶液,1～6 月龄的羊 15～45 毫升;成年羊不超过 60 毫升。

(七)羊鼻蝇蛆病

1.病原

羊鼻蝇。

2.症状

流大量浆液、黏液、脓性鼻液;呼吸困难,打喷嚏,摇头,摩鼻,眼浮肿,流泪,消瘦;神经症状,运动失调,转圈;极度衰竭死亡。

3.诊断

查找鼻腔有无幼虫。

4.防制

皮下注射伊维菌素或阿维菌素 0.2 毫克每千克体重,或内服同等剂量的粉剂、片剂,每周 1 次,连用 2 次;0.1‰滴鼻净滴鼻,每次 4～8 毫升,每日 3～4 次,连用 3 天。

五、湖羊常见普通病

(一)羊口炎

羊的口炎是指口腔黏膜表层和深层组织发生的炎症,病变过程表现为单纯性局部炎症和继发性全身反应。

1.病因

原发性口炎多由外伤引起,如采食尖锐的植物枝杈、秸秆,误饮氨水,舔食强酸强碱等。继发性口炎多发生于羊患口疮、口蹄疫、羊痘、霉菌性口炎、过敏反应和羔羊营养不良等。

2.诊断要点

病羊出现原发性口炎后,常常表现为采食减少或停止,口腔黏膜潮红、肿胀、疼痛、流涎,甚至糜烂、出血和溃疡,口臭等症状。

病羊发生继发性口炎后,多有体温升高的全身反应。患羊口疮病羊的口腔黏膜及上下嘴唇、口角处呈现水痘疹和出血干痂样坏死;患口蹄疫时,除口黏膜发生水疱及烂斑外,趾间及皮肤也有类似病变;患羊痘时,除口黏膜有典型的痘疹外,在乳房、眼角、头部、腹下皮肤处亦有痘疹。

患霉菌性口炎的病羊,常有采食发霉饲料史,病羊除口腔黏膜发炎外,还表现下泻、黄疸等病变过程。

患过敏反应性口炎的病羊,多与突然采食或接触某种过敏原有关,除口腔有炎症变化外,在鼻腔、乳房、肘部和股部内侧等处见有充血、渗出、溃烂、结痂等变化。

3.防治

加强管理,防止因口腔受伤而发生原发性口炎。对传染病并发口腔炎症者,宜隔离消毒。轻度口炎,可用0.1%雷佛奴耳(乳酸依沙吖啶)液或0.1%高锰酸钾液冲洗;亦可用20%盐水冲洗;发生糜烂及渗出时,用2%明矾液冲洗;有溃疡时,用1:9碘甘油或用蜂蜜涂擦。全身反应明显时,用青霉素40万~80万单位,链霉素100万单位,1次肌内注射,连用3~5日;亦可服用磺胺类药物。中药疗法,可口衔冰硼散、青黛散,每日1次。为杜绝口炎的发生,宜用2%碱水刷洗消毒饲槽,饲喂青嫩或柔软的青干草。

(二)羊食道阻塞

食道阻塞指羊食道被草料或异物所堵塞,以咽下障碍为特征的疾病。

1.病因

过度饥饿的羊吞食过大块状饲料(如大块萝卜、西瓜皮、洋芋、玉米棒、包心菜根及落果等),未经咀嚼而吞咽,阻塞于食道某一段而发生。

2.诊断

该病多突然发生。一旦出现食道阻塞,羊采食停止,头颈伸直,伴有吞咽和作呕动作。口腔流涎,骚动不安。或因异物吸入气管,引起咳嗽。阻塞物发生在颈段食道时,表现局部突起,形成肿块,触诊可感觉到异物现状;阻塞发生在胸部食道时,病畜疼痛明显,可继发瘤胃膨气。

食道阻塞分完全阻塞和不完全阻塞。完全阻塞时,水及唾液不能下咽,从鼻孔、口腔流出,在阻塞物上方部位可积存液体,手触有波动感;不完全阻塞时,液体可以通过食道,但是食物不能下咽。

　　诊断该病时应注意与咽炎、急性瘤胃臌气、口腔和牙齿疾病、食道痉挛、食道扩张等病区别。

3. 防治措施

治疗可采取以下方法：

（1）开口取物法　阻塞物塞于咽或咽后时，可装上开口器，绑定好病畜，用手直接掏取，或用铁丝圈套出。

（2）胃管探送法　适用于阻塞物在近贲门部。取普鲁卡因溶液 5 毫升与 30 毫升石蜡油混合，再用胃管送至阻塞物部位，然后再用硬质胃管推送阻塞物进入瘤胃。

（3）砸碎法　本方法适用于易碎阻塞物或者阻塞物表面圆滑，且阻塞于颈段食道状况。可在阻塞物两侧垫上布鞋底，固定一侧，用木槌敲打另一侧，使食道中的阻塞物破碎即可。

（4）手术疗法　适用于较为锐利的异物阻塞于食道状态，采用其他方法不能取出时，可切开食道，取出异物。

治疗中要注意瘤胃臌气的发展，必要时进行瘤胃放气术，以防窒息。

（5）预防办法　防止羊偷食未加工的块根饲料；补充无机盐，防止异嗜癖；清理牧场、厩舍周围的废弃杂物。

（三）羊前胃弛缓

前胃弛缓属于前胃兴奋性和收缩力量降低的疾病。临床表现出食欲正常、反刍、嗳气扰乱，胃蠕动减弱或停止。

1. 病因

长期饲喂粗硬、难以消化的饲草（如稿秆、豆秸、麦衣等）；突然更换饲养，供给精料过多，运动不足等；饲料品质不良，霉败冰冻；长期饲喂单调缺乏刺激性的饲料（如麦麸、豆面、酒糟等）。瘤胃臌气、瘤胃积食、肠炎等其他内外产科疾病等，亦可继发该病。

2. 诊断

该病分急性和慢性两种。

急性前胃弛缓，食欲废绝，反刍停止，瘤胃蠕动力量减弱或停止；瘤胃内容物腐败发酵，产生多量气体，左腹增大，叩触不坚实。

慢性前胃弛缓，精神沉郁，倦怠无力，喜卧地；体温、呼吸、脉搏无变化，食欲减退，反刍缓慢；瘤胃蠕动力量减弱，次数减少。继发性前胃弛缓，常伴有原发病的特征症状。故而诊疗中必须区别该病是原发性还是继发性。

3.治疗

消除病因,采用饥饿疗法,或禁食 2～3 次,然后供给易消化的饲料等。

药物疗法,一般先投泻剂,兴奋瘤胃蠕动,防腐止酵。成年羊可用硫酸镁 20～30 克或人工盐 20～30 克、石蜡油 100～200 毫升、番木鳖酊 2 毫升、大黄酊 10 毫升,加水 500 毫升,1 次灌服。10%氯化钠 20 毫升、生理盐水 100 毫升、10%氯化钙 10 毫升,混合后 1 次静脉注射。也可用酵母粉 10 克、红糖 10 克、酒精 10 毫升、陈皮酊 5 毫升,混合加适量水,灌服。瘤胃兴奋剂,可用 2%毛果芸香碱 1 毫升,皮下注射。防止酸中毒,可灌服碳酸氢钠 10～15 克。另外,可用大蒜酊 20 毫升、龙胆末 10 克、豆蔻酊 10 毫升,加水适量,1 次口服。

(四)羊瘤胃积食

瘤胃积食是指过量饲料充满瘤胃,导致瘤胃超过正常容积,致使胃体积增大,胃壁扩张,食糜滞留瘤胃,引起严重消化不良。临床特征为反刍、嗳气停止,瘤胃坚实,疼痛,瘤胃蠕动极弱或消失。

1.病因

羊摄入过多的质量不良、粗硬导膨胀的饲料(如块根类、豆饼、霉败饲料等),或采食干料而饮水不足等。由于过食谷物引起消化不良,常使碳水化合物在瘤胃中产生大量乳酸,导致机体酸中毒。

当前胃弛缓、瓣胃阻塞、创伤性网胃炎、腹膜炎、真胃炎、真胃阻塞等也可导致瘤胃积食的发生。

2.诊断要点

发病较快,采食反刍停止,病初不断嗳气,随后嗳气停止,腹痛摇尾,或后蹄踏地,拱背,咩叫,病后期精神萎靡。左侧腹下轻度膨大,肷窝略平或稍凸出,触摸稍感硬实。瘤胃蠕动初期增强,以后减弱或停止,呼吸迫促,脉搏增数,黏膜深紫红色。瘤胃积食发生酸中毒和胃炎时,病羊精神极度沉郁,瘤胃松软积液,手冲击有拍水感,喜卧,腹部紧张度降低,有的可能表现视觉扰乱,盲目运动。

3.治疗

应消导下泻,止酵防腐,纠正酸中毒,健胃补充体液。消导下泻,可用石蜡油 100 毫升、人工盐 50 克或硫酸镁 50 克、芳香氨醑 10 毫升,加水 500 毫升,1 次灌服。

解除酸中毒,可用 5%碳酸氢钠 100 毫升灌入输液瓶.另加 5%葡萄糖 200 毫升,静脉 1 次注射;或用 11.2‰乳酸钠 30 毫升,静脉注射。为防止酸中毒继续恶化,可用 2%石灰水洗胃。

心脏衰弱时,可用 10%樟脑磺酸钠 4 毫升,静脉或肌肉注射。呼吸系统和血液循环系统衰竭时,可用尼可刹米注射液 2 毫升,肌肉注射。也可试用中药大承气汤:大黄 12 克、芒硝 30 克、枳壳 9 克、厚朴 12 克、玉片 15 克、香附子 9 克、陈皮 6 克、千金子 9 克、青香 3 克、二丑 12 克,煎水,1 次灌服。

对种羊若推断药物治疗效果较差,宜迅速进行瘤胃切开抢救。

(五)羊急性瘤胃臌气

急性瘤胃臌气(气胀),指羊瘤胃内饲料发酵,迅速产生大量气体而致。多发生于春末夏初放牧的羊群。

1.病因

羊吃了大量易发酵的饲料,如幼嫩的紫花苜蓿等而致病;采食霜冻饲料、酒糟或霉败变质的饲料,也易发病;冬春两季给怀孕母羊补饲精料;群羊抢食,有的羊抢食过量可发生瘤胃臌气;秋季绵羊易发肠毒血症,也可出现急性瘤胃臌气;每年剪毛季节若发生肠扭转也可致瘤胃臌气。

2.诊断要点

初发病羊表现不安,回顾腹部,拱背伸腰,肷窝突起,有时左肷向外突出高于髋节或背中线,反刍和嗳气停止。触诊,腹部紧张性增加;叩诊,呈鼓音;听诊,瘤胃蠕动音减弱。

黏膜发绀,心律增快,呼吸困难,严重者张口呼吸,步态不稳,如不及时治疗,迅速发生窒息或心脏停搏而死亡。

3.治疗

主要采用胃管放气,插入胃导管放气,防腐止酵,清理胃肠,缓解腹压;或用 5% 的碳酸氢钠溶液 1500 毫升洗胃,以排出气体及胃内容物。用石蜡油 100 毫升、鱼石脂 2 克、酒精 10 毫升,加水适量,1 次灌服;或用氧化镁 30 克,加水 300 毫升;或用 8% 的氢氧化镁混悬液 100 毫升,灌服。中药可用莱菔子 30 克、芒硝 20 克、滑石 10 克煎水,另加清油 30 毫升,1 次灌服。

瘤胃穿刺放气,在左肷部剪毛消毒,用兽用套管针刺破皮肤,插入瘤胃慢慢放气。在放气中要紧压腹壁使腹壁紧贴瘤胃壁,边放气边下压,以防胃液漏入腹腔引起腹膜炎。

(六)羊胃肠炎

胃肠炎是指胃肠黏膜及其深层组织发生出血性或坏死性炎症,临床表现严重胃肠功能障碍和不同程度自体中毒为特征。

1.病因

多因前胃疾病引起。饲养管理不当,羊采食大量冰冻或发霉的饲草、饲料,或料中混有化肥或具有刺激性的药物(如过磷酸钙、硝铵化肥),均可致病。羊患副结核、炭疽、巴氏杆菌病、羔羊大肠杆菌病也继发该病。

2. 诊断

病羊初期多呈现急性消化不良,后逐渐或迅速转为胃肠炎。病羊食欲废绝,口腔干燥发臭,舌面覆有黄白苔,常伴有腹痛。肠音初期增强,以后减弱或消失,不断排稀粪便或水样粪便,气味腥臭或恶臭,粪中混有血液及坏死的组织片。下泻可引起脱水,严重脱水时,尿少色浓,眼球下陷,皮肤弹性降低,迅速消瘦,腹围紧缩。虚脱病羊卧地,呈衰竭状态。随着病情发展,体温高,脉搏细数,四肢冷凉,昏睡;严重时可引起循环或微循环障碍,搐搦而死。

慢性胃肠炎病程长,病势缓慢,主要症状同于急性,可引起恶性病变。

3. 治疗

口服磺胺脒(SG)4～8克、小苏打3～5克;或口服药用炭7克、萨罗尔2～4克、次硝酸铋3克,加水1次灌服;或用青霉素40万～80万单位、链霉素50万单位,1次肌肉注射,连用5天。脱水严重的宜输液,可用5%葡萄糖150～300毫升、10%樟脑磺酸钠4毫升、维生素C 100毫克混合,静脉注射,每日1～2次。亦可用土霉素或四环素0.5克,溶解于生理盐水100毫升中,静脉注射。

急性肠炎可用中药治疗,其处方:白头翁12克、秦皮9克、黄连2克、黄芩3克、大黄3克、山枝3克、茯苓6克、泽泻6克、玉金9克、术香2克、山楂6克,1次煎水,灌服。

(七)羊小叶性肺炎

小叶性肺炎是指支气管与肺小叶或肺小叶群同时发生炎症。临床表现为病羊呼吸困难,呈现弛张热;叩诊胸部有局灶性浊音区;听诊肺区有捻发音。

1. 病因

受寒感冒、物理化学因素刺激、条件性病原菌(如巴氏杆菌、链球菌、化脓放线菌、坏死杆菌、绿脓杆菌、葡萄球菌等)感染等均可诱发该病。羊肺线虫也可引起发串病。羊患口蹄疫、放线菌病、羊子宫炎、乳房炎也可继发本病。

2. 诊断

初期呈急性支气管炎症状,表现咳嗽,体温升高,呈弛张热型,高达40℃以上;呼吸浅表、增数,呈混合性呼吸困难。呼吸困难的程度,随肺脏发炎的面积大小而不同,发炎面积越大,呼吸越困难,呈现低弱的痛咳。胸部叩诊,出现不规则的半浊音区。浊音则多见于肺下区的边缘,其周围健康部的肺脏,叩诊音高亢。听诊肺区肺泡音减弱或消失,初期出现干啰音,中期出现湿啰音、捻发音。

根据病羊的临床表现即可确诊。但应注意与大叶性肺炎、咽炎、牙齿和副鼻窦的疾病加以区别。

3.防治措施

(1)消炎止咳　可应用 10%磺胺嘧啶 20 毫升,或用抗生素(青霉素、链霉素)肌内注射;氯化铵 1~5 克、酒石酸锑钾 0.4 克、杏仁水 2 毫升,加水混合灌服。亦可应用青霉素 40 万~80 万单位、0.5%普鲁卡因 2~3 毫升,气管注入。

(2)解热强心　可用复方氨基比林或水杨酸钠 2~5 克,口服;10%樟脑水注射液 2 毫升,肌肉注射。

(3)预防　加强饲养管理,保持圈舍卫生,防止吸入灰尘。勿使羊受寒感冒,杜绝传染病感染。在插胃管时,防止误插入气管中。

(八)羔羊白肌病

羔羊白肌病也称为肌营养不良症,指羔羊因缺乏微量元素硒或维生素 E 而发生的骨骼肌和心肌组织变性,并发生运动障碍和急性心肌坏死的疾病。通常在羔羊出生后数周或 2 个月后发病。患病羔羊拱背,四肢无力,运动困难,喜卧地。死后剖检骨骼肌苍白,营养不良。

1.病因

普遍认为该病与母乳中缺乏维生素 E,或缺硒、钴、铜和锰等微量元素有关。

2.诊断

病羔精神不振,运动无力,站立困难,卧地不愿起立;有时呈现强直性痉挛状态,随即出现麻痹。有些情况下,羔羊病无异常,但在受惊动而剧烈运动或过度兴奋时,突然死亡。该病常呈地方性同群发病,应用其他药物治疗不能控制病情。

3.防治措施

应用 0.2%亚硒酸钠维生素 E 溶液 2 毫升,每月肌内注射 1 次,连用两次。

内服氯化钴 3 毫克、硫酸铜 8 毫克、氯化锰 4 毫克、碘盐 3 克,加水适量,灌服,并辅以维生素 E 注射液 300 毫克肌注,效果更佳。

加强母畜饲养管理,供给豆科牧草,母羊产羔前饲料中添加亚硒酸钠维生素 E 预混剂,可收到良好效果。

(九)尿结石

尿结石(石淋)指在患羊肾盂、输尿管、膀胱、尿道内出现以碳酸钙、磷酸盐为主的盐类结晶,导致羊排尿困难,并发泌尿器官炎症。该病以尿道结石多见,而肾盂结石、膀胱结石较少见。患羊临床表现排尿障碍,肾区疼痛。

1.病因

（1）溶解于尿液中的草酸盐、碳酸盐、尿酸盐、磷酸盐等,在凝结物周围沉积形成大小不等的结石。结石的核心可能发现上皮细胞、尿圆柱、凝血块、脓汁等有机物。

（2）尿路炎症引起尿潴留或尿闭,可促进结石形成。

（3）饲料和饮水中钙、镁盐类较多,饲喂大量的甜菜块根及渣粕,饲料中麸皮比例较高等,常可促使该病的发生。

（4）肾炎、膀胱炎、尿道炎诱发该病。

2.诊断要点

常因尿结石部位不同而症状各异。尿道结石常引起尿闭、尿痛、尿频。病羊排尿努责,痛苦咩叫,尿中混有血液。尿道结石可致膀胱破裂,膀胱结石和肾盂结石在不影响排尿时,不显临床症状。尿液显微镜检查,可见有脓细胞、肾盂上皮、砂粒或血液。尿闭时,常可发生尿毒症。

该病可借助尿液镜检加以确诊。对尿液减少或尿闭,或有肾炎、膀胱炎、尿道炎病史的羊只,可怀疑尿结石。

3.防治措施

采取泌尿系统消炎治疗。控制谷物、麸皮、甜菜块根的饲喂量。

（十）羊佝偻病

佝偻病是指羔羊生长发育期过程中,因维生素 D 不足,钙、磷代谢障碍所致的骨变形性疾病。本病多发生于冬末初春。

1.病因

饲料中维生素 D 含量不足及日光照射不够,以致哺乳羔羊维生素 D 缺乏;怀孕母羊或哺乳羊饲料中钙、磷比例不当;圈舍潮湿、污浊阴暗。

2.诊断要点

起初主要表现出生长迟缓,异嗜,喜卧不活泼,卧地起立缓慢,往往出现跛行,行走步态摇摆,四肢负重困难。病程稍长则关节肿大,以腕、跗关节、球关节较明显,长骨弯曲,四肢可以展开,形如青蛙。患病严重的羔羊以腕关节着地爬行,后躯不能抬起。

3.防治措施

增加幼羔的日照时间,补喂骨粉或含钙高的添加剂。加强母羊的饲养管理,加强运动和放牧,多给青饲料。

药物治疗,可用维生素 A、D 注射液 3 毫升,肌内注射;精制鱼肝油 3 毫升灌服或肌肉注射,每周 2 次。为了补充钙制剂,可静脉注射 10% 葡萄糖酸钙液 5～

10毫升;亦可肌内注射维丁胶性钙2毫升,每周1次,连用3次。也可喂给三仙蛋壳粉:神曲60克、焦山楂60克、麦芽60克、蛋壳粉120克,混合后每只羔羊12克,连用1周。

(十一)母羊流产

流产是指母羊妊娠中断,或胎儿不足月就排出子宫。

1.病因

流产的原因极为复杂。传染病导致流产,多见于布氏杆菌病、弯杆菌病、毛滴虫病。非传染病引起的流产,多因子宫畸形、胎盘坏死、胎膜炎和羊水增多症等;此外,肺炎、肾炎、有毒植物中毒、食盐中毒、农药中毒;营养代谢障碍病(如无机盐缺乏、微量元素不足或过剩,维生素A、维生素E不足)、饲料冰冻和发霉也可引起;外伤、蜂窝织炎、败血症,以及运输拥挤等因素亦可致流产。

2.防治措施

加强饲养管理为主,重视传染病防治,根据流产发生原因,采取有效防治保健措施。对有流产先兆的母羊,可用黄体酮注射液(含15毫克),1次肌肉注射。

中药治疗宜用四物胶艾汤加减:当归6克、熟地6克、川芎4克、黄芩3克、阿胶12克、艾叶9克、菟丝子6克,共研末用开水调,每日1次,灌服两剂。死胎滞留时,应采用引产或助产措施。胎儿死亡,子宫颈未开时,应先肌肉注射雌激素,如己烯雌酚或苯甲酸雌二醇2~3毫克,使子宫颈开张,然后从产道拉出胎儿。母羊出现全身症状时,应对症治疗。

(十二)羊乳房炎

乳房炎是患羊乳腺、乳池等出现炎症,多见于泌乳期羊。临床表现为乳房发热、红肿、疼痛,泌乳量下降。

1.病因

该病多因乳房受到细菌感染所致。亦见于结核病、口蹄疫、子宫炎、脓毒败血症等过程中。

2.诊断

轻者不显临床症状,仅乳汁靶细胞增多,乳汁中可分离出致病性细菌。临床多见急性乳房炎,表现为乳房局部发肿、硬结、热痛,乳量减少,乳汁变性,严重的甚至乳汁混有血液、脓汁等,乳汁有絮状物。炎症延续,病羊体温升高,可达41℃。挤乳或羔羊吃乳时,母羊抗拒、躲闪。若炎症转为慢性,则病程延长。由于乳房硬结,常丧失泌乳机能。

3. 防治

注意挤乳卫生,扫除圈舍污物,在羊产羔季节应经常注意检查母羊乳房。

青霉素 40 万单位、0.5％普鲁卡因 5 毫升,溶解后用乳房导管注入乳孔内,然后轻揉乳房腺体部,使药液分布于乳房腺中,也可应用磺胺类药物治疗。为了促进炎性渗出物吸收和消散,除在炎症初期冷敷外,2～3 天后可施热敷,用 10％硫酸镁水溶液 1 000 毫升,加热至 45℃,每日外洗热敷 1～2 次,连用 4 次。中药治疗,急性者可用当归 15 克、生地 6 克、公英 30 克、二花 12 克、连翘 6 克、赤芍 6 克、川芎 6 克、瓜蒌 6 克、龙胆草 12 克、山枝 6 克、甘草 10 克,共研细末,开水调服,每日 1 剂,连用 5 日。

附 录

一、羊场管理制度

俗话说"无规矩不成方圆",为加强场区的管理,提高员工的工作效率,实施科学、规范、制度化管理,生产出合格的肉产品,羊场必须制定一系列制度,请参考。

入 场 须 知

1.场区谢绝游人参观,领导视察需在消毒室消毒后穿无菌防护服,戴口罩、手套、脚套方可进入。

2.本场员进出场时需要在消毒室消毒,消毒时间 3~10 分钟,不能随意把与生产无关的东西带入场区,员工进入生产区时要换工作服。

3.非本场车辆、动物不得进入本场,本场的送料车、送煤车等进入本场时,要严格消毒,并且按照固定路线进出本场,车辆不得进入生产区。

4.大门的消毒池中要经常换消毒水(2%氢氧化钠),冬天把消毒池的消毒液换成生石灰,定期更换消毒液或生石灰,保证有效的消毒浓度。

5.值班人员严格监督进出场人员,并做好记录,如果发现违规者,严格处理并及时上报。

场区环境卫生制度

1.羊舍环境卫生符合 NY/T391—2000《绿色食品产地环境质量标准》的要求。距离交通主干道、居民点应在 500 米以上,饲养区外 1 000 米内不应饲养偶蹄动物。

2.羊舍内保持卫生整洁、通风良好,圈舍内每天清扫干净,羊舍带畜每一周消毒一次,每年春秋两季各进行一次大的消毒。产房每次产完羔后要消毒。

3.每次出栏一批羊时,要把圈舍消毒干净,并空置一周,然后再转入羊群。

4.从非疫区引种,引种后隔离观察 30 天,没有任何异常表现经免疫、驱虫后再转入圈舍。

5.消毒剂的选用应符合《绿色食品兽药使用准则》,并要不同消毒剂交替使用。

6.病、死羊不得出售,需要在指定地点进行扑杀和无害化处理。

7.场区发生疫情或是发现有传染病时要按照《中华人民共和国动物防疫法》及有关法规、技术规范的要求进行处置。

8.场区内不准养猫、狗等动物,对于场内的老鼠、黄鼠狼、飞鸟及时驱赶或是扑杀,防止传播疾病。

员工管理制度

1.上班不准迟到、早退,按照管理制度上下班。不得擅自离岗,无故不上班者,按旷工论处,请假需提前一天请示。

2.生产区内严禁吸烟,上班时间不准酗酒,误事,后果自负。

3.全体员工有义务对羊场的防疫、饲养方面提出合理化建议,对采纳的建议将给予奖励。

4.严禁虐待羊只,一经发现,予以严厉处分。

5.员工对待来访人员要态度热情、真诚,使用文明用语,举止言谈要谦虚礼貌。

6.不准饲喂发霉变质的饲草、饲料,如果发现饲草、饲料出现问题,及时上报。

7.观察羊群的健康状况,发现异常时,及时汇报给兽医人员。

8.为羊群治疗使用的兽药要符合《绿色食品兽药使用准则》不使用未经国家畜牧兽医行政管理部门批准的兽药、激素,并严格遵守兽药规定的使用方法和剂量。

9.节约用水、用电,按时熄灯,保护公共物品。

10.员工须听从领导的安排,不听从安排者予以辞退。

二、湖羊精细化管理规程

附表 1　湖羊从出生到配种前的管理

日龄	项目	操作方法
1～7	免疫 转群 接产 断脐 喂初乳	1.接种疫苗。怀孕母羊产前 21～30 天接种羊痘苗、羊三联四防干粉苗。羊痘苗用生理盐水稀释,每只羊尾部内侧皮内注射 0.5 毫升(一定要起泡)。羊三联四防干粉苗用专用铝胶生理盐水稀释,每只母羊皮下或肌内注射 1 毫升。 2.转群。怀孕母羊产前 30 天(接种疫苗当日)转入产房。转入前,要对产房进行设备维修和场地严格清洗、消毒。转入后,每只每日喂哺乳期母羊精料补充料 0.6 千克左右,自由采食优质饲草和青贮饲料。 3.接产前准备。接产人员要做好个人防护,必须戴长臂手套、口罩、护目镜等,准备好接产器械(见后)。 4.接产。羔羊产出后,应迅速将羔羊口、鼻、耳中的黏液抠出,并将口、鼻、耳、眼用消毒过的软布或毛巾擦干。 5.断脐。羔羊产出后,接产人员用手将脐带血向羔羊肚脐方向挤 2～3 次,用消毒过的手术线在离羔羊肚皮 3～4 厘米处结扎脐带,然后用消毒过的剪刀在结扎远端剪断脐带,再用 5％碘酊对脐带断口进行浸蘸消毒。 6.羔羊护理。羔羊身上的黏液尽量让母羊舔净。如遇到十分寒冷的天气或者母羊产多羔,可用干毛巾擦干羔羊或撒密斯陀粉让羔羊尽快干燥。 7.称重、佩戴耳标、填写档案。羔羊断脐、干燥后,立即称重,佩戴耳标,填写档案。 8.辅助羔羊吃初乳。完成羔羊称重、佩戴耳标、填写档案等工作后,应尽快辅助羔羊站立、吃初乳,羔羊最好在产后半小时内吃到初乳。 9.预防羔羊腹泻。如果经常发生羔羊腹泻的羊群,在羔羊吃初乳前,每只口服庆大霉素注射液 1～2 毫升或克拉痢 1 支或土霉素 1 片。 10.保温。产房温度应保持在 18～20℃。冬季,羔羊吃饱初乳后可放入保温箱(温度 20～25℃),防止受凉。

日龄	项目		操作方法
7～40	7～10	补硒 强制 补饲	1.补硒。每只羔羊深部肌内注射0.1%亚硒酸钠维生素E注射液1～2毫升。 2.强制补饲。羔羊7日龄开始限制吮乳次数,诱导羔羊采食羔羊开口料和优质青干草。
	25～30	免疫	接种羊传染性胸膜肺炎苗,皮下注射3毫升。
	哺乳阶段羔羊的饲养管理		1.由专人管理羔羊,保证奶、草、料、水充足供给,并能适当地运动锻炼。 2.让羔羊尽早采食植物性饲料(开口料和优质青干草),以促进胃肠机能发育。 3.羔羊25日龄后,逐渐减少哺乳次数,自由采食哺乳期羔羊料和优质干草(苜蓿和燕麦草),为顺利断奶做好准备。
40	免疫		1.接种羊三联四防干粉苗,用专用铝胶生理盐水稀释,每只羊皮下或肌内注射1毫升。 2.同时接种口蹄疫O－A型二价苗,每只羊肌肉注射1.5毫升(在不同部位,分点注射三联四防干粉苗与口蹄疫O－A型二价苗)。
45	断奶		羔羊到45日龄时,体重达到13千克以上的公羔和体重达到12千克以上的母羔可以断奶。断奶时,将母羊隔离产房,羔羊留在产房内继续饲养10天。为了防止断奶应激,在断奶最初2～3天,可在羔羊饮水中加入电解多维,并将晚上的照明时间延长到23点左右。
45～225	55	免疫	1.小反刍兽疫苗用生理盐水稀释,每只羊皮下注射1毫升。 2.羊痘苗用生理盐水稀释,每只羊尾内侧皮内注射0.5毫升(一定要起泡)。
	65	转群 免疫	1.羊转入保育舍。 2.肌肉注射口蹄O－A型二价苗1.5毫升。

续表

日龄	项目	操作方法
90	驱虫	按说明书推荐剂量口服用阿维菌素或伊维菌素片(也可以皮下注射针剂)。7天后再口服丙硫咪唑片、左旋咪唑片或阿苯达唑片(按说明书推荐剂量服用),也可以用海达宁背部浇泼驱虫。驱虫后,要及时清理羊粪并进行堆积发酵。
45～225	保育、育成羊的培育	1. 羔羊断奶后,继续饲喂一周哺乳期羔羊料,自由采食优质青干草。一周后,逐渐换成育成羊料,同时自由采食优质饲草。 2. 羔羊断奶后,要按公母、体重、质量重新组群,分栏饲养,每栏15只。 3. 60～90日龄时,饲喂全混合日粮。母羊每只每日供给育成羊精料补充料0.3～0.4千克、青绿饲料或全株玉米青贮饲料0.5～0.6千克、青干草(主要由紫花苜蓿、燕麦草等优质牧草组成)0.5～0.6千克;公羊每只每日供给育成羊精料补充料0.4～0.5千克、青绿饲料或全株玉米青贮饲料0.7～0.8千克、青干草(主要由紫花苜蓿、燕麦草等优质牧草组成)0.7～0.8千克。 4. 90～225日龄时,供给优质饲草、饲料,逐渐提高日粮营养水平,确保羊只体质健壮,为下一步繁殖打好基础。母羊配种前一个月每只每日供给精料补充料0.4～0.5千克、青绿饲料或全株玉米青贮饲料1.2～1.5千克、青干草(主要由紫花苜蓿、燕麦草等优质牧草组成)1～1.5千克;公羊7月龄后每只每日供给精料补充料0.5～0.6千克、青绿饲料或全株玉米青贮饲料1.5～2.0千克、青干草(主要由紫花苜蓿、燕麦草等优质牧草组成)1.5～2.0千克。 5. 后备公羊要按照选育标准做好选留、调教和精液品质检查工作,母羊也要做好配种前的优饲、优育工作。 6. 公母羊在配种前要修蹄。此后,公羊每2个月修蹄一次,母羊每半年修一次。

日龄	项目	操作方法
225日龄至配种前	配种前准备	1.配种。育成母羊在 7～8 月龄、体重达到 35～40 千克以上(性成熟和体成熟)时,可开始配种;育成公羊在 10 月龄以上、体重达到 60 千克以上时方可配种。 2.免疫接种。在公母羊配种前,要完成各种疫苗接种工作。在配种前 21 天,要补充接种羊三联四防干粉苗和口蹄疫苗(分部位分点注射)。 3.驱虫。配种前要按计划进行驱虫。按说明书推荐剂量口服阿维菌素或伊维菌素片,也可以皮下注射针剂。7 天后再口服丙硫苯咪唑片、左旋咪唑片或阿苯达唑片(按说明书推荐剂量服用)。驱虫后,及时清理羊粪并进行堆积发酵。 4.药浴 (1)药品　选用螨净、林丹溶液等,按照说明书推荐剂量兑水,混合均匀。 (2)药浴方法　采取浸浴法,每只羊必须全身(包括头部)浸入药浴液 0.5～1.0 分钟。 (3)药浴时间　在配种前和每年剪毛后、入冬前至少各药浴 2 次。药浴时要选择风和日丽、气温较高的日子,药浴后羊只要及时晾干。 (4)药液温度　控制在 25～30℃。 (5)药浴时应注意事项 ①大群药浴前应进行小群药浴试验。 ②药浴前要备好解毒药品,发现中毒羊立即予以解毒。 ③羊只入浴前 8 小时停止饲喂,但要饮足水。 ④药浴后 6～8 小时方可喂料。 5.补硒。配种前,每只羊深部肌内注射 0.1% 亚硒酸钠维生素 E 注射液 4 毫升。 6.转群。母羊 225 日龄时,从待配舍转入配种舍。
225以上	配种	1.试情。225 日龄开始,每天早晚各试情一次,发现母羊发情后 8～12 小时首次配种,间隔 8～12 小时,进行第二次配种。初产母羊本交,经产母羊人工授精。 2.试返情。在母羊配种后 14 天,用试情公羊进行返情检查。

附表 2　妊娠和空怀母羊及种公羊管理

项目		操作方法
妊娠产羔母羊	妊娠期的管理	1. 妊娠期母羊小群饲养，每栏限饲 8～12 只，每只占用圈舍面积约 1.0～1.2 平方米。 2. 在配种后 28～30 天用 B 超仪进行妊娠诊断。确定怀孕的母羊转入妊娠舍，未怀孕母羊原留在配种舍等待下次配种。 3. 妊娠母羊要饲喂优质饲草和营养全面的全混合饲料，禁止饲喂发霉、变质、冰冻霜冻饲料，以防止母羊流产。 4. 妊娠前期，每只母羊的日粮组成是：粗饲料 0.8～1.0 千克(以优质苜蓿、燕麦草、黑麦草、花生蔓等组成)、全株玉米青贮饲料 1.2～1.5 千克、精料补充料 0.3～0.4 千克,配成全混合饲料，日喂两次，夜间添置青干草 0.3～0.5 千克。 5. 妊娠后期，每只母羊的日粮组成是：粗饲料 0.8～1.0 千克(以优质苜蓿、燕麦草和花生蔓等组成,其中苜蓿用量不低于 0.5 千克)、全株玉米青贮饲料 1.3～1.5 千克、精料补充料 0.6～0.7 千克。多胎母羊精料补充料可增加到 0.8 千克,并适当增加预混料添加量,注意磷元素的含量和钙、磷比例。配成全混合饲料，日喂三次，夜间添置青干草 0.4～0.5 千克。 6. 做好防流产保胎工作。每天仔细观察母羊的情况,发现异常及时处理,保持环境相对安定,以免产生应激反应而导致流产。同时防止挤伤等机械伤害。 7. 妊娠母羊舍要做好防寒、防暑工作,减少母羊体能消耗。羊舍温度要保持在 15～25℃ 之间,饮水量要足,水质要清洁、卫生,水温保持在 10～20℃,禁止饮用冰碴水。 8. 产羔舍(产房)也要做好防寒、防暑工作,减少体能消耗。羊舍温度要保持在 20℃ 左右,饮水量要足,水质要清洁、卫生,水温保持在 20℃ 左右,禁止饮用冰碴水。 9. 母羊分娩前 21～30 天转入产羔舍,每只母羊的日粮组成为:粗饲料 1.0～1.2 千克(由苜蓿、燕麦草和花生蔓组成,其中优质苜蓿用量不低于 0.5 千克)、全株玉米青贮饲料 1.0～1.2 千克、哺乳期母羊精料补充料逐渐增加到 0.6 千克左右。多胎母羊精料补充料可增加到 0.8～1.0 千克,有条件的羊场可喂胡萝卜或南瓜 0.5 千克/只。晚间自由采食青干草或作物秸秆。

项目	操作方法
妊娠产羔母羊的管理	10. 将有分娩征兆的母羊放入产房,供给淡盐水和具有轻泻作用(如麸皮)的饲料。准备好接产箱,箱内备有防护服、长臂乳胶手套、护目镜、碘酒、药棉、手术线、手术刀、剪刀、毛巾、纱布条、输液急救药品等。 11. 对难产母羊要进行人工助产并加强产后护理。 (1)助产完成后,要向母羊子宫注入抗生素,肌肉注射缩宫素。 (2)对产道损伤的母羊肌肉注射精制破伤风抗毒素,另一侧分点肌肉注射产后康。 (3)对产道严重损伤的母羊静脉输入 5% 葡萄糖氯化钠 500 毫升＋VC 注射液 5 支＋缩宫素 1 毫升;0.9% 生理盐水 500 毫升 ＋头孢噻肟钠 2 克。 (4)对体质较弱的母羊静脉输入 5% 葡萄糖氯化钠 500 毫升＋VC 注射液 5 支＋缩宫素 1 毫升;0.9% 生理盐水 500 毫升 ＋辅酶 A 1 支＋ ATP(三磷酸腺苷二钠注射液)10 毫克＋头孢噻肟钠 2 克。 (5)对体温高的母羊,在上述用药的基础上,肌肉注射复方氨基比林注射液,每只羊每次 10 毫升。 12. 检查母羊胎衣。仔细检查胎衣是否完整,有无病变。如果发现异常,应及时处理。注意保暖,防潮,防贼风,防感冒。 13. 观察产后母羊乳房是否红肿,两侧乳头是否正常,发现异常情况,立刻报告兽医及时处理。 14. 观察母羊产奶量是否可满足羔羊的需要。如果发现母羊产奶量不足,必须采取补救措施(羔羊代养或采取人工哺乳)。可通过调节母羊日粮结构(如补充多汁饲料和蛋白质饲料)提高母羊泌乳量。 15. 母羊产后 25 天时,与羔羊同时接种羊传染性胸膜肺炎苗,每只母羊皮下或肌肉注射 5 毫升。 16. 母羊产后 40 天时,与羔羊同时接种三联四防干粉苗和口蹄疫 O－A 型二价苗。三联四防干粉苗用专用铝胶生理盐水稀释,每只母羊皮下或肌肉注射 2 毫升。同时肌肉注射口蹄疫 O－A 型二价苗 2 毫升。两种疫苗在不同部位分点注射。 17. 母羊产后 55 天时,与羔羊同时接种小反刍兽疫苗和羊痘苗。小反刍兽疫苗用生理盐水稀释,每只母羊皮下注射 2 毫升。羊痘苗用生理盐水稀释,在尾内侧皮内注射 0.5 毫升(一定要起泡)。

项目	操作方法
妊娠产羔母羊的管理	18. 母羊产后 65 天时,与羔羊同时接种口蹄疫 O—A 型二价苗,每只母羊肌肉注射 2 毫升。 19. 母羊产后 90 天时,与羔羊同时驱虫。按说明书推荐剂量口服阿维菌素或伊维菌素片(也可以皮下注射针剂)。7 天后口服丙硫咪唑片、左旋咪唑片或阿苯达唑片(按说明书推荐剂量服用),也可用海达宁背部浇泼驱虫。驱虫后,要及时清理羊粪并进行堆积发酵。最科学的驱虫方法是:先对粪便进行虫卵检测,根据检查结果制定驱虫方案。
成年空怀母羊管理	这一阶段,主要是恢复母羊体况,增加体重,经产母羊体重必须恢复到产前 80% 以上,以补偿哺乳期消耗,为下次配种做好准备。 1. 羔羊 45 日龄提早断奶,分群管理,以减轻母羊负担。 2. 在配种前 1 个月,根据母羊体况给予适当的短期优饲,增加优质干草、饲喂空怀期精料补充料,用量每只每天 0.4～0.5 千克,根据母羊体况,对体况弱的可适当增加,使母羊在配种前达到八成膘,以便集中发情,提高多胎率。 3. 配种前 21 天,接种羊三联四防干粉苗和口蹄疫 O—A 型二价苗(接种方法同前)。
成年种公羊的管理	1. 选择体质健壮、膘情好、符合品种标准的种公羊。 2. 检查种公羊是否健康、精液品质是否合格(要求精子活力达到 0.8 以上)。 3. 检查种公羊蹄部是否平整、健壮。 4. 检查种公羊是否有寄生虫等疾病。 5. 加强营养。营养既要全面又要足量,同时补充种公羊专用精料补充料和优质青干草(苜蓿、燕麦草)。 6. 加强运动。每天驱赶公羊运动 2 小时左右,以提高其体质和精液品质。 7. 采精前,要剪去尿道口周围的污毛。 8. 采精人员要相对固定,每天采精 1～2 次,每周休息 2 天。 9. 种公羊舍内要有足够面积的活动场所。 10. 提供清洁饮水,任其自由饮用。

附表 3　湖羊防疫要点和环境卫生

项目	操作方法
防疫要点和环境卫生	1.体弱或原来就生病的羊预防后可能会引起各种反应,暂时不打预防针。 2.对怀孕后期的母羊应注意了解怀孕情况,如果怀胎已逾三个月,应暂时停止预防注射,以免造成流产。 3.对半月龄以内的羔羊,除紧急免疫外,一般暂不注射。 4.注射疫苗前后 10 天不能使用抗生素及磺胺类抗菌抑菌药物。 5.环境消毒:羊舍周围环境定期用 2% 火碱或喷洒生石灰水(20%～30%)消毒。羊场周围及场内污染池、排粪坑、下水道出口,每月用漂白粉或其他消毒药消毒 1 次。 6.羊舍消毒:一般情况下,羊舍消毒每周 1 次,每年再进行 2 次大消毒。羊舍消毒可用季铵类的百毒杀、碘制剂、氯制剂交替使用。 7.地面土壤消毒:土壤表面可用 10% 漂白粉溶液、4% 福尔马林或 10% 火碱溶液。 8.粪便消毒:羊场的粪便多采用生物热消毒法。在羊场 100～200 米外的地方设一堆粪场,将羊粪堆积起来,上面覆盖 10 厘米厚的沙土,堆放发酵 1～3 个月左右,即可用作肥料。 9.污水消毒:将污水引入处理池,加入化学药品(如漂白粉或其他氯制剂)进行消毒,用量视污水量而定,一般一升污水用 2～5 克漂白粉。

三、湖羊主要传染病、寄生虫病流行状况及防治方法

湖羊主要传染病、寄生虫病流行状况预防治疗方法

类型	病名	病原体名称	共患	分布	预防	治疗
病毒病	口蹄疫	口蹄疫病毒	否	部分地区	口蹄疫疫苗	禁止治疗,如果发生扑杀
	小反刍兽疫	小反刍兽疫病毒	否	西藏日土县07年传入	小反刍兽疫疫苗	禁止治疗,如果发生扑杀
	羊痘	羊痘病毒	否	全国	绵羊痘(或山羊痘)活疫苗	注射干扰素,对症治疗
	传染性脓疱皮炎(羊口疮)	传染性脓疱皮炎病毒	是	全国分布具体不详	羊口疮疫苗	注射干扰素,对症治疗
	狂犬病	狂犬病病毒	是	地方流行	狂犬病活疫苗(ERA株)	治疗效果不好
	伪狂犬病	伪狂犬病病毒	否	全国分布	注射疫苗紧急预防	注射干扰素,对症治疗
	蓝舌病	蓝舌病病毒	否	我国目前没有发现	注射干扰素紧急预防	注射干扰素,对症治疗
	绵羊梅迪—维斯那病	梅迪—维斯纳病毒	否	我国目前没有发现	注射干扰素紧急预防	注射干扰素,对症治疗
细菌病	炭疽	炭疽芽孢杆菌	是	我国近年有发生	Ⅱ号炭疽芽孢苗	扑杀病羊,紧急免疫
	气肿疽	气肿疽梭菌	是	河南 河北 华北	气肿疽灭活疫苗	气肿疽血清敏感抗生素
	破伤风	破伤风梭菌	是	不详	破伤风类毒素	破伤风抗毒素,对症治疗
	肉毒梭菌中毒症	肉毒梭菌	否	存在不详	肉毒梭菌C型干粉肉毒梭菌C型灭活或羊梭菌五联	出现症状即来不及治疗
	羔羊大肠杆菌	产毒素型大肠杆菌	否	全国分布	羊大肠杆菌灭活疫苗	注射抗生素
	胎儿弯杆菌	胎儿弯杆菌	否	不详		注射氟苯尼考
	巴氏杆菌	多杀性巴氏杆菌	否	我国存在具体不详		注射抗生素
	布氏菌病	羊型布氏菌	是	北方牧区为主	布氏菌病活疫苗S2 M5 REV1	种羊禁止免疫,全部检测,扑杀病羊及阳性羊

类型	病名	病原体名称	共患	分布	预防	治疗
	沙门氏菌病	沙门氏菌	否	存在不详		注射抗生素
	链球菌病	C群链球菌、马兽疫链球菌亚种	否	我国存在具体不详	羊败血性链球菌病活疫苗羊败血性链球菌病灭活疫苗	磺胺类、毒霉素类药物
	坏死杆菌病（腐蹄病）	坏死杆菌	是	不详		清蹄，注射抗生素
	土拉杆菌病	土拉热弗朗西斯氏菌	是	青海西藏新疆黑龙江	土拉杆菌减毒活疫苗 LVS	抗生素 对症治疗
	羊猝狙	产气荚膜梭菌 C 型	否	内蒙古、新疆、西藏、青海、陕北	羊三联、羊三联四防、羊梭菌四联、羊梭菌五联	来不及治疗
	肠毒血症	产气荚膜梭菌 D 型	否	全国	羊三联、羊三联四防、羊梭菌四联、羊梭菌五联	来不及治疗
	羊快疫	腐败梭菌	否	全国	羊三联、羊三联四防、羊梭菌四联、羊梭菌五联	来不及治疗
	羊黑疫	诺维氏梭菌 B 型	否	青海 浙江等	羊三联、羊三联四防、羊梭菌四联、羊梭菌五联	来不及治疗
其他微生物病	羊传染性胸膜肺炎（支原体肺炎）	羊支原体肺炎亚种	否	内蒙古、西北、华北	羊传染性胸膜肺炎灭活疫苗	注射氟苯尼考、林可霉素、红霉素及大环内酯类药物。
	衣原体	鹦鹉热衣原体	否	全球分布		肌肉注射青霉素
	传染性角膜、结膜眼炎	主要是鹦鹉热衣原体	否	全球分布		硼酸清洗 弱蛋白银滴眼
血吸虫	肝片吸虫病	片形吸虫和大片吸虫	否	全国分布，北方为主		灌服丙硫咪唑 10 毫克/千克
	双腔吸虫病	矛形双腔吸虫和中华双腔吸虫	否	西北、东北、内蒙古		灌服丙硫咪唑 30 毫克/千克
	血吸虫	1.日本分体血吸虫 2.东毕吸虫		1.日本分体吸虫南方 2.东毕吸虫全国各地		灌服吡喹酮 30 毫克/千克

类型	病名	病原体名称	共患	分布	预防	治疗
绦虫病	脑多头蚴病（脑包虫病）	脑多头蚴、多头带绦虫	否	全国各地		灌服吡喹酮50毫克/千克 灌服丙硫咪唑30毫克/千克
	棘球蚴病（包虫病）	细粒棘球蚴、细粒棘球幼绦虫	是	西北内蒙西藏四川	羊棘球蚴病（包虫病）基因工程亚单位苗	灌服吡喹酮50毫克/千克 灌服丙硫咪唑90毫克/千克
	细颈囊尾蚴病	细颈囊尾蚴病，泡状带绦虫	否	全国各地		灌服吡喹酮10毫克/千克 硫双二氯酚100毫克/千克
	反刍兽绦虫病	莫尼茨绦虫、曲子宫绦虫、无卵黄腺绦虫	否	全国分布 华北西北东北更严重		灌服吡喹酮10毫克/千克 硫双二氯酚100毫克/千克
线虫病	消化道线虫病	主要有捻转血矛线虫、仰口线虫、食道线虫、毛尾线虫	否	西北、东北、和内蒙古广大牧区	阿维菌素	阿维菌素100毫克/千克
	肺线虫病	大型肺线虫、小型肺线虫	否	全国分布	阿维菌素	丙硫咪唑100毫克/千克
	丝状线虫病	鹿丝状线虫、指丝状线虫	否	存在、不详	阿维菌素	阿维菌素100毫克/千克
蜘蛛昆虫病	疥螨和痒螨病	疥螨、痒螨	否		阿维菌素	菊酯类有机磷类药浴 注射阿维菌素0.2毫克/千克
	蠕形螨病	山羊蠕形螨	否	不详	阿维菌素	
	鼻蝇蛆病	羊鼻蝇蛆幼虫	否	西北、东北、华北	阿维菌素	注射阿维菌素0.2毫克/千克
原虫病	梨形虫病	羊泰勒虫、莫尼巴贝斯虫	否	甘肃、青海、四川		贝尼尔 黄色素
	弓形虫病	龚地弓形虫	是	全球分布		磺胺6甲氧嘧啶100毫克/千克
	球虫病	阿撒他艾美尔球虫	否	存在不详	地克珠利	磺胺甲基氧嘧啶100毫克/千克

四、湖羊内科病

湖羊内科病

病名	病因	预防	治疗
卡他性、水疱性、溃疡性口炎	缺乏维生素 采食霉变饲料 传染性疾病并发症	注射疫苗 不喂冰冻、发霉、变质、尖锐饲料	消除病因，如拔出芒刺，除去锐齿。清洗创面，中药敷伤口，注射维生素 C、维生素 B_6，注射抗生素
食管阻塞	机械丨性（暴饮暴食）长途运输肌肉紧张继发性，麻痹痉挛	防止偷吃未加工饲料，补充维生素，微量元素，清理废弃物，消除隐患	发生瘤胃臌气要及时放气，避免死亡。用胃导管疏通；反复冲洗胃部。若阻塞物体为尼龙塑料等不消化物品时应考虑手术
前胃迟缓	1. 精饲料过多或类型改变 2. 食物过多不易消化食物 3. 进食后不运动或立即长时间运动 4. 缺乏微量元素	1. 不喂腐败，变质，冰冻饲料 2. 配制全价日粮 3. 喂食，定时定量 4. 保证运动和休息	1. 初期可进行瘤胃按摩 2. 瘤胃食物过多时可用 3. 注射促反刍注射液或安钠咖 4. 发生酸中毒时，要口服或注射碳酸氢钠 5. 可以用冲服中药健胃
瘤胃积食	采食多量难以消化易膨胀精料或粗纤维饲料	防止过量采食，合理放牧	1. 禁食 1～2 天，按摩瘤胃，勤喝水 2. 可以用油类、盐类灌服中药健胃 3. 发生酸中毒，心衰时对症治疗。
瘤胃臌胀	采食开花前的苜蓿、露水草、二茬青苗等，或者是带霜的青绿饲料，霉变青贮饲料，有毒植物、豆类等	牧草旺盛时，严格控制采食量，特别是优质牧草。不喂腐败、变质的青贮的饲料，控制发酵饲料的采食量。更换饲料，要循序渐进	1. 病初瘤胃按摩，抬高头部，排出嗳气，灌服消气灵 2. 重症牛羊立即用胃导管或套管针放气 3. 采食腐败饲料的羊，可服下泻剂 4. 对泡沫型瘤胃臌胀，服液体石蜡等消胀

病名	病因	预防	治疗
创伤性网胃炎腹膜炎	是由混杂在饲料中的铁钉等异物吞咽入胃穿刺胃壁,而导致急性或慢性胃炎,腹膜炎	在饲料加工出口,饲槽下放磁铁消除铁器;注射针头即时保管;禁止饲养及加工饲料人员佩戴危险物品	保守方法治疗,主要以减少饲喂量,减少对胃部的压力为主。手术方法比较彻底,但是成本高,根据羊经济价值确定
肠胃炎	1.饲喂霉变饲料或不洁净饮水 2.误食刺激、有毒、尖锐等物品 3.气候突变,滥用抗生素等	加强饲养管理,发现患病及时隔离治疗或淘汰,可以有效防止疾病蔓延	治疗原则为:清理肠道,消炎灭菌,止泻,补液解毒,补充营养,防止继发感染
感冒	主要有气候突变,被寒冷袭击,夏季出汗遭遇大风、雨淋。剪毛后天气突然变冷,抵抗力低,营养不良等	夏季防止出汗后吹风,淋雨;冬季防止寒冷和贼风,增加营养,多运动	用安痛定,30%安乃近,氨基比林,3~6毫升肌肉注射,缓解症状,用抗生素防止继发感染,也可用中药,例如荆防败毒散等治疗
吸入性肺炎	吸入异物,投药方法不当误入气管等	1.多喂食湿饲料,减少粉尘 2.正确掌握投药方法	对症状治疗,防止继发感染。

五、湖羊外科病

湖羊外科病

病名	病因	预防	治疗
创伤	机械性外力作用引起的黏膜损伤,如刺伤,打架抵伤	加强管理减少外源因素	新鲜创口:先止血,清创、包扎、上药直至愈合化脓创口治疗:基本原则是控制扩大感染,清除创面坏死组织,防止成为全身感染,促进伤口愈合
脐疝	脐孔发育不全,没有闭锁,脐部化脓或腹壁发育缺陷,羔羊初次站立,促使腹压升高,肠管通过脐孔而进入皮下形成。外力作用受伤	加强妊娠及产后管理	1. 保守治疗,禁食 24 小时后,保定、消毒、局麻,随后将脐疝内容物还纳腹腔,用夹子夹住,脐疝根部,用针线缝合 2. 手术疗法,用外科手术将脐疝物送还体内,腹膜、腹肌、真皮、表皮、分别依次缝合

六、湖羊营养代谢病

湖羊营养代谢病

病名	病因	预防	治疗
酮病	1. 饲料蛋白、脂肪过高,碳水化合物不足 2. 饲料蛋白、脂肪过低,碳水化合物过低 3. 肝脏病变或功能异常 4. 胃肠功能紊乱,消化吸收出现异常	1. 怀孕母羊,注意防寒保暖,适当运动 2. 妊娠后期,日粮要粗细搭配合理 3. 及时补充维生素,微量元素矿物质等	1. 50%葡萄糖 100 毫升静脉注射 2. 丙酸钠,丙二醇内服 3. 碳酸氢钠口服或注射 4. 减少精料,增加碳水化合物,维生素饲料
佝偻病	1. 维生素 D 缺乏 2. 钙磷缺乏,或比例失调 3. 消化功能紊乱,影响维生素 D 和钙磷吸收	1. 羊舍要保证通风和干燥,羔羊要有户外活动 2. 日粮中钙磷比例适宜 3. 保证供给富含维生素 D 的饲料	1. 维丁胶钙 1～2 毫升,肌肉注射 2. 维生素 D_2 注射液,0.2～0.5 毫升内服或肌注 3. 鱼肝油饮水或拌料
羔羊白肌病	1. 饲料中硒和维生素 E 缺乏 2. 饲料中钴、锌、银等微量元素过高,影响对硒的吸收	加强妊娠期饲养管理,提供豆科牧草,并在产前补充微量元素硒和维生素 E	0.2%亚硒酸钠维生素 E 注射液 2 毫升,肌注,次月再次注射一次。辅助用氯化钴 3 毫克、硫酸铜 3 毫克、氯化锰 4 毫克、碘盐 3 毫克,水溶后口服
食毛症	1. 饲料中维生素,微量元素缺乏 2. 圈舍密度过大,通风不好,光照不足 3. 患疥癣、疥螨等体表寄生虫病	1. 延长光照,增加运动量 2. 对羔羊要供给富含蛋白质,维生素饲料 3. 加强羔羊卫生,在圈舍放置玩具	加强饲养管理,对症治疗

病名	病因	预防	治疗
尿结石	1.饲料中钙含量过高,钙磷比例失调 2.尿路感染,饮水不足 3.使用磺胺类药物可以致使尿路结石	1.加强巡查及管理,发现尿液异常及时治疗 2.增强运动,足量饮水,保证饲料钙磷比例	1.服用阿司匹林可治疗尿路感染 2.利用渗湿利水中药或西药治疗
脱毛症	1.营养代谢性脱毛症,硫、锌缺乏 2.寄生虫性脱毛症 3.传染病性脱毛症 4.药物紊乱也可导致脱毛症	1.合理调整日粮,保证全价饲料饲养 2.使用舔砖,补充矿物质,微量元素等	加强饲养管理,针对不同情况分别制定治疗方案
青草抽搐低镁症	1.过量使用刚发芽的青草,其含镁量很低 2.采食量减少或腹泻、消化功能紊乱	1.草刚发芽时,营养不全,不可过早放牧 2.由舍饲改放牧时,添加氧化镁或碳酸镁	1.羊群在放牧前先喂干草 2.使用含镁舔砖有治疗作用

七、湖羊中毒病

湖羊中毒病

病名	病因	预防	治疗
瘤胃酸中毒	采食大量精饲料,或采食含糖量高的青玉米、马铃薯,使瘤胃内乳酸产生过剩,细菌活力降低,异常发酵,功能紊乱	供应充足牧草,严格控制精饲料的喂量,青贮饲料酸度过高时,可适当进行碱化处理。测试母羊尿液酸碱度,及时调整	1.中和胃酸,用5%的碳酸氢钠溶液或石灰水洗胃 2.强心补液体,5%的葡萄糖100毫升,10%樟脑磺酸钠2毫升,混合静脉注射
有机磷农药中毒	1.误食有机磷农药喷洒作物 2.有机磷农药药浴剂量过大	严格管理有机磷农药药浴杀虫时,严格计算用量,避免碱性药	用硫酸阿托品注射液0.5～1毫升/千克体重肌肉或静脉注射,同时注射解磷定,如果见效,1小时后重复,直至好转
氢氰酸中毒	采食大量含氢氰酸的青绿饲料所致,如木薯、高粱、玉米苗、亚麻籽、桃、李、杏叶子	不要在含有氰苷植物的地方放牧,饲喂高粱、玉米等青苗前水浸24小时,并限量	立即静脉注射0.5%～1%亚硝酸钠液1毫升/千克静脉注射10%硫酸钠2毫升/千克,强心补液
硝酸盐和亚硝酸盐	多汁如甜菜,萝卜,马铃薯,油菜,小白菜,青菜等饲料在20～40℃环境中,经细菌作用能将硝酸盐还原成高毒亚硝酸盐;羊采食富含硝酸盐的饲草,经瘤胃发酵也可引起亚硝酸盐中毒	收割前禁止使用硝酸盐类的化肥农药,收割后摊开晾干后在贮藏。禁止饲喂腐烂变质,和发热、发酵饲料;对疑似亚硝酸盐高的饲料、饮水,禁止饲喂	1.用亚甲蓝1克无水酒精10毫升生理盐水90毫升,按照0.1～0.2毫升/千克(5～20毫克/千克)肌肉注射 2.用5%甲苯胺兰溶液,按0.1～0.2毫升/千克体重肌肉或静脉注射 3.配合5%维生素C10～20毫升;,50%葡萄糖溶液30～50毫升静脉注射

病名	病因	预防	治疗
尿素中毒	1.初次使用就按照规定剂量使用,没有循序渐进 2.饥饿时,饲喂过多或后立即饮水等每天不应超过 0.5 克/千克体重	防止误食尿素,严格掌握用量,体重在 50 千克的成年羊,每天不超过 25 克,以饲喂为宜,不得化水或单喂,喂后 2 小时内不能饮水。如日粮中蛋白质足够,不宜加喂	立即停饲尿素,用食醋等弱酸溶液,配合蔗糖灌服,静脉注射 10% 葡萄糖酸钙 100 克~200 毫升或 10% 硫代硫酸钠溶液 100~200 毫升,同时用强心剂、利尿剂、高渗葡萄糖等疗法
氟乙酰胺中毒	氟乙酰胺属于剧毒鼠药、农药,药残期长,被植物吸收后两个月仍有毒杀作用,作为杀虫剂、杀鼠剂广泛使用,极易污染饲草,造成动物中毒	本病以预防为主,对于使用过氟乙酰胺饲草,必须收割储藏 60 天以上使其药残消失才能使用	用解氟灵每天 0.1 毫升/千克体重肌肉注射,首次减半。连用 4 天,直至抽搐现象消退。也可用白酒 100~200 毫升,一次灌服。有惊厥者用镇静药,如氯苯嗪 1~2 毫升/千克体重肌肉注射。呼吸困难可用 25% 尼可刹米 8~10 毫升,肌肉注射

八、湖羊产科病

湖羊产科病

病名	病因	预防	治疗
乳房炎	1.细菌性感染 2.机械性损伤 3.环境卫生 4.饲料过精,使泌乳过强 5.挤奶损伤	1.加强饲养管理,改善条件 2.放牧羊在枯草季节要适当补充草料 3.挤奶要定时定量,过度肿胀可减少精料 4.停乳要循序渐进,并用抗生素,注入乳管	局部治疗:1 乳房注入普鲁卡因青霉素;2.会阴神经封闭或乳房基部封闭疗法,即注入 0.5%盐酸普鲁卡因 10～20 毫升;加入抗生素全身疗法:1.减食疗法,减少食物对症治疗;2.中药疗法,中药煎服
子宫内膜炎	1.胎衣不下,阴道或子宫脱出 2.生产助产、配种受精、阴道检查引发 3.环境致病菌、传染病或寄生虫引发	1.保持圈舍产房清洁卫生 2.产后及时灌注药物预防,并观察一周 3.配种检查公羊是否患病,并严格消毒	1.10%氯化钠溶液 300 毫升或者 0.1%碳酸氢钠溶液与等量的 1%明矾溶液混合 300 毫升,冲洗子宫,每天一次连用 3 天 2.子宫灌注抗生素,口服中药
难产	1.母羊配种时,骨骼发育不全 2.怀孕母羊过肥过瘦,营养失调 3.患子宫内膜炎或传染病	1.不要过早配种,防止偷配 2.合理调配孕羊营养 3.做好孕产准备工作,发现难产,及时救治	1.如胎位正常,胎膜尚未破裂,可腹部按摩 2.胎位正常,羊水已破,可以注射缩宫素催产 3.矫正胎位,人工助产;宫颈闭锁需剖腹产
生产瘫痪	分娩前后血液中钙的含量急剧下降;不及时补充,亦可诱发酸性酸碱失衡,导致产褥热	1.多喂低钙高磷饲料,适量运动 2.注射 5%氯化钙 50 毫升预防 3.降低饲料中的钠和钾含量	1.补钙用 10%葡萄糖酸钙注射液 50～100 毫升静脉注射 2.乳房送风,将空气送入乳房使乳腺受压,停乳 3.补磷、糖、钙后大多伴有低磷症,可用 20%磷酸二氢钠溶液 50～100 毫升静脉注射

病名	病因	预防	治疗
流产	1.布病、衣原体、弯杆菌毛滴虫等疾病 2.先天性子宫畸形,胎盘坏死,羊水增多 3.肺炎、肾炎、有毒植物中毒等 4.饲料霉变,营养不均,缺乏元素	1.免疫布病,淘汰阳性羊,防止传染 2.补充维生素、矿物质 3.提供营养均衡饲料,合理运动 4.发现流产征兆及时采取保胎措施 5.流产胎衣及时无害化处理,防止传染	1.发现流产征兆及时保胎:肌注黄体酮注射:15~25毫克,每天一次,连用3天。同时用VE注射液5~10毫克肌注 2.已经流产的,清理子宫,加强护理、提供优质营养,尽快进入妊娠周期,及时救治流产有生命羔羊
胎衣不下	1.饲料单纯、缺乏无机盐、维生素致使子宫收缩无力 2.怀孕后期缺乏运动,致使子宫弛缓 3.分娩时,母羊肥胖 4.患胎膜炎,布病等疾病致使胎儿粘连	1.合理调配饲料 2.科学管理羊群 3.发现征兆及时预防 4.取羊水100~200mL于分娩后立即灌服	1.药物疗法:产后8小时注射催产素100万单位 2.手术剥离:清理直肠积粪,并用高锰酸钾消毒;清理外阴,消毒手臂,伸入子宫寻找子宫角、分娩母体胎盘和胎儿胎盘

九、湖羊正常生理参数

湖羊正常生理参数

名称	直肠体温℃	每分钟呼吸次数	每分钟脉搏（次/分）	性成熟（月）	发情周期（天）	妊娠期（天）	发情持续时间（小时）	排卵时间（小时）	初配种月龄（月）
湖羊	37.5～39.0	12～20	70～80	4～6	15～20	152	32～49	发情开始后9～19	母羊8 公羊10

十、湖羊常用疫苗对照表

湖羊常用疫苗对照表

项目	羊小反刍兽疫苗	羊三联四防水苗	羊痘苗	羊链球菌苗	羊大肠杆菌苗	羊多联苗(干粉)	羊黑疫苗	肉毒梭菌C型粉苗	肉毒梭菌C型水苗	羊传染性胸膜肺炎苗	羊口疮苗	羊棘球蚴(包虫)苗	布病S2苗	布病M5苗	布病REV1苗	气肿疽苗	Ⅱ号炭疽苗
湖羊	皮下注射1毫升	小羊每只3毫升，成年羊每只5毫升	不论大小每只0.5毫升	6月以上2毫升，以下1毫升	3月以上2毫升，以下0.5～1毫升	每头份稀释成1毫升注射	每头份稀释成1毫升注射	每头份稀释成1毫升注射	每头份4毫升	常规苗:6个月以上5毫升，以下3毫升;透析苗:羊1毫升	每头份生理盐水稀释成0.2毫升	每头份生理盐水稀释成1毫升	口服100亿菌	皮下注射滴鼻10亿菌口服250亿	眼结膜点眼接种1头份	不论大小每只1毫升	皮内注射0.2毫升
接种方法	皮下注射	肌肉或皮下注射	尾根内侧或股内侧皮内注射	尾根皮下注射其他部位禁用	皮下注射	20%氢氧化铝胶稀释皮下注射	20%氢氧化铝胶稀释皮下注射	20%铝胶稀释皮下注射	皮下注射	皮下或肌肉注射	口唇黏膜内注射或皮内注射0.5 ml	颈部皮下注射	口服	皮下或肌肉注射,口服	眼结膜点眼接种	皮下注射	皮内注射
免疫期	3年	6～12个月	1年	1年	5个月	1年	1年	1年	1年	1年	5个月	3年	3年	3年	终生	7个月	6个月
效期	1年	2年	2年	2年	18个月	5年	5年	5年	3年	18个月	10个月	1年	1年	1年	1年	2年	2年

主要参考文献

[1] 刘健鹏.陕北白绒山羊健康养殖与主要疾病防治技术[M].杨凌:西北农林科技大学出版社,2018.

[2] 童建军.肉羊无公害标准化养殖技术[M].西安:三秦出版社,2014.

[3] 周占琴.农区科学养羊技术问答[M].北京:金盾出版社,2012.

[4] 周占琴.怎样提高养肉羊效益[M].北京:金盾出版社,2005.